职业教育电气类专业系列教材

生产过程控制系统的设计与运行维护
（第二版）

杨润贤　钱　静｜主　编

化学工业出版社
·北京·

内 容 简 介

本书系统介绍了生产过程控制系统的辨识方法（生产过程控制系统分析）、过程控制技术（集散控制系统架构设计）、基本实现方法（简单集散控制系统组态与仿真运行）和综合实现方法（复杂集散控制系统组态与仿真运行）。全书共分为四个项目，每个项目引入了典型工程案例，从项目案例到任务的安排与设计，由浅入深、简单到复杂、基础到综合，重点突出，并辅以丰富的数字化教学资源，以提高学习效果。

本书可作为高职高专院校电气自动化技术专业、智能控制技术专业等相关专业的教材，也可作为过程控制系统相关课程、项目等的自主学习、培训教材，还可供从事过程控制系统开发的工程技术人员参考使用。

图书在版编目（CIP）数据

生产过程控制系统的设计与运行维护/杨润贤，钱静主编. — 2版. — 北京：化学工业出版社，2022.8
职业教育电气类专业系列教材
ISBN 978-7-122-41975-0

Ⅰ. ①生… Ⅱ. ①杨… ②钱… Ⅲ. ①生产过程-控制系统-系统设计-职业教育-教材 ②生产过程-控制系统-维护-职业教育-教材 Ⅳ. ①TP278

中国版本图书馆CIP数据核字（2022）第139467号

责任编辑：廉　静　　　　　　　　　　美术编辑：王晓宇
责任校对：王鹏飞　　　　　　　　　　装帧设计：水长流文化

出版发行：化学工业出版社（北京市东城区青年湖南街13号　邮政编码100011）
印　　装：大厂聚鑫印刷有限责任公司
880mm×1230mm　1/16　印张15¼　字数477千字　2022年10月北京第2版第1次印刷

购书咨询：010-64518888　　　　　　　售后服务：010-64518899
网　　址：http://www.cip.com.cn
凡购买本书，如有缺损质量问题，本社销售中心负责调换。

定　价：59.80元　　　　　　　　　　　　　　　版权所有　违者必究

前言

随着高等职业教育发展规模的不断扩大和过程控制技术的快速发展，为进一步夯实过程控制工程分析、系统设计、运行维护等知识基础，提高技能水平，基于"岗课赛证"融通培养高素质技术技能人才，落实《国务院关于印发国家职业教育改革实施方案》（国发〔2019〕4号，简称《职教20条》）、《职业教育提质培优行动计划（2020—2023年）》（教职成〔2020〕7号）、《关于推动现代职业教育高质量发展的意见》（中办发〔2021〕43号，简称《职教22条》）等文件要求，在《生产过程控制系统的设计与运行维护》（第一版）的基础上，以立德树人为根本任务，基于高职教育遵循技术技能人才成长规律，注重知识传授与技术技能培养并重，强化学生职业素养养成，融入专业知识、职业素养和工匠精神等对教材进行修订。

过程控制技术是智能制造转型，推进我国从制造大国走向制造强国的重要技术之一，是现代科学技术中极为重要的组成部分，是高等职业院校工科电类专业的核心课程之一，课程教学具有工程性、实用性、先进性等特点。旨在培养学习者根据工艺要求进行生产过程控制系统分析、方案设计、任务单识读的能力；根据组态任务单，基于集散控制技术，进行系统硬件配置、软件组态的能力；根据生产过程控制要求，对系统进行运行调试与操作维护的能力等。

本书融入仪器仪表制造工国家职业技能标准、全国职业院校技能大赛化工仪表自动化赛项/全国化工仪表维修工技能大赛等对生产过程装置、工艺、产线等在集散控制系统组态、调试、维护等方面的具体要求，确定"爱国主义教育为主线、工匠精神培养为核心、职业素养养成为重点"的思政教育思路。建设有丰富的"素质拓展阅读"教学内容，有机融入思政元素。按照教学标准，从工程应用的角度出发，以浙江中控技术股份有限公司 SUPCON WebField 系列的 JX-300XP 为典型控制系统，由简单到复杂、循序渐进，以对象辨识（生产过程控制系统分析）—系统组建（集散控制系统架构设计）—简单工程实现（简单集散控制系统组态与仿真运行）—复杂工程实现（复杂集散控制系统组态与仿真运行）为主线，充分开展校企合作，分别引入典型生产案例、配套项目评估案例，基于项目化、任务驱动，设计了四个教学项目，严格遵守项目的完整性、逻辑性和系统性，按照案例导入、需求分析、任务单设计、组态实施、运行测试的逻辑组织架构，及时将产业发展的新技术、新工艺、新规范和典型生产案例纳入教材建设内容。

本书以纸质教材为核心，以互联网为载体，以信息技术为手段，多信息融合，充分融合纸质教材和数字化资源，分解重难点，配备有丰富的碎片化数字资源，可通过移动终端等多种形式呈现，以方便学习。**本书配套建有高水平、开放性的中英文授课课程，建成有江苏省高校在线开放课程、江苏省高校省级外**

国留学生英文授课精品课程。

　　本书由扬州工业职业技术学院杨润贤、钱静担任主编，河北化工医药职业技术学院张新岭、扬州工业职业技术学院马小燕担任副主编，扬州工业职业技术学院周峰、陶涛、花良浩及合作企业技术人员共同参编完成。钱静编写项目一，马小燕和张新岭编写项目二，杨润贤编写项目三和项目四；教学情境的工程案例分别由江苏华伦化工有限公司、江苏扬农化工股份有限公司等企业提供支持；数字资源素材由扬州工业职业技术学院周峰、陶涛、花良浩等人完成；全书审稿由扬州工业职业技术学院王斌完成，在此一并表示感谢。

　　限于编者水平，书中不妥之处在所难免，敬请广大读者批评指正。

编者
2022 年 5 月

目录

项目一
生产过程控制系统分析

学习目标	1
学习案例描述　储罐液位控制系统	2
学习脉络	2
知识链接	3
主要内容	6

任务1　辨识生产过程控制系统的基本组成　6
- 任务1　说明　6
- 任务1　要求　6
- 任务1　学习　6
- 任务1　实施　7
- 任务1　拓展　8

任务2　辨析生产过程控制系统的工作原理　9
- 任务2　说明　9
- 任务2　要求　9
- 任务2　学习　9
- 任务2　实施　12
- 任务2　拓展　14

任务3　辨识生产过程控制系统的基本分类　15
- 任务3　说明　15
- 任务3　要求　15
- 任务3　学习　15
- 任务3　实施　18
- 任务3　拓展　22

任务4　辨析生产过程控制系统的控制性能　24
- 任务4　说明　24
- 任务4　要求　24
- 任务4　学习　24
- 任务4　实施　29
- 任务4　拓展　30

自测评估　30
评估标准　31
学习分析与总结　32

项目二
集散控制系统架构设计

学习目标	33
学习案例描述　锅炉产汽DCS项目	34
学习脉络	37
知识链接	37
主要内容	48

任务1　搭建集散控制系统整体框架　48
- 任务1　说明　48
- 任务1　要求　48
- 任务1　学习　48
- 任务1　实施　59
- 任务1　拓展　61

任务2　设计集散控制系统具体架构　62
- 任务2　说明　62
- 任务2　要求　62
- 任务2　学习　62
- 任务2　实施　66
- 任务2　拓展　69

自测评估　70
评估标准　74
学习分析与总结　75

项目三

简单集散控制系统组态与仿真运行

学习目标	76
学习案例描述　单容水箱液位DCS项目	77
学习脉络	81
知识链接	81
主要内容	88

任务1　单容水箱液位DCS工程设计　88
　　任务1　说明　88
　　任务1　要求　88
　　任务1　学习　88
　　任务1　实施　90
　　任务1　拓展　94

任务2　单容水箱液位DCS系统组态　95
　　任务2　说明　95
　　任务2　要求　95
　　任务2　学习　95
　　任务2　实施　134
　　任务2　拓展　153

任务3　单容水箱液位DCS监控操作与仿真测试　154
　　任务3　说明　154
　　任务3　要求　154
　　任务3　学习　154
　　任务3　实施　156
　　任务3　拓展　161

自测评估　161
评估标准　168
学习分析与总结　168

项目四

复杂集散控制系统组态与仿真运行

学习目标	169
学习案例描述　碱洗塔DCS项目	170
学习脉络	174
知识链接	175
主要内容	188

任务1　碱洗塔DCS基本信息组态　188
　　任务1　说明　188
　　任务1　要求　188
　　任务1　学习　188
　　任务1　实施　189
　　任务1　拓展　196

任务2　碱洗塔DCS控制算法组态　196
　　任务2　说明　196
　　任务2　要求　196
　　任务2　学习　197
　　任务2　实施　203
　　任务2　拓展　211

任务3　碱洗塔DCS报表、流程图组态与仿真测试　211
　　任务3　说明　211
　　任务3　要求　211
　　任务3　学习　212
　　任务3　实施　218
　　任务3　拓展　227

自测评估　228
评估标准　233
学习分析与总结　234

参考文献　235

资源列表

序号	编号	内容	类型	页码
项目一　生产过程控制系统分析				
1	资源1.1	人直接参与	语音	P3
2	资源1.2	案例辨识	PPT	P4
3	资源1.3	基本组成说明	PPT	P6
4	资源1.4	案例组成分析	PPT	P8
5	资源1.5	任务拓展分析	WORD	P8
6	资源1.6	负反馈	PPT	P11
7	资源1.7	机械式液位	动画	P12
8	资源1.8	仪表液位	动画	P13
9	资源1.9	作用方式	PPT	P14
10	资源1.10	任务拓展分析	WORD	P14
11	资源1.11	控制规律总结	PPT	P15
12	资源1.12	开闭环总结	PPT	P16
13	资源1.13	分类总结	PPT	P18
14	资源1.14	烘箱温控过程	动画	P19
15	资源1.15	任务拓展分析	WORD	P22
16	资源1.16	不稳定系统	动画	P26
17	资源1.17	稳定系统	动画	P27
18	资源1.18	衰减比	PPT	P28
19	资源1.19	任务拓展分析	PPT	P30
项目二　集散控制系统架构设计				
20	资源2.1	QDZ组成	PPT	P39
21	资源2.2	DDZ-Ⅰ/Ⅱ/Ⅲ	PPT	P39
22	资源2.3	4～20mA	WORD	P39
23	资源2.4	一、二次仪表	WORD	P40
24	资源2.5	单元组合仪表与DDC优缺点	PPT	P41
25	资源2.6	计算机控制系统总结	PPT	P41
26	资源2.7	DCS结构特点	PPT	P48
27	资源2.8	CS类型选择	PPT	P56
28	资源2.9	选择控制站	语音	P56

序号	编号	内容	类型	页码
29	资源2.10	主控制卡与控制站	语音	P60
30	资源2.11	控制站配置	语音	P62
31	资源2.12	卡件实物	PPT	P63
32	资源2.13	卡件配置规则	PPT	P65
33	资源2.14	规模分析动图	PPT	P66
34	资源2.15	热电偶输入信号类型	语音	P67
项目三　简单集散控制系统组态与仿真运行				
35	资源3.1	压力变送器	WORD	P82
36	资源3.2	电动调节阀	WORD	P83
37	资源3.3	正反输出与作用	WORD	P90
38	资源3.4	I/O卡地址配置	语音	P91
39	资源3.5	基本组成分析	视频	P93
40	资源3.6	软件安装操作	视频	P95
41	资源3.7	用户名命名规则	语音	P102
42	资源3.8	功能权限修改	视频	P102
43	资源3.9	登录与修改	视频	P103
44	资源3.10	角色总结	PPT	P104
45	资源3.11	三种控制站	PPT	P104
46	资源3.12	数据转发卡组态	视频	P107
47	资源3.13	I/O卡组态	视频	P108
48	资源3.14	常开常闭	PPT	P109
49	资源3.15	分程控制	PPT	P111
50	资源3.16	角色操作小组权限设置	视频	P112
51	资源3.17	举例3-1操作	视频	P119
52	资源3.18	创建报表	视频	P120
53	资源3.19	报表边框设置	视频	P121
54	资源3.20	文本绘图切换	视频	P122
55	资源3.21	事件定义	视频	P123
56	资源3.22	步长与位号填充	视频	P128
57	资源3.23	步长与时间填充	视频	P128

资源列表

序号	编号	内容	类型	页码
58	资源3.24	创建流程图	视频	P129
59	资源3.25	画面属性设置	视频	P130
60	资源3.26	静态图形绘制	视频	P133
61	资源3.27	用户授权组态	视频	P134
62	资源3.28	登录与修改	视频	P137
63	资源3.29	总体信息组态	视频	P137
64	资源3.30	主控制卡网络地址	PPT	P138
65	资源3.31	操作站网络地址	PPT	P138
66	资源3.32	数据转发卡与I/O卡组态	视频	P138
67	资源3.33	I/O点组态	视频	P139
68	资源3.34	控制方案组态	视频	P141
69	资源3.35	数据分组分区组态	视频	P143
70	资源3.36	光字牌组态	视频	P143
71	资源3.37	操作小组权限	视频	P144
72	资源3.38	基本画面组态	视频	P144
73	资源3.39	编译错误分析	PPT	P146
74	资源3.40	自定义键组态	视频	P146
75	资源3.41	创建报表与编辑	视频	P147
76	资源3.42	报表数据组态	视频	P148
77	资源3.43	报表填充	视频	P149
78	资源3.44	流程图创建与画面属性设置	视频	P150
79	资源3.45	静态图形绘制	视频	P151
80	资源3.46	动态属性设置	视频	P152
81	资源3.47	仿真运行设置	视频	P155
82	资源3.48	基本画面监控	视频	P158
83	资源3.49	报表与流程图画面监控	视频	P160
项目四 复杂集散控制系统组态与仿真运行					
84	资源4.1	SFLOAT	PPT	P176
85	资源4.2	新建工程	视频	P179
86	资源4.3	新建程序段	视频	P181

资源列表

序号	编号	内容	类型	页码
87	资源4.4	新建变量	视频	P181
88	资源4.5	点灯算法	视频	P182
89	资源4.6	试一试讲解	视频	P183
90	资源4.7	举例4-2算法	视频	P184
91	资源4.8	试一试1讲解	视频	P184
92	资源4.9	试一试2讲解	视频	P184
93	资源4.10	工程设计文件	PPT	P189
94	资源4.11	I/O点组态	视频	P193
95	资源4.12	报警颜色	视频	P194
96	资源4.13	趋势画面	视频	P195
97	资源4.14	赋值语句组态方法	视频	P195
98	资源4.15	举例4-5组态1	视频	P198
99	资源4.16	举例4-5组态2	视频	P198
100	资源4.17	举例4-6组态	视频	P199
101	资源4.18	举例4-7组态	视频	P200
102	资源4.19	程序设计	PPT	P202
103	资源4.20	公式程序设计	微课	P203
104	资源4.21	流量累积计算	微课	P206
105	资源4.22	机泵控制	视频	P209
106	资源4.23	命令按钮设置	视频	P216
107	资源4.24	前/背景色设置	视频	P217
108	资源4.25	显示/隐藏设置	视频	P217
109	资源4.26	报表数据组态	视频	P218
110	资源4.27	报表填充组态	视频	P219
111	资源4.28	报表计算组态	视频	P220
112	资源4.29	动态属性分析	PPT	P220
113	资源4.30	流程图P组态	视频	P221
114	资源4.31	清零按钮组态	视频	P222
115	资源4.32	联锁组态	视频	P222
116	资源4.33	限值指示灯组态	视频	P224
117	资源4.34	泵启停按钮组态	视频	P225

项目一

生产过程控制系统分析

学习目标

知识目标

① 熟悉生产过程控制系统的发展；
② 能简述生产过程控制系统的类别及特点；
③ 能举例说明生产过程控制系统的组成及分类；
④ 能识记生产过程控制系统的性能指标。

技能目标

① 能熟练辨识生产过程控制系统的基本组成；
② 会绘制生产过程控制系统的方框图；
③ 会分析生产过程控制系统的工作原理；
④ 会计算生产过程控制系统的性能指标；
⑤ 会分析生产过程控制系统的控制性能。

素质目标

① 培养爱国情怀、勇于担当的精神；
② 具有运用辩证法分析问题的能力。

项目一 学习案例描述 储罐液位控制系统

本项目学习生产过程控制系统的基本组成辨识、工作原理分析、主要分类归属、控制指标计算和控制性能分析等，基于储液罐液位控制系统的学习案例完成学习任务。

● 项目一学习案例—储罐液位控制系统 ●

在工业生产中，有很多储罐/容器（如油罐、水槽、水箱、锅炉汽包等）需要进行液位控制，常采用人工、机械和仪表等三种方式组建系统，实现液位控制功能。

图1-1 人工液位控制系统　　图1-2 机械式液位控制系统　　图1-3 仪表液位控制系统

1. 人工液位控制系统

图1-1所示为人工液位控制系统。假设人可以看到液位的高低变化，根据液位变化，人手动操作阀门，可以使水箱液位保持在工艺要求的设定高度附近。

2. 机械式液位控制系统

如果用一个浮球代替图1-1所示人的眼睛"观测"液位，用一个杠杆系统代替人的手臂和大脑，如图1-2所示。当液位受干扰上升时，浮球上升，杠杆a端上升，b端下降，阀门的阀芯下降，使水箱的进水量减少，液位下降，最终水箱液位达到一个稳定的平衡点，实现液位控制的目的；当液位受干扰下降时，调节过程相反，同样能使液位稳定在平衡点。

3. 仪表液位控制系统

如果要将液位信号传送到远方的控制室时，对图1-2所示的机械式液位控制系统进行优化。用一个能远传信号的液位测量仪表LT代替浮球，用一个液位控制器LC代替杠杆，阀门换成可自动接收控制信号的调节阀，构成一个仪表液位控制系统，如图1-3所示。

项目一 学习脉络

图1-4 项目一学习脉络图

项目一 知识链接

1. 控制

控制在日常生活和工业生产中随处可见。有些控制是由人直接实现的,有些则是通过某些控制装置实现的,现代社会的发展和进步都离不开控制。

（1）日常生活中的控制

在骑自行车时,可通过手和脚来控制自行车的方向和平衡;居家休闲时,可通过遥控器来开启和调节电视机、空调、音响等家用电器;居家生活时,电冰箱控制适宜温度、洗衣机控制洗涤时间和水量、电梯控制楼层的启停等都是通过控制器来实现的。随着社会的发展与进步,如今,可利用手机或电脑等移动设备对智能家居进行远程遥控,如在回家路上可提前开启家中的空调调温、控制电饭煲开始煮饭、控制电热水器开始加热等。

除了这些与人们日常生活密切相关的控制外,还有应用于生产领域中的控制。

（2）工业生产中的控制

在石油、化工、电力、冶金、纺织、建材、轻工、核能、机械制造等生产过程中使用的各种物理量,如温度、压力、流量、液位、厚度、张力、速度、位置、频率、相位等,都有相应的控制系统。

在汽车装配车间,工业机器人在智能控制下协作进行焊接、喷涂和装配等生产操作;在石油化工车间,产品的流程化生产按工艺要求自动配料、蒸馏等操作;在智能制造车间,切削加工、钣金冲压折弯、精密零件加工等比比皆是,这些都是控制在工业生产中的应用。

本书围绕工业生产中的控制重点介绍。

控制是控制主体按照给定的条件和目标,对控制客体施加影响的过程和行为。不是具体的设备。控制具有三个基本要素,即:控制主体、给定的条件和目标、控制客体。其中,控制主体是控制装置（控制器）,给定的条件和目标是已知条件及控制要达到的目标或范围,而控制客体是被控制的对象。

2. 过程控制

过程控制（自动控制）,是利用控制装置使被控对象的过程输出量自动地接近过程给定值或保持在给定范围内的过程。过程控制是在没有人直接参与的情况下,利用外加的设备或装置,使机器、设备或生产过程的某个工作状态或参数按照预定的规律,自动运行接近过程给定值（给定目标）或保持在给定范围内的过程。

 想一想 | 家里、办公室等的空调控温是否属于过程控制?

 某控制是否属于过程控制,一看人是否直接参与,二看是否是自动控制,三看经过控制是否接近过程给定值或保持在给定范围内。

资源1.1
人直接参与

3. 过程控制系统

系统是若干部分相互联系、相互作用形成的具有某些功能的整体。过程控制系统是在无人直接参与下,能使生产过程或其他过程按期望规律或预定程序动作的控制系统;又指能够对被控对象的工作状态进行自动控制的系统。

简言之,过程控制系统是需要硬件和软件为支撑,实现完整控制过程的整体。

空调是一个典型的温度自动控制系统。夏天,当室温高于用户所设定或期望的温度时,空调启动制冷装置,使室内温度下降;当室温低于用户所设定或期望的温度时,空调关闭制冷装置。冬天,当室内温度低于用户所设定或期望的温度时,空调启动加热装置,使室内温度上升;当室温高于用户所设定或期望的温度时，空调关闭加热装置。通过循环往复的控制过程，使室温保持恒定。室温采用空调进行控制时，温度变化曲线如图1-5所示，其中，26℃是人们所期望的室内温度，可通过空调遥控器或控制面板来设定。实际的室温在进入稳态后，围绕期望的温度26℃，在一定范围内来回波动。

图1-5 室温调节过程温度曲线

在图1-5中，实现这种温度调节功能的是空调温度控制系统。首先，系统需要有一个温度检测元件，用来测量室温；其次，需要一个配置有控制算法的控制器，判断室温是否与用户设定的温度相一致；还需要一个切换开关和控制作用的实施装置，这里是加热装置和制冷装置；最后，是被控制的装置或对象，这里是指装了空调的房间。这样构成了一个完整的空调温度自动控制系统。

> 一句话问答　过程控制系统是自动控制系统吗？

4. 生产过程控制系统

在工业生产过程中，现代工业按所加工的原材料可划分为两大类：一类是气体、流体和粉体，这是石油、化工、制药、轻工、食品、建材等行业的主要工况，主要控制温度、压力、物位、流量、成分等参数；另一类是对已成型材料的进一步加工或对多种已成型材料（各种元器件）的装配，主要控制位移、速度、角度等参数。

在实际应用中，重点研究的是在工业生产过程中遇到的控制问题及其解决方案，实现控制所使用的设备和系统，以及在实施控制系统的过程中将会遇到的问题，以及如何解决这些问题等。本书以第一类工业生产过程控制为主要研究对象。

生产过程控制系统是以工业生产中的温度、压力、流量、物位和成分等工艺参数为被控变量（表征生产过程的参量），按设定值（给定值）的要求通过控制器对工业生产中的控制对象进行自动控制的有机整体。

> 　辨析项目一学习案例的三个系统是否是生产过程控制系统？

▶ 资源1.2 ◀
案例辨识

5. 生产过程中的过程量

表征生产过程状态的量有很多种，如温度、湿度、压力、流量、液位、密度、重量、体积、电流、电压、功率、速度、位置、亮度、接通/关断的状态、开关的分合状态、零件所在工序的表示及物体有/无的表示等，这些量都被称为过程量（工程量），一般分为模拟量和开关量两大类。

（1）模拟量

模拟量是表达物理过程或物理设备量值的一种连续变化的量，其数值随时间变化而变化，表现为一个时间的函数。这类物理量的变化是一个渐变的过程，无论该物理量的变化有多快，都会有一个过渡过程，其取值可有无穷多个。温度、湿度、压力、流量、液位、密度、重量、体积、电流、电压、功率、速度、位置及亮度等属于模拟量。

（2）开关量

开关量是一种表示物理过程或设备所处状态的量，也称之为状态量。典型的开关量只有两个取值，如电力开关的分与合、截断阀门的通与断、压力容器中气体压力是处于安全压力以下还是达到或超过安全压力等。

6. 工程量的测量

测量是控制系统感知被控对象运行状态的重要环节。

对模拟量的测量一般通过传感器或检测变送装置来实现测量。常用的有压力传感器、差压变送器、温度传感器（热电偶和热电阻）与温度变送器、在运动控制中的速度及位置传感器等。传感器是能感知被测信号，并能按照一定规律将被测信号转换成可用电信号输出的器件或装置。变送器是将各种工艺参数，如温度、压力、流量、液位等物理量转换成统一的标准电信号或气压信号进行远传或控制的装置，其输出信号即测量值送至显示仪表或调节仪表进行显示、记录或调节。当传感器的输出信号为标准信号时，其作用与变送器相同。

和模拟量一样，在控制系统中，各种开关量也需要转换成标准信号，一般用电平的高或低来表达不同的状态，在数字控制系统中，则采用二进制位的0或1表达开关量的状态。对于多状态的开关量，可采用多个二进制位来表达，如用两个二进制位可表达四种状态，用三个二进制位可表达八种状态等。

7. 相关变量

图1-2和图1-3所示系统都有一个需要控制的过程变量，如液位等。这些在生产过程中需要自动控制保持恒定值（或按一定规律变化）的变量称为被控变量（Controlled variable，CV），也称过程变量（受控变量，Process variable，PV），常用过程变量的检测电信号来表示被控变量，称为过程变量的测量值（Present value，PV）。为了使被控变量达到希望的目标值，即设定值（给定值、参比变量，Setpoint value，SV），控制器接收设定值和测量值，计算被控变量的测量值偏离设定值的偏差（Error，E），并需要由一种控制手段来达成控制目标，例如改变图1-3水箱的进水流量Q_1等，这些用来克服干扰对被控变量的影响，实现调节作用的变量称为操纵变量或操作变量（Manipulated variable，MV），最常见的操纵变量是工艺介质的流量，也有以转速、电压等为操纵变量的。在过程控制领域，控制变量通常指控制器的输出电信号，即执行器的输入信号；而操作变量往往指某一执行器可控制、对被控变量有直接影响的物理量。被控变量偏离设定值是由于工业生产过程中存在干扰导致的，扰动变量（Disturbance variable，DV）也称干扰变量，是除操作变量外，作用于被控对象并引起被控变量变化的因素（外界或系统内部影响系统输出的干扰信号），控制目标是将偏离设定值的被控变量的测量值拉回到控制允许的设定值附近一定范围区域内。

素质拓展阅读

钱学森与工程控制论

钱学森，祖籍浙江杭州，1911年12月11日出生于上海。1935年远渡重洋，赴美国麻省理工学院攻读航空专业，1936年获硕士学位。1939年在加州理工学院获航空与数学博士学位，期间师从博导冯·卡门（Von Karman，近代力学奠基人，领导着美国最早的火箭研究机构-喷气推进实验室）。

博士毕业后，钱学森留校任教，从事火箭导弹研究，1943年，与马博尔（Marble）合作完成了《远程火箭的评论与初步分析》研究报告，为二十世纪40年代喷气推进实验室研制成功地地导弹和探空火箭奠定了理论基础。

1949年，中华人民共和国成立，远在美国的钱学森要求回国，迫切希望为新中国效力，但他的请求遭到了美国政府的拒绝，他被没收了所有研究资料、设备，并遭受了漫长的5年软禁，他没有消沉，没有丧失斗志，更没有屈服。恰恰在这段岁月里，如何将导弹精确地发射到目的地（如何研制导弹的自动控制系统）等的思考在他的头脑中浮现出来，限于软禁的环境，他只能选择接近数学的问题，此时正值控制论作为一门新学科刚刚诞生时期，他开始了《控制论》的研究。1954年，钱学森独立完成了一本科学巨著《工程控制论》（英文版），这是科学史上的一个奇迹，他将《控制论》的基本原理首创应用到工程中，使之能解决实际工程系统的控制问题，将控制论发展成为一门新的技术科学——工程控制论，为导弹与航天器的制导理论奠定了基础，这为我国快速研发出导弹控制系统奠定了坚实的技术支撑，对中国的火箭导弹和航天事业的迅速发展做出了重大贡献。

1955年8月1日，中美就战俘问题和贫民归国问题在日内瓦谈判，8月2日，中方代表出示钱学森请求中国政府帮助其回国的信函，8月4日，钱学森接到美国移民局的通知可以回国了。1958年，《工程控制论》中文版出版，首先解决了一批工程实际中的控制论问题，并在不断探索各种复杂性层次系统运动规律的基础上，密切结合我国国防和国民经济建设的需要，提出和解决了大系统、复杂系统和复杂巨系统的组织管理和控制中的大量理论和实践问题。这本书为中国培养了一代自动控制理论的人才。此外，在1956年9月，科学普及出版社出版了钱学森编著的《从飞机导弹说到生产过程自动化》小册子，向人民群众广泛普及自动化知识。

生产过程控制是在石油、化工、冶金、电力、轻工和建材等工业生产中保持生产稳定、降低消耗、降低成本、改善劳动条件、促进文明生产、保证生产安全和提高劳动生产率的重要手段，极大提高了劳动生产率，丰富了产品的多样性，是控制在生产过程中的具体应用。

钱学森的爱国事迹及伟大成就激励我们，要学习伟大杰出科学家的爱国情怀和大公无私的奉献精神，在绝对逆境中从容应对、开创新科学的坚强意志和强大决心，努力学习、勤于实践，致力国家建设与发展奉献青春力量。

项目一 主要内容

● 任务1 辨识生产过程控制系统的基本组成 ●

任务1 说明

简单生产过程控制系统由**检测变送装置**、**控制器**、**执行器**和**被控对象**四部分组成。辨识各组成部分及相关联的变量是学习生产过程控制系统的基本要求。本任务主要内容是辨识项目学习案例所给系统的基本组成。

任务1 要求

① 准确描述基本组成的主要功能；
② 准确指出基本组成的连接关系；
③ 正确辨识基本组成；
④ 正确辨识被控变量和操纵变量；
⑤ 变量选择抓住主要因素。

任务1 学习

资源1.3
基本组成说明

一、生产过程控制系统的基本组成

被控对象是生产过程中需要控制的设备、机器和管道等。检测变送单元常包括检测元件和变送器，用于检测被控变量，并将检测到的信号转换为标准信号输出。例如热电阻或热电偶、温度变送器、差压变送器和压力变送器等。控制器用于将检测变送装置的输出信号与设定值信号进行比较，按一定的控制规律对其偏差信号进行运算，运算结果输出到执行器。控制器可以采用模拟控制器或数字控制器。执行器又称最终环节，是控制系统环路中的最终元件，直接用于控制操纵变量的变化。执行器由执行结构和调节机构组成，其中，执行结构接收控制器的输出信号产生推力或位移，而调节机构根据执行机构输出信号去改变执行器节流元件的流通面积，从而调节操纵变量的大小。最常见的执行器是调节阀，如气动薄膜调节阀（可带电气阀门定位器），常用于石油化工企业等易燃易爆的场合。

图1-6给出这些要素及控制系统各组成部分之间的关系。

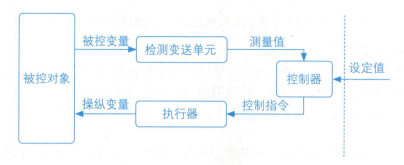

图1-6 生产过程控制系统各要素之间的关系

> **一句话问答** 生产过程控制系统中必须有人的作用吗？

二、完整的生产过程控制系统

对生产过程的控制起主导作用的主体是人的作用。作为一个整体，人必须是控制系统的一个最重要的组成部分，从数学模型的推导、建立并预先设置在运算处理装置中，以便在线运行时实现控制功能，到直接参与控制系统的在线运行，对运算处理装置不能够自动进行处理的控制问题，实施操作与调节或为运算处理装置给出设定值，都需要人的参与。而为了便于人了解被控对象的运行状态并进行人工的操作与调节，控制系统还必须提供人机界面。在任何一个控制系统中，人机界面都是必不可少的重要组成部分。一个完整的控制系统较全面的组成架构如图1-7所示。

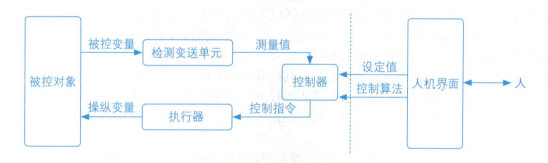

图1-7 完整的生产过程控制系统结构框图

人机界面包括了测量值的显示、计算参数的显示、人工操作设备（如按钮、调节手柄）等，还有对运算处理装置进行设定和控制算法预置的设备等。

任务1 实施

辨识项目学习案例所给生产过程控制系统的基本组成。

在项目学习案例中，图1-1人工液位控制系统不属于生产过程控制系统，本任务需要辨识的是图1-2机械式液位控制系统和图1-3仪表液位控制系统的基本组成。

环节1 辨识被控对象、选择被控变量

图1-2机械式液位控制系统和图1-3仪表液位控制系统，需要控制的设备都是水箱。

合理选择被控变量，关系到生产工艺能否达到稳定操作、保证质量和安全等目的。常用选择依据有两种，一是根据生产工艺的要求，找出影响生产的关键变量作为被控变量；二是当不能用直接工艺参数作为被控变量时，应选择与直接工艺参数有单值函数关系的间接工艺参数作为被控量。本书主要学习第一种辨识方法。

图1-2机械式液位控制系统和图1-3仪表液位控制系统，影响生产的关键变量是被控

对象水箱的液位，液位是需要控制的过程量，因此确定液位为被控变量。

环节2　辨识检测变送单元

按照生产过程的工艺要求，首先确定的是传感器与变送器合适的测量范围（量程）与精度等级，且尽可能选择时间常数小的传感器和变送器，避免因测量仪表反应慢造成的测量失真（这部分内容在传感器检测与应用等相关教材中有详细介绍）。本书主要根据工艺图辨识生产过程控制系统的检测变送单元。

图1-2机械式液位控制系统，水箱液位的高度是通过浮球的上升或下降幅度进行测量，即浮球位置的变化反映了液位的高低，所以检测变送单元为浮球；而图1-3仪表液位控制系统，水箱液位的高度是通过LT仪表（L指被控参数——液位，T指仪表功能——变送，LT是液位变送器的仪表符号）进行检测，并把测量值转换成标准电信号进行远距离传送，所以该系统的检测变送单元为液位变送器LT。

环节3　辨识控制器

图1-2的机械式液位控制系统，浮球位置的变化会带动杠杆系统动作，液位下降浮球位置随之下降，但浮球是通过刚性材料与杠杆系统相连的，所以杠杆随之发生倾斜，杠杆a端下降，b端上升，因此机械式液位控制系统的控制器是杠杆系统。而图1-3仪表液位控制系统，液位变送器LT将测得的水箱液位转换成标准信号传送给LC（L指被控变量——液位，C指仪表功能——控制，LC是液位控制器的仪表符号），LC将水箱液位测量值与设定值进行比较，按一定的控制规律对其偏差值进行运算，输出至执行器，因此该系统的控制器是液位控制器LC。

环节4　辨识执行器、选择操纵变量

执行器与生产过程的各种介质直接接触，是控制系统环路中的最终元件，图1-2机械式液位控制系统，当杠杆系统发生倾斜时，杠杆的b端会带动三角形的阀芯动作，改变流体的流通面积，从而改变进水流量，因此，该系统的执行器为杠杆系统带动的阀；图1-3仪表液位控制系统，执行器为调节阀，它接受液位控制器LC的控制指令，自动改变调节阀的开度大小。

被控变量选定以后，应对工艺进行分析，寻找所有影响被控变量的因素，确定操纵变量。在这些影响被控变量的因素中，有些是可控的，有些是不可控的。操纵变量常用的选择方法是在诸多影响被控变量的因素中选择一个对被控变量影响显著且便于控制的变量，而其他未被选中的因素则可以视为系统的干扰。

操纵变量的选择首先考虑的是生产工艺上允许加以控制的可控变量，对被控变量影响较灵敏、及时，同时考虑工艺的合理性与经济性等因素。在图1-2和图1-3所示系统中，影响液位变化的因素有进水流量Q_i和出水流量Q_o，从控制系统的信号关系来分析，进水流量Q_i是影响液位变化的主要因素，是系统的操纵变量，而考虑干扰作用，则出水流量Q_o是一个干扰变量了。

> 想一想　如何从影响被控变量变化的因素中选择操纵变量与干扰变量？

总结本任务辨识项目学习案例基本组成的过程，图1-2机械式液位控制系统的被控对象是水箱、检测变送单元是浮球、控制器是杠杆系统、执行器是杠杆系统带动的阀，被控变量是水箱液位、操纵变量是进水流量Q_i；图1-3仪表液位控制系统的被控对象是水箱、检测变送单元是液位传感器LT、控制器是液位控制器LC、执行器是调节阀、被控变量是水箱液位、操纵变量是进水流量Q_i。

资源1.4
案例组成分析

任务1　拓展

图1-8所示为一反应器温度控制系统示意图。A、B两种物料进入反应器进行混合反应，通过改变进入夹套的冷却水流量来控制反应器内的温度保持不变。图中TT表示温度变送器，TC表示温度控制器。试完成以下任务：

① 辨识该系统的被控对象、检测变送单元、控制器和执行器；

资源1.5
任务拓展分析

② 辨识被控变量和操纵变量，分析影响被控变量变化的干扰变量。

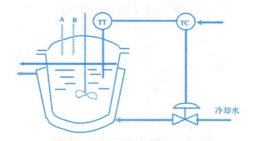

图1-8　反应器温度控制系统

📖 素质拓展阅读

干扰的影响

对生产过程控制系统而言，干扰变量（信号）是不可避免的。如在一个化工生产过程中，当生产工艺稳定的平衡状态受到工业过程中随机干扰的影响，则系统平衡态被打破，生产效率降低，甚至产品不合格。在过程控制的闭环系统中，在控制器作用下实现抗干扰，保证产品质量，且可通过控制器的参数修正，使系统的抗干扰能力更强。

这则阅读启示我们，外界事物，纷繁复杂，我们的成长道路上伴随着各式干扰，如何在成长过程中，安之若素，不为所动，是对我们每个人的品质修养的考验。每个人既是一个个体，也是一个体系，只要坚守良好的学习习惯，修心修性，坚持不懈，为一以贯之的小目标、大目标，不忘初心，排除万难，砥砺前行，终将学有所成。

● **任务2　辨析生产过程控制系统的工作原理** ●

任务2　说明

生产过程控制系统的基本组成包括被控对象、检测变送单元、控制器和执行器，这些要素需有机配合组成基本回路，才能实现对生产过程的自动控制。本任务通过单回路控制系统方框图的绘制，对基本组成进行信号连接，并通过方框图的直观方式，辨析项目学习案例的工作原理。

任务2　要求

① 正确绘制单回路控制系统方框图；
② 准确描述单回路控制系统工作原理；
③ 负反馈方法举一反三至学习与工作。

任务2　学习

一、单回路控制系统方框图绘制

生产过程控制系统主要有方框图、管道及仪表流程图两种表示形式。这里主要学习方框图。

1. 方框图

方框图是控制系统每个环节的功能和信号流向的图解表示，主要组成元素包括方框、信号线、比较点、分支点等。其中，图1-9（a）方框表示系统中的一个组成部分（也称为环节），方框内填入表示其自身特性的数学表达式或文字说明；图1-9（b）信号线是带有箭头的直线段，用来表示环节间的相互关系和信号的流向；图1-9（c）中作用于方框上的信号为该环节的输入信号，由方框送出的信号称为该环节的输出信号；图1-9（d）比较点表示对两个或两个以上信号进行加减运算，"+"号表示相加，"-"号表示相减；图1-9（e）分支点表示信号引出，从同一位置引出的信号在数值和性质方面完全相同。

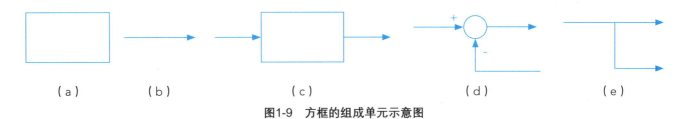

图1-9　方框的组成单元示意图

2. 单回路控制系统

单回路控制系统，通常是指由一个被控对象、一个检测变送单元、一个控制器和一个执行器所组成的单闭环负反馈控制系统，也称为简单控制系统。

单回路控制系统的结构比较简单，所需的自动化装置数量少，投资低，操作维护也比较方便，且在一般情况下，基本能满足控制质量的要求。因此，单回路控制系统在工业生产过程中得到了广泛的应用，生产过程中70%以上的控制系统是单回路控制系统。单回路控制系统是最基本、应用最广泛的系统，是学习复杂控制系统的基础，掌握其分析和设计方法，将为复杂控制系统的学习提供很大帮助。

3. 单回路控制系统方框图的绘制方法

基于单回路控制系统的基本组成，辅以相关的连接变量，可以将表示各基本组成的方块根据信号流的关系排列起来，组成系统的方框图。单回路控制系统的每一个环节用一个方框来表示，常用四个方框分别表示被控对象、检测变送单元、控制器和执行器，且每个方框都分别标出各自的输入、输出变量。

图1-10表示典型单回路控制系统方框图，可以更清楚地表示出一个过程控制系统各个组成部分之间的相互影响和信号联系。对于不同对象的单回路控制系统，尽管其具体装置与变量不同，皆可以用图1-10所示相同的方框图来表示，单回路控制系统方框图便于对不同系统的共性进行分析研究。

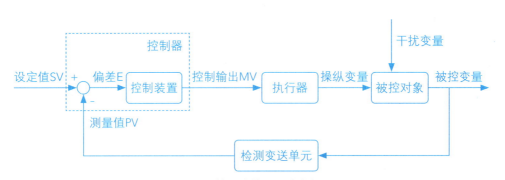

图1-10　单回路控制系统方框图

在方框图绘制中，需要注意三点：一是每个方块代表了控制系统的主要环节，表示一个具体的实物；二是各方块是通过信号线按信号线作用方向顺次连接的，即信号线的箭头代表了信号作用方向，与工艺设备之间的物料的流向无关；三是比较点不是一个独立的元件，而是控制器的一部分，绘制时为了清楚地表示控制器的比较结构作用，将比较点单独画出。

一句话问答　控制器包含比较点吗？

分析单回路控制系统的方框图，控制系统具有单向性、输入影响输出，且信号沿箭头方向前进又回到原起点，具有闭环特点，是被控变量负反馈的闭合回路。

> 想一想 什么是负反馈?

资源1.6
负反馈

二、单回路控制系统工作原理分析

图1-11所示为锅炉过热蒸汽温度控制系统。锅炉是电力、冶金、石油化工等工业生产中不可缺少的动力设备，其产品是蒸汽。发电厂从锅炉汽鼓（汽包）中出来的饱和蒸汽经过热器继续加热成为过热蒸汽，过热蒸汽的温度控制是保证汽轮机组（发电设备）正常运行的一个重要条件。通常过热蒸汽的温度应达到460℃左右去推动汽轮机做功。每种锅炉与汽轮机组都有一个规定的运行温度，在这个温度下运行，机组的效率最高。如果过热蒸汽的温度过高，会使汽轮机的寿命大大缩短；如果温度过低，当过热蒸汽带动汽轮机做功时，会使部分过热蒸汽变成小水滴，小水滴冲击汽轮机叶片，会造成生产事故。所以必须对过热蒸汽的温度进行控制。通常在图1-11所示的过热器之前或中间部分串接一个减温器，通过控制减温水流量的大小来控制过热蒸汽的温度，构成过热蒸汽温度控制系统。

在图1-11中，过热蒸汽温度采用铂热电阻温度计1来测量，并经温度变送器2（TT）将测量信号送至温度调节器3（TC）的输入端，与过热蒸汽温度的给定值进行比较得到其偏差，调节器按此输入偏差以某种控制规律进行运算后输出控制信号，以控制调节阀4的开度，从而改变减温水流量的大小，达到控制过热蒸汽温度的目的。

根据任务1的学习，辨识锅炉过热蒸汽温度控制系统的被控对象、检测变送单元、控制器和执行器分别是过热器、铂热电阻温度计1和温度变送器2（TT）、温度调节器3（TC）以及调节阀。选择被控变量为过热蒸汽温度，操纵变量为减温水进水流量。

为便于分析，设置温度调节器3（TC）的控制规律为偏差E上升时，控制输出MV也上升，反之亦然；设置执行器调节阀的作用方式为控制输出MV上升时操纵变量（减温水进水流量）下降，反之亦然。绘制过热蒸汽温度控制系统方框图如图1-12所示。

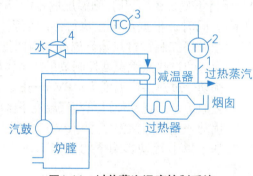

图1-11 过热蒸汽温度控制系统

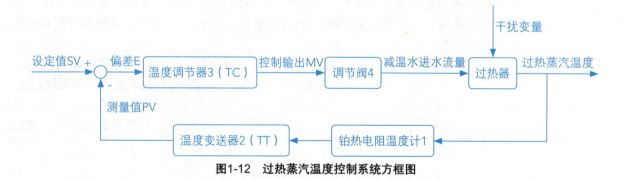

图1-12 过热蒸汽温度控制系统方框图

1. 平衡状态分析

当流入系统的减温水使过热器出口的过热蒸汽温度，保持在使汽轮机组效率最高工作的一个规定的运行温度值（或允许的范围内）时，设减温水进水流量及品质保持不变，锅炉汽鼓（汽包）中出来进入过热器的饱和蒸汽流量及品质也保持不变，控制系统处于平衡状态，并将保持这个动态平衡，直至有新的扰动发生，或汽轮机组对过热蒸汽温度有新的要求。

2. 干扰变量分析

在图1-11过热蒸汽温度控制系统中，操纵变量选择为减温水进水流量，其余作用于被控对象（过热器）并引起被控变量（过热蒸汽温度）变化的因素都属于干扰变量。主要干扰因素有：

① 饱和蒸汽流量的变化：饱和蒸汽的流量增大，过热蒸汽温度上升；
② 减温水温度的变化：减温水的温度上升，过热蒸汽温度上升；
③ 饱和蒸汽压力变化：饱和蒸汽压力上升导致饱和蒸汽流量增大，过热蒸汽温度上升；
④ 减温器、过热器环境温度的变化等也会影响过热蒸汽温度的变化。

这些扰动一般都是随机性的、无法预知的，但当它们影响到过热蒸汽温度发生变化时，控制系统都能够通过控制加以克服。

3. 工作原理分析

在生产过程控制系统中，无论是由于什么原因、什么扰动，只要其作用使过热蒸汽温度有了变化，则控制系统就能通过控制器来克服扰动对过热蒸汽温度的影响，使之回到原来的平衡状态。

当过热蒸汽温度偏离平衡状态而升高（高于使汽轮机组效率最高工作的一个规定的运行温度值，SV）时，测温用铂热电阻温度计1的电阻阻值增大，由温度变送器2（TT）将该阻值的变化转换为输出电流将增大，作为测量值PV送至温度调节器3（TC）。温度调节器3将PV与设定值SV相比较，由于设定值SV保持不变，PV上升，则温度偏差E = SV − PV将下降。由所设置的控制器性质，此时控制器输出MV将下降。同时，根据所设置执行器的性质，进入减温器的减温水进水流量将增加，使得过热蒸汽温度下降，经循环控制，过热蒸汽温度逐渐回复到设定值SV（或允许的范围内）。控制器参数设置恰当，可获得较满意的过热蒸汽温度控制效果。工作原理分析时，常用如下简洁方式表达：

扰动→过热蒸汽温度↑→PV↑→E↓→MV↓→减温水进口流量↑→过热蒸汽温度↓

类似地，当扰动使过热蒸汽温度下降时，控制过程（工作原理）可表达为：

扰动→过热蒸汽温度↓→PV↓→E↑→MV↑→减温水进口流量↓→过热蒸汽温度↑

基于以上扰动影响下的工作原理分析发现，单回路控制系统的工作过程是应用负反馈原理的控制过程。

任务2 实施

辨析项目学习案例的工作原理与任务1相同，图1-1人工液位控制系统不属于生产过程控制系统，本任务主要对图1-2机械式液位控制系统和图1-3仪表液位控制系统进行工作原理辨析。

当水箱的液位保持在生产工艺允许的一个规定的液位高度（或允许的范围内）时，设水箱进水流量Q_i和出水流量Q_o都保持不变，即图1-2机械式液位控制系统和图1-3仪表液位控制系统处于平衡状态（机械式液位控制系统表现为杠杆平衡），并将保持这个动态平衡，直至有新的扰动（干扰变量，如出水流量Q_o突然增加）发生，或生产工艺对水箱液位高度有新的要求。

环节1 辨析机械式液位控制系统的工作原理

根据任务1辨识图1-2机械式液位控制系统的基本组成，即被控对象—水箱、检测变送单元—浮球、控制器—杠杆、执行器—杠杆系统带动的阀，按照图1-10，绘制如图1-13所示的机械式液位控制系统方框图。

资源1.7 机械式液位

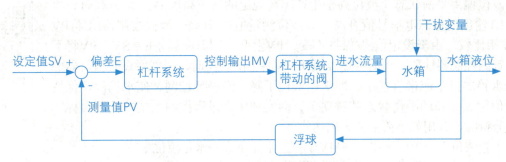

图1-13 机械式液位控制系统方框图

图1-2机械式液位控制系统，选择被控变量为水箱液位、操纵变量为进水流量Q_1，其余作用于被控对象（水箱）并引起被控变量（水箱液位）变化的因素都属于干扰变量（如出水流量Q_0）。根据该系统机械结构，杠杆系统是控制器，当偏差E上升时，控制输出MV是上升的，反之亦然；杠杆系统带动的阀是执行器，控制输出MV上升时进水流量（操纵变量）是上升的，反之亦然。

当水箱液位偏离平衡状态（液位高于生产工艺规定的液位高度SV，该系统通过浮球连接至杠杆的连接线的长度来确定）而升高时，检测变送单元浮球位置上升，液位测量值PV升高，液位偏差E = SV - PV变小，使得杠杆系统平衡被打破，a端高于b端，E越小，a端倾斜角度越大，杠杆通过b端带动阀门芯往下压紧的行程越大，即MV越小，阀门开度变小，使得进入水箱的进水流量减小，经循环控制，水箱液位逐渐回复到设定值SV（或允许的范围内）。反之，当水箱液位偏离平衡态而降低时，检测变送单元浮球下降，液位测量值PV降低，液位偏差E = SV - PV增大，使得杠杆系统平衡被打破，b端高于a端，E越大，b端倾斜角度越大，杠杆通过b端带动阀门芯往上拔出的行程越大，即MV增加，阀门开度变大，使得进入水箱的进水流量增加，经循环控制，水箱液位逐渐回复到设定值SV（或允许的范围内），即系统进入了一个新的平衡状态。用简洁方式分析其工作原理（控制过程）为：

扰动→水箱液位↑→PV↑→E↓→MV↓→进水流量↓→水箱液位↓

类似地，当扰动使水箱液位下降时，工作原理可表达为：

扰动→水箱液位↓→PV↓→E↑→MV↑→进水流量↑→水箱液位↑

环节2 辨析仪表液位控制系统的工作原理

根据任务1分析的图1-3仪表液位控制系统的基本组成，即被控对象—水箱、检测变送单元—LT、控制器—LC和执行器—调节阀，按照图1-10，绘制如图1-14所示的仪表液位控制系统方框图。

资源1.8
仪表液位

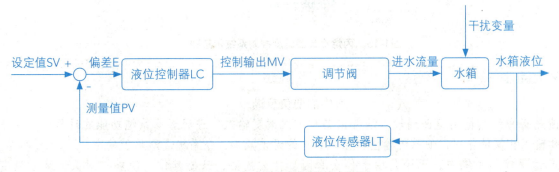

图1-14 仪表液位控制系统方框图

仪表液位控制系统的被控变量、操纵变量和干扰变量等分析与机械式液位控制系统类似。设置液位控制器LC的控制规律为，偏差E上升时，控制输出MV是上升的，反之亦然；设置执行器调节阀的工作方式，当控制输出MV上升时进水流量（操纵变量）是上升的，反之亦然。

当水箱液位偏离平衡状态（液位高于生产工艺规定的液位高度SV）而升高时，检测变送单元LT输出的标准电信号值升高，即液位测量值PV升高，液位控制器LC将PV与设定值SV相比较，由于设定值SV保持不变，PV上升，则温度偏差E＝SV－PV将下降。由所设置的控制器性质，此时控制器输出MV将下降。同时，根据所设置执行器的性质，进入水箱的进水流量将减小，即水箱液位下降，经循环控制，使水箱液位保持在液位设定值附近（新的平衡状态被建立），即实现生产过程控制系统的控制目标。在工作原理分析时，常用如下简洁方式表达：

扰动→水箱液位↑→PV↑→E↓→MV↓→进水流量↓→水箱液位↓

类似地，当扰动使水箱液位下降时，工作原理可表达为：

扰动→水箱液位↓→PV↓→E↑→MV↑→进水流量↑→水箱液位↑

资源1.9
作用方式

> 想一想　环节2为什么要设置控制器的控制规律和执行器的作用方式？

任务2　拓展

在石油化工生产过程中，常利用液态丙烯汽化吸收裂解气体的热量，使裂解气体的温度下降到规定的数值上。图1-15是一个简化的丙烯冷却器温度控制系统。被冷却的物料是乙烯裂解气，其温度要求控制在（15±1.5）℃。如果温度太高，冷却后的气体会包含过多的水分，对生产造成有害影响；如果温度太低，乙烯裂解气会产生结晶析出，堵塞管道。试完成以下任务：

① 辨识该系统的被控对象、检测变送单元、控制器和执行器；
② 辨识被控变量和操纵变量，分析其设定值大小；
③ 分析影响被控变量变化可能的扰动；
④ 绘制该系统方框图；
⑤ 辨析该系统工作原理。

资源1.10
任务拓展分析

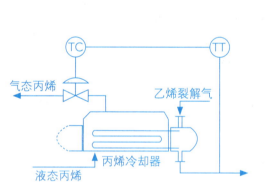

图1-15　丙烯冷却器温度控制系统示意图

素质拓展阅读

人生需要负反馈

负反馈是将系统的输出返回到输入端并以某种方式改变输入，进而影响系统功能的过程，负反馈使输出起到和输入相反的作用，使系统输出与系统目标的无差减小，令系统逐渐趋于稳定。

在生产过程控制系统中，无论是由于什么原因、什么扰动，只要其作用使被控对象偏离了设定值（或规定范围），则闭环控制系统能通过控制器按控制规律克服这种影响，使之逐渐回到原来的平衡状态，这样的工作过程是应用负反馈原理的控制过程。

这则阅读启示我们，生活中处处存在负反馈。当代青年学子，我们生逢其时、重任在肩，要有理想、有担当、能吃苦、肯奋斗，在道路的规划上、在求学的实践中，要力争避免失败但不抗拒失败，渴望成功但不安逸于成功。要想获得成功的人生，必须设置一个"目标"，加上一个负反馈机制，胜不骄，败不馁，稳步达到人生的目标，规划好自己一种负反馈式的人生！

● 任务3　辨识生产过程控制系统的基本分类 ●

任务3　说明

生产过程控制系统的分类方法很多，可根据不同的分类标准进行分类，在实际应用中，根据具体需求选取某种分类进行系统分析、设计、调试与维护等。本任务通过对生产过程控制系统的常用分类方法进行学习，辨识项目学习案例和给定典型控制系统在具体应用中的类别。

任务3　要求

① 识记生产过程控制系统的分类标准及分类内容；
② 会根据不同的分类标准，准确辨识系统的分类；
③ 会根据系统的具体分类，熟练绘制方框图，并正确分析工作原理；
④ 熟知分清主次、抓大放小，负反馈、多角度分析问题的方法。

任务3　学习

一、按被控变量的名称分类

主要有温度、压力、流量、液位、成分等控制系统，这是一种最常见的分类方式，如锅炉汽包压力控制系统、水箱液位控制系统、加油站流量控制系统等。

二、按控制器的控制规律分类

控制器常用比例控制（P控制）、比例积分控制（PI控制）、比例微分控制（PD控制）和比例积分微分控制（PID控制）四种控制规律，其对应控制系统分别为P控制系统、PI控制系统、PD控制系统和PID控制系统。

资源1.11
控制规律总结

1. 比例控制

比例控制（P控制）是最基本、应用最普遍的控制规律。比例控制器的输出与其偏差输入信号成比例关系。比例控制结构简单、控制作用及时、无滞后现象，参数整定方便。但控制结束存在残余偏差。适用于扰动不大、滞后较小、负荷变化不大、工艺要求不高的场合，常用于贮罐液位、塔釜液位和不太重要的蒸汽压力的控制。

2. 比例积分控制

比例积分控制（PI控制）是由比例和积分两种控制作用组合而成的。积分作用的优点是可以消除余差，缺点是存在滞后、控制作用缓慢、不能及时克服干扰。所以积分控制不能单独使用。比例积分控制的特点是只要有偏差出现，比例控制立即有所反应，很快抑制干扰的影响（粗调），随后积分控制作用逐渐加强，直至消除余差（细调）。但是积分作用的引入会使系统的稳定性下降。

PI控制主要用于控制精度要求高、不允许有余差的场合，多用于工业生产中压力、流量等控制系统。但对于有较大惯性滞后的控制系统，要尽量避免使用。

笔记

3. 比例微分控制

微分控制（D控制）的特点是动作迅速，具有超前调节功能，可有效改善被控对象有较大时间滞后的控制品质，但不能消除余差，尤其对于恒定偏差输入时，根本没有控制作用。因此，微分控制不能单独使用。

比例微分控制（PD控制）将比例作用和微分作用相结合，比单纯的比例作用更快。尤其对于容量滞后较大的对象，可以减小动偏差幅度，节省控制时间，显著改善控制质量。对于滞后较小和扰动频繁的系统，应尽可能避免使用微分作用。

4. 比例积分微分控制

比例积分微分控制（PID控制）是三种控制规律的集合，它集三者之长，既有比例作用的控制及时迅速，又有积分作用的余差消除能力，还有微分作用的超前控制功能。P、I、D三作用控制适用于容量滞后较大、负载变化大、控制质量要求较高的场合，如反应器、聚合釜的温度控制等。

一句话问答 PD控制系统是无差系统？

小提示 P、I、D的作用；什么是无差？

三、按系统基本结构形式分类

主要分为开环控制系统和闭环（反馈）控制系统。

资源1.12
开闭环总结

1. 开环控制系统

开环控制系统是指控制器与被控对象之间只有顺向控制而没有反向联系的控制系统。操纵变量可以通过控制对象影响被控变量，但被控变量不会通过控制器去影响操纵变量。从信号传递关系上来看，未构成闭合回路。主要有以下两种控制方式。

按设定值进行控制。按设定值进行控制的开环系统，需要控制的是被控变量，而测量的只是设定值。如图1-16（a）所示的换热器，绘制如图所示的方框图1-16（b）。分析其工作原理是，冷物料与载热体（蒸汽）在换热器中进行热交换，使冷物料出口温度上升至工艺要求的数值。因此，系统中被控变量为冷物料出口温度，操纵变量为蒸汽流量。操纵变量与设定值保持一定的函数关系，当设定值变化时，操纵变量随之变化进而改变被控变量。

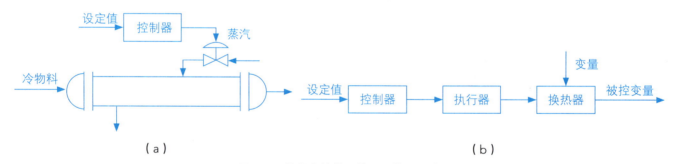

图1-16 按设定值作用的开环控制系统

按扰动进行控制。按扰动进行控制的开环系统，需要控制的仍然是被控变量，而测量的是破坏系统正常进行的扰动变量。利用扰动信号产生控制作用，以补偿扰动对被控变量的影响，故此称为按扰动进行控制。如图1-17所示为系统示意图和方框图。

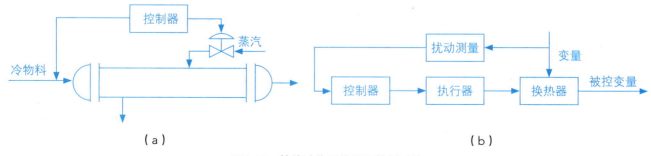

图1-17 按扰动作用的开环控制系统

由于测量的是扰动变量,这种控制方式只能对可测的扰动进行补偿。对于不可测扰动及对象,各功能部件内部参数的变化对被控变量造成的影响,系统自身无法控制。因此控制精度仍然受到原理上的限制。

2. 闭环控制系统

闭环控制系统,又称为反馈控制系统,是过程控制系统中的一种最基本的控制结构形式。闭环控制是指控制器与被控对象之间既有顺序控制又有反向联系的控制系统;也常指系统的输入端和输出端之间存在反馈支路,使得输出变量对控制作用有直接影响的系统。

闭环控制是根据系统被控变量的偏差进行工作的,偏差值是控制的依据,最后达到消除或减小偏差的目的。反映在方框图的结构上,反馈控制系统的控制器和被控对象之间,不仅存在正向作用,而且具有反向作用,信号传递的路径形成了一个闭合的环。在这里,将检测变送单元检测的测量值PV送回到系统的输入端,并与输入信号设定值SV比较,控制器通过比较分析,产生控制作用减小或消除偏差,使被控变量与期望值趋于一致。

在这样的结构下,系统的控制器和被控对象共同构成了前向通道,而反馈装置构成了系统的反馈通道。典型的闭环控制系统由检测变送单元、控制器、执行器和被控对象四部分组成,是一个闭环负反馈控制系统,如图1-18所示。

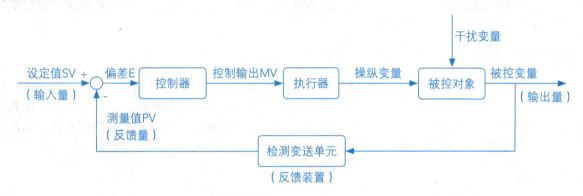

图1-18 闭环控制系统/反馈控制系统

在图1-18中,检测变送单元将被控变量的测量值送回到系统控制器的输入端,即测量值,又称为反馈量,这种把系统的输出信号直接或经过一些环节引回到输入端的方法称为反馈。

反馈包括负反馈和正反馈。其中负反馈是指引回到输入端的信号是减弱输入端的作用,用"-"号表示,而正反馈是指引回到输入端的信号是增强输入端的作用,用"+"号表示。

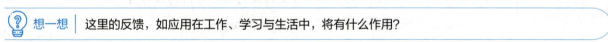
想一想　这里的反馈,如应用在工作、学习与生活中,将有什么作用?

闭环控制系统具有自动修正被控变量出现偏离的能力,即具有很强的抗干扰能力。当元件参数变化或外界扰动引起被控变量偏离设定值,闭环控制系统会产生控制作用克服被控变量与设定值的偏差,因此具有较高的控制精度。由于闭环控制系统的控制作用只有在偏差出现后才产生,当系统的惯性滞后和纯滞后较大时,控制作用对扰动的克服不及时,使其控制质量大大降低,且在实际应用中,其调节参数选择不好可能会引起振荡,甚至发散。

在闭环控制系统的反馈信号也可能有多个,从而可以构成多个闭合回路,称其为多回路控制系统。

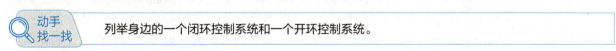
动手找一找　列举身边的一个闭环控制系统和一个开环控制系统。

四、按给定值的变化分类

在闭环控制系统中,根据给定值的变化不同,生产过程控制系统可划分为:定值控制系统、随动控制系统和程序控制系统。

1. 定值控制系统

定值控制系统即恒定给定值的控制系统，是给定值保持不变或很少调整的控制系统。例如水池水位控制系统，空调、冰箱及炉温控制系统等。这类控制系统的给定值一经确定后就保持不变直至外界再次调整它。化工、医药、冶金、轻工等生产过程中有大量的温度、压力、液位和流量需要恒定，是采用定值控制最多的领域，如恒温箱的温度控制、稳压电源的电压稳定控制等均为定值控制。工艺生产中，若要求控制系统的作用是使被控制的工艺参数保持在一个生产指标上不变，或者要求被控变量的给定值不变，就要采用定值控制。

2. 随动控制系统

如果控制系统的给定值不断随机地发生变化，即给定值是按未知规律变化的任意函数，或者跟随该系统之外的某个变量而变化，则称该系统为随动控制系统。随动系统的根本任务是能够自动、连续、精确地复现给定信号的变化规律，也就是使所控制的工艺参数准确而快速地跟随给定值的变化而变化。比如显示记录仪表采用的自动平衡式伺服系统、雷达跟踪系统、导弹制导系统等都是随动控制系统。化工医药生产中串级控制系统的副回路、比值控制系统中的副流量回路也是随动控制系统。对于图1-5空调温度控制系统，如要求室温在夏天始终比室外温度低10℃，则要增加一个室外温度测量仪表，测得的温度值作为原控制系统的给定值，即构成一个随动控制系统，其保证在各种条件下系统的输出（被控变量）以一定的精度跟随给定值的变化而变化。

3. 程序控制系统

如果控制系统的给定值是已知的时间函数或按预定的规律变化，则该系统就是程序控制系统。程序控制系统的生产技术指标需要按照一定的时间程序变化。顺序控制器、数控机床、仿形机床、生物反应和金属加热炉等多采用程序控制。由于采用计算机的程序控制系统，实现程序控制特别方便，因此，随着计算机应用的日益普及，程序控制的应用也日益增多。

任务3 实施

资源1.13 分类总结

一、根据不同的分类标准，辨识本项目学习案例的分类

环节1 按被控变量进行分类辨识

图1-2机械式液位控制系统和图1-3仪表液位控制系统的被控变量均为水箱液位，因此，两个系统均为液位控制系统。按照该分类标准，在实际应用中，可以快速地辨识出这类系统的被控变量是液位，方便后续的系统分析与设计等。

环节2 按照系统基本结构形式进行分类辨识

图1-2机械式液位控制系统和图1-3仪表液位控制系统的控制器与被控对象之间既有顺向控制又有反向联系，系统输入端和输出端之间均存在反馈支路，且反馈支路/反馈通道分别由浮球、液位传感器LT组成。因此在此分类标准下，两个系统都属于闭环控制系统（或反馈控制系统），且都属于单回路的闭环控制系统。

环节3 按给定值的变化进行分类辨识

图1-2机械式液位控制系统和图1-3仪表液位控制系统都要求被控变量-水箱液位的给定值不变，即通过控制，克服各种内外干扰变量的影响，使水箱液位保持在给定值或给定值的允许范围内不变，除非系统受扰动影响偏离平衡态，直至控制作用使得其再次回到液位给定值允许范围内。因此，这两个系统都属于按扰动变化的系统，是定值控制系统。

任务中未为学习案例设置对应的控制规律，暂不考虑该分类。

二、按系统基本结构形式进行分类，辨识所给典型控制系统的类型

① 某烘箱温度控制系统如图1-19所示。烘箱内置加热电阻丝，由外加的可调电源、电源开关k来调节加热电阻丝的两端电压进行加热温度控制；烘箱内部上方固定温度计，可检测烘箱内温度大小。按照系统基本结构，试分析烘箱温度控制系统的类型，绘制方框图，并分析工作原理。

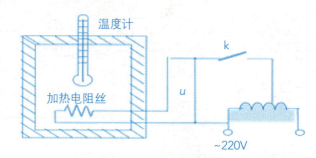

图1-19 烘箱温度控制系统

环节1 辨识烘箱温度控制系统类型

步骤一：分析控制过程。 图1-19所示烘箱温度控制系统，当按下电源开关k时，加热电阻丝两端得电，开始加热，烘箱温度逐渐升高，显然，电源电压越大，加热时间越长，烘箱温度越高。这是一个顺向、单向的控制过程，即只要一直通电加热，烘箱温度就会越来越高，但不能保证烘箱温度稳定在某一个数值上。

步骤二：分析基本组成。 图1-19所示烘箱温度控制系统，烘箱是被控对象（烘箱温度是被控变量），电源滑触点所在的位置为系统的给定量/输入量，电源开关k为控制器，加热电阻丝为执行器。根据步骤一分析可知，电源滑触点所在的位置决定加热电阻丝的加热电压u的大小，进而影响着锅炉温度的高低，即一个给定的位置（输入量），影响着烘箱温度的高低（输出量），表明该系统的控制器与被控对象之间有顺向作用；但烘箱温度过高或过低，该系统不能自动调节电源滑触点所在的位置，即烘箱温度的降低或者升高的要求（输出量）不能影响电源滑触点所在位置（输入量），因此该系统为开环控制系统。

环节2 绘制烘箱温度控制系统方框图

烘箱温度控制系统的主要环节有烘箱—被控对象、控制器—开关k和执行器—加热电阻丝，输入量为电源电压、被控变量/输出量为烘箱温度，烘箱气密性等为干扰变量，按照信号流向绘制如图1-20所示方框图，表示烘箱温度开环控制系统的整个动作过程。

资源1.14 烘箱温控过程

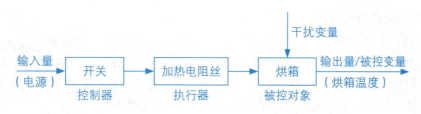

图1-20 烘箱开环控制系统方框图

环节3 辨析烘箱温度控制系统工作原理

给定电源滑触点所在位置，接通电源开关k，加热电源u，加热电阻丝加热，烘箱温度升高，通过温度计读取烘箱温度。电源滑触点越往左滑动，即电源u越大，加热时间越长，烘箱温度越高。即：

电源滑触点右移→电源u↑→烘箱温度↑，或电源滑触点左移→电源u↓→烘箱温度↓

当烘箱气密性变差，即外部冷空气进入，即系统受干扰影响时，具有以下控制响应过程。即：

干扰→烘箱温度↓→电源滑触点位置不变→电源u不变→烘箱温度↓；

在干扰影响下，烘箱温度的变化无法进行自动调节。

② 某直流电动机转速控制系统如图1-21所示。该系统控制任务是保持电动机M恒速运行。由转速反馈装置TG对电动机M的转速n的大小进行检测，由放大器与触发器进行转速控制，而晶闸管可控硅整流器的输出电压u_{d0}驱动电动机M按一定转速运行。按照系统基本结构，试分析直流电动机转速控制系统的类型，绘制方框图，并辨析工作原理。

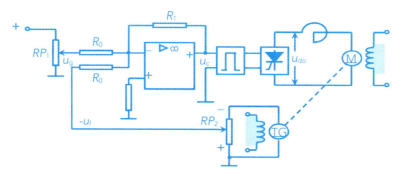

图1-21 直流电动机转速控制系统

环节1 辨识直流电动机转速控制系统类型

步骤一：分析控制过程。 图1-21直流电动机转速控制系统，当给定R_0连接在RP_1位置时，电动机期望转速的电压u_g被设定（给定值SV）。电动机M的转速n经转速反馈装置检测转换为测量值u_f（转速测量值PV）。给定值u_g和测量值u_f的偏差电压u_c被送至放大器的反相输入端。如系统拖动负载突然增加，即电动机M转速n降低时，测量值u_f降低，偏差u_c增加，放大器输出增加，经触发器触发晶闸管可控硅整流器的导通电压增加，即u_{do}增加，驱动电动机M转速n提升，通过持续控制，使电动机M转速测量电压u_f逐渐达到设定转速给定电压u_g的控制要求。这是一个放大器与触发器经晶闸管可控硅整流器顺向对电动机M转速进行控制，同时，电动机M转速的变化可逆向影响放大器与触发器的输出的控制过程。

步骤二：分析基本组成。 图1-21直流电动机转速控制系统，被控对象是直流电动机M（被控变量是转速n）、检测变送单元是转速反馈装置、控制器是放大器与触发器、执行器是晶闸管可控硅整流器（操纵变量是u_{do}）。根据步骤一分析可知，控制器输出经执行器输出操纵变量u_{do}，可顺向影响电动机M转速n的大小；而转速n受干扰影响发生变化，经转速反馈装置，反映为偏差E变化，从而反向影响控制器的输出。同时，其信号是从左往右依次传递的，但在信号输出的同时产生了反馈（如图1-21虚线指示），反馈信号送回到输入端并与原输入信号进行叠加后传递，形成一个闭合回路。因此该系统为闭环控制系统。

环节2 绘制直流电动机转速控制系统方框图

直流电动机转速控制系统的主要环节有直流电动机M—被控对象、控制器—放大器和触发器、执行器—晶闸管可控硅整流管、检测变送单元—转速反馈装置。设定值SV为u_g、测量值PV为u_f，拖动负载大小等为扰动变量，按照信号流向绘制如图1-20所示方框图，表示直流电动机转速控制系统的整个工作过程。

绘制如图1-22所示的工作原理方框图来表示直流电动机转速闭环控制系统。

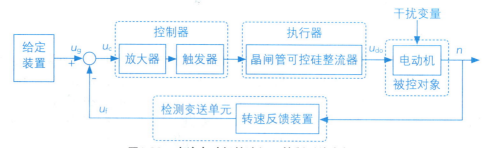

图1-22 直流电动机转速闭环控制系统方框图

环节3 分析直流电动机转速控制系统工作原理

直流电动机转速闭环控制系统的控制任务是保持电动机恒速运行，工作原理分析如下：

如果电动机转速n增大，转速反馈装置测量后转换成的反馈电压u_f也增大，反馈电压u_f与基准电压u_g相比较，产生的偏差电压u_c则减小，u_c经放大器、触发器，作用于晶闸管可控整流器，产生的输出电压u_{do}也随之减小，从而使电动机的转速n逐渐下降，直到回到预定的目标值上，保持电动机恒速运行。

三、按照给定值变化进行分类，辨识所给典型控制系统的类型

1. 电站锅炉空气预热器密封间隙控制系统

如图1-23所示为电站锅炉空气预热器密封间隙控制系统。其控制任务是始终保持空气预热器密封间隙值恒定。按照给定值变化，试辨识电站锅炉空气预热器密封间隙控制系统的类型，并辨析工作原理。

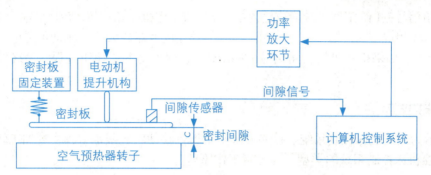

图1-23　电站锅炉空气预热器密封间隙控制系统

环节1 ｜ 辨识电站锅炉空气预热器密封间隙控制系统的类型

电站锅炉空气预热器密封间隙控制系统，空气预热器的密封间隙为被控变量；"被控变量（密封间隙）→空气预热器"，即空气预热器为本案例的被控对象；由图1-23可以看出，密封间隙的长度由间隙传感器（检测变送单元）测量，测量值信号送给计算机控制系统（控制器）与给定的空气预热器密封间隙值 c（给定值）相比较，根据偏差（空气预热器密封间隙偏离给定值 c 的值），计算机控制系统发出控制信号，经功率放大环节放大后送至电动机提升机构，实施相应的控制作用，始终保持空气预热器密封间隙值恒定。

案例中要求"始终保持空气预热器密封间隙值恒定"，且密封间隙的恒定值是 c，即给定值是恒定不变的，因此该系统为定值控制系统。

环节2 ｜ 辨析电站锅炉空气预热器密封间隙控制系统工作原理

电站锅炉空气预热器密封间隙控制系统的被控变量是密封间隙，在干扰作用下，当密封间隙减小时，即偏差 E 增大，计算机控制系统发出控制信号增大，经功率放大环节放大后送至电动机提升机构的行程增加，提升机构上拉密封板使得密封间隙增加，直到回到预定的目标值上，保持空气预热器密封间隙值恒定。

2. 转动机械控制系统

如图1-24所示为转动机械控制系统。控制目标是要求工作机械能够跟随指令机构同步转动，也就是使工作机械的角位置跟随给定指令转角，即保持 $\theta_o = \theta_i$。按照给定值变化，试分析转动机械控制系统的类型，并分析工作原理。

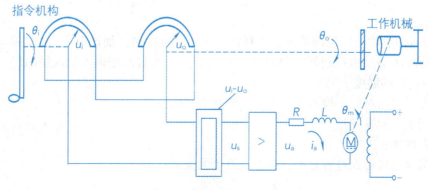

图1-24　转动机械控制系统

环节1 辨识转动机械控制系统的类型

转动机械控制系统的被控对象是转动中的工作机械,测量值是工作机械的转角θ_o。为了保证工作机械与指令机构保持同步转动,必须要保证被控对象工作机械转角θ_o随时与指令机构的转角θ_i保持一致。而指令机构转角θ_i是随机变化的动态量。因此,该系统属于随动控制系统。

环节2 辨析转动机械控制系统的工作原理

指令机构转角信号θ_i(给定值)转换成输入电压u_i,与工作机械角位置θ_o转换的输出电压u_o进行比较,即$u_i - u_o$。如果$\theta_o \neq \theta_i$,则$u_o \neq u_i$,偏差$u_i - u_o \neq 0$。偏差信号经放大器放大后,驱动可逆电机转动,带动工作机械旋转,使$\theta_o = \theta_i$。如果指令机构转角信号θ_i再次变化,则重复上述动作过程,始终保持工作机械跟随指令机构同步转动。

3. 数控机床控制系统

如图1-25所示为数控机床控制系统。控制要求是工作台移动轨迹跟踪编程实现加工轨迹。按照给定值变化,试分析数控机床控制系统的类型,并分析工作原理。

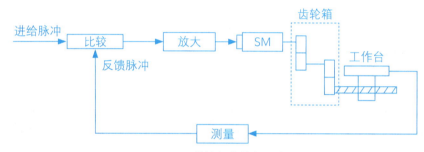

图1-25 数控机床控制系统

环节1 辨识数控机床控制系统的类型

数控机床要进行机械加工,首先要根据被加工零件图样进行工艺分析,编写加工程序,将加工程序输入数控装置中完成轨迹插补运算,控制机床执行机构的运动轨迹,加工出符合零件图要求的工件。案例中控制系统的给定值是预先编写的程序,不是固定值,也不能无规律地随机变化,所以该控制系统是程序控制系统。

环节2 辨析数控机床控制系统的工作原理

分析数控机床控制系统的工作原理:工作台位置实时状态→由测量装置检测→转换成反馈脉冲→与进给脉冲(程序指令,即给定值)比较→若产生偏差→经放大器放大→驱动伺服电机→齿轮箱带动工作台移动→保持工作台移动轨迹与程序加工轨迹一致。

 想一想 | 按系统基本结构分类,对图1-23所示的电站锅炉空气预热器密封间隙控制系统的类型进行分类。

任务3 拓展

图1-26所示为一加热炉温度控制系统,物料在加热炉中被加热,加热温度T需要满足工艺要求。图中,TC为温度控制器,TV为燃料的进料阀,通过改变进入加入炉的燃料来控制加热炉中物料的温度。完成以下任务:

① 辨识该系统的被控对象、检测变送单元、控制器和执行器;
② 辨识被控变量和操纵变量;
③ 绘制系统方框图;
④ 按照系统基本结构形式进行分类,辨识该系统的类型;

▶ 资源1.15 ◀
任务拓展分析

⑤ 分析该系统工作原理。

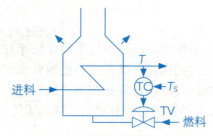

图1-26　加热炉温度控制系统

素质拓展阅读

选择适合自己的方向

中国有个著名的故事叫做南辕北辙。战国时期，有个人要去楚国，他驾着马车在大路上急驰。路上，他遇到一个同路人，二人攀谈起来，当同路人得知他要去楚国时大吃一惊，问他："楚国在南方，你怎么朝北走啊？"这人不慌不忙地说："没关系，我的马跑得快，带的路费、干粮很多，不愁到不了楚国。"同路人提醒他："这样走会离楚国越来越远的。"同路人着急地说："你走错了，这样走你到不了楚国的。"他很自信地说："我的车夫驾车技术非常好，不用担心。"同路人见这人如此糊涂，无可奈何地摇摇头，叹了口气。因此，无论做什么事，都要首先看准方向，才能充分发挥自己的有利条件。

在我们学习的控制器的控制规律分类中，选择很多，但也需要找对方向，充分发挥有利条件。比如：比例控制适用于扰动不大、滞后较小、负荷变化不大、工艺要求不高的场合；比例积分PI控制主要用于控制精度要求高、不允许有余差的场合；比例微分控制（PD）适用于容量滞后较大的对象，节省控制时间，显著改善控制质量。比例积分微分控制（PID）是三种控制规律的集合，它集三者之长，既有比例作用的控制及时迅速，又有积分作用的消除余差的能力，还有微分作用的超前控制功能。针对不同的控制系统特点及需求，选择合适的控制规律，才能充分发挥系统的效能。不同控制系统的控制策略选择有很多种，但是要实现最优的控制效果，必须选择适用于该系统的控制策略。

这则阅读启示我们，人生的很多重要的第一次都要面临选择，俗话说三百六十行，行行出状元，虽然每个人都要面对很多岔路口的选择，一是要熟知自己擅长的领域，选择适合自己的方向，二是要与团队成员相互配合，发挥各自的优势。

分类标准的重要性

看待事物的角度不同，出发点不同，所得到的结果也就不同。古人有诗云：横看成岭侧成峰，远近高低各不同；不识庐山真面目，只缘身在此山中。在王安石的笔下，飞来峰只有站在最高处，方能见到最美的景色；在苏轼的笔下，庐山是横看竖看各有各的美。同样的事情，看的角度不同，得出的结果自然不同。

不仅仅是在欣赏自然风光时，选择不同的分类标准，可以看到不同的风景，在工作生产中，也是如此。近代，爱迪生实验室在一场火灾中损失了2亿多美元，实验室内的硬件设备化为了灰烬，但他却平静地看着火说："灾难有他自己的价值。我们以前所有的错误和错误都被彻底清除了，我们可以重新开始"。如果从损失的角度看，他确实失去了很多，但是，如果从另一个角度看，他却将过去的错误都清零，在此基础上开展的研究都将是更为完善的。

在我们学习各种各样的生产过程控制系统中，有不同的分类方法，而根据不同的分类标准进行分类的时候，会有不同的分类结果。在实际应用中，需要我们从不同的角度出发，根据具体的需求选取某种分类方式，对生产过程控制系统进行系统分析、设计、调试与维护等，更有针对性地进行分析。

这则阅读启示我们，从不同的角度看问题，会有不同的发现。改变视角，能让我们看到事物的本质，对事物有一个全面的认识，能让我们在角度的变化中不断收获和进步。只有看问题的角度正确了，才能保持科学的态度，不钻牛角尖，不悲观消沉，以积极乐观的态度，创造幸福美好的人生。

任务4　辨析生产过程控制系统的控制性能

任务4　说明

一个控制良好的系统，在经受扰动作用后，一般应平稳、快速和准确地趋近或回复到设定值。生产过程控制系统运行调试后，控制性能的优劣是否满足用户控制要求等，都需要通过对控制性能指标进行计算、分析、给出结果等。本任务通过对生产过程控制系统的性能指标计算、分析方法等进行学习，针对给定生产过程控制系统，计算其控制性能指标，并辨析系统品质优劣。

任务4　要求

① 识记过渡过程的基本状态；
② 识记过渡过程的五种形式；
③ 能准确计算控制性能指标；
④ 能辩证理解控制性能要求；
⑤ 能准确辨析系统控制性能。

任务4　学习

一、生产过程控制系统的过渡过程

当过程控制系统的输入恒定不变，既不改变给定值又没有外界扰动作用时，系统的被控变量（输出）不随时间变化的平衡状态称为系统的**静态**（也称为**稳态**）。此时系统中各组成环节（仪表或操作单元），如变送器、控制器、控制阀等都不改变原先的状态，各参数（或信号）的变化率都为零。过程控制系统的静态过程是暂时的、相对的和有条件的。

静态并不是静止，处于静态时，生产仍在连续进行，物料和能量仍然有进有出，系统的输入和输出均恒定不变。因此静态反映的是相对平衡状态。

由于实际生产过程中总是存在着各种各样的波动、干扰以及条件的变化，当过程控制系统的平衡被打破时，被控变量就会发生变化。被控变量随时间变化的状态称为**动态**。

> 小提示　稳定不是绝对的，是相对稳定。

对任何一个控制系统，干扰作用是不可避免的客观存在。当受到干扰作用后，系统原有的平衡状态（静态/稳态）被打破，被控变量就要发生波动，被控变量偏离给定值，此时控制器会改变原来的状态，产生相应的控制作用，改变操纵变量去克服扰动的影响，力图恢复静态状态。从干扰出现之时起，到由于控制器的作用使被控变量到达新的稳定状态为止，需要一段时间，这段时间内被控变量随时间的变化情况称为过程控制系统的过渡过程。

过渡过程是过程控制系统从一种平衡状态过渡到另一种平衡状态的全过程，即两个稳态之间的过程，如图1-27所示。过渡过程是过程控制系统的控制作用不断克服干扰影响的全过程，即系统控制调整过程，控制系统的过渡过程是衡量控制系统品质优劣的重要依据。

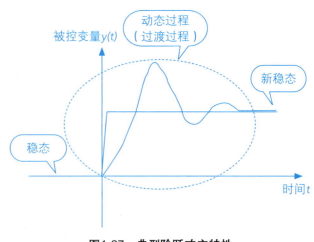

图1-27　典型阶跃响应特性

一般来说，一个控制系统的好坏在静态时是难以判别的，只有在动态过程中才能充分反映出来。系统在其进行过程中，会不断受到扰动的频繁作用，系统自身通过控制器不断地施加控制作用去克服扰动的影响，使被控变量保持在工艺生产所规定的技术指标上。本书重点放在控制系统的动态过程介绍。

二、生产过程控制系统的五种形式

在生产过程中，控制系统在其运行的过程中，不断受到各种扰动的影响，这些扰动不仅形式各异，对被控变量的影响也各不相同。为了便于对系统进行分析、研究，通常选择几种具有确定性的典型信号来代替系统运行过程中遇到的大量无规则随机信号。常见的典型信号有：阶跃信号、谐波信号、脉冲信号、加速度信号和正弦信号等。其中，如图1-28所示的阶跃信号对被控变量的影响最大，且最为常见。

阶跃干扰形式简单，便于分析，同时阶跃干扰的出现没有征兆、比较突然、危险性大，系统能克服阶跃干扰，就能克服其他较为缓和的干扰。

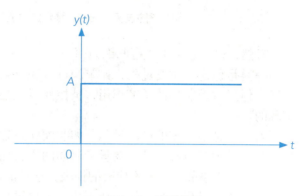

图1-28　阶跃信号

当$A = 1$时称为单位阶跃信号。

在阶跃信号作用下，被控变量随时间的变化有以下几种形式，如图1-29所示。图中，$y(t)$表示被控变量。

① 非振荡衰减过程（单调过程）。如图1-29（a），被控变量受到扰动作用后，产生单调变化，在给定值的某一侧做缓慢变化，经过一段时间最终能回到给定值，即稳定下来。

② 非周期发散过程。如图1-29（b），系统受到扰动作用后，被控变量在给定值的某一侧，逐渐偏离给定值，而且随着时间的变化，偏差越来越大，甚至超出工艺允许的范围，不能回到给定值。

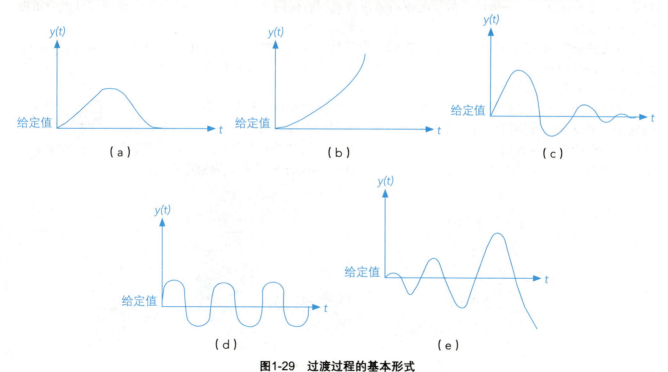

图1-29　过渡过程的基本形式

③ 衰减振荡过程。如图1-29（c）所示，系统受到扰动作用后，被控变量在给定值附近上下波动，但振幅逐渐减小，经过一段时间最终稳定在给定值或其附近工艺允许的范围内。

④ 等幅振荡过程。如图1-29（d）所示。系统受到扰动作用后，被控变量始终在给定值附近上下波动且振幅不变，最终也不能稳定。

⑤ 发散振荡过程。如图1-29（e）所示，系统受到扰动作用后，被控变量上下波动，且幅度越来越大，即被控变量偏离给定值越来越远，以致超越工艺允许的范围。

 图1-29的过渡过程中，稳定的过渡过程有哪些？

显然，过渡过程形式可归纳为两类：

一类是稳定的过渡过程，如单调过程和衰减振荡过程。当系统受到干扰作用时，原有的平衡状态被破坏，但经过控制器的调节作用，被控变量能逐渐回到给定值或达到新的平衡状态，这是生产上所希望实现的。

另一类是不稳定的过渡过程，如非周期发散过程、等幅振荡过程和发生振荡过程。其中非周期发散过程和发散振荡过程是被控变量随时间的增长而无限地偏离给定值，一旦超过生产上所允许的极限值就可能发生严重事故，造成不应有的损失，这样的过渡过程是绝对不能采用的。

等幅振荡过程是介于稳定和不稳定过渡过程之间的一种临界状态，在实际生产中也把它归于不稳定的范畴，这种过渡过程形式表明组成自动控制系统的设备、装置将始终频繁地来回动作，各种参数也将不断大幅度地来回波动，这在实际生产中是不允许的。但对于某些控制质量要求不高的场合，如果被控变量的波动在工艺的允许范围内（位式控制）也可以采用。从安全生产和经济效益等方面综合考虑，不采用等幅振荡过程。

三、生产过程控制系统的控制要求

一个控制性能优良的生产过程控制系统，在受到外来扰动作用或给定值发生变化后，应平稳、准确、迅速地回到（或趋近）给定值。控制系统最理想的过渡过程应具有什么形状，没有绝对的标准，主要依据工艺要求而定。一般除少数情况不希望过渡过程有振荡外，大多数工况则希望过渡过程是略带振荡的衰减过程。

稳定性是衡量控制系统性能的首要指标。稳定是保证控制系统正常工作的先决条件，只有系统稳定，才能进行系统的性能指标分析。稳定性反映了系统在受到扰动作用后，自动回到原来的平衡状态的能力。

资源1.16
不稳定系统

如图1-30所示，左右两个系统中处于不同设备的同样小球，初始状态为两个小球均处于平衡状态，在瞬间外力干扰作用下，两个小球的平衡状态均被打破，当干扰消失后，左图中的小球无论过多长时间，都不能再次回到最初的平衡状态，即为不稳定系统，而右边的小球则在多次衰减振荡后，能再次回到初始平衡状态，为稳定系统。

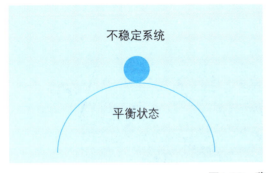 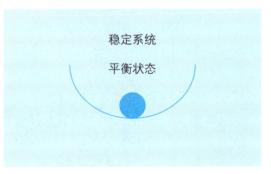

图1-30 稳定性示意图

准确性是衡量系统稳态性能的重要指标，用稳态（静态）误差来表示，是过渡过程结束，到达新稳态后系统的控制精度的度量。反映了过渡过程结束后，控制系统的被控变量与设定值之间的偏差，即系统新稳态值偏离设定值的大小，静态偏差应尽可能小。

快速性是衡量系统动态性能的指标，也是控制系统的重要性能指标。当控制系统受到扰动影响时，控制系统应尽快地做出响应，改变操纵变量，使被控变量与设定值之间有偏差的时间尽可能短，即达到设定值或接近设定值允许范围的时间尽可能短。

由于被控过程的具体情况不同，各种系统对稳定、快速和准确的要求也不尽相同，一个系统的稳定、快速和准确是相互制约的。

资源1.17
稳定系统

一句话问答 一个不稳定的系统，其准确性和快速性可以进行分析计算吗？

四、生产过程控制系统的性能指标

在不同控制方案比较时，首先规定评价控制系统的优劣程度的性能指标。控制系统的性能指标可以用时域指标和积分指标来描述，在实际应用中以时域指标描述更加广泛，本书主要介绍时域指标。

一般情况下，主要采用阶跃响应曲线形式表示的性能指标。用阶跃输入信号作用下控制系统输出响应曲线表示的控制系统性能指标称为时域控制性能指标。图1-31所示为典型阶跃响应特性。

性能指标是用于评判生产过程控制质量优劣的重要依据，应根据工艺过程的控制要求确定。不同的工艺过程对控

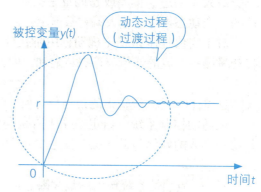
图1-31 典型阶跃响应特性

制的要求不同，如简单液位控制系统除了不允许液体溢出或者贮罐放空，常常允许液位在较大范围内变化；而精密精馏塔温度控制系统控制要求较高，控制精度可能是在正负零点几度等。

时域控制性能指标常采用衰减比、最大偏差（或超调量）、余差、回复时间、峰值时间和振荡周期等。

图1-32所示为定值和随动控制系统的时域控制性能指标。图（a）和图（b）分别是扰动作用阶跃变化和给定值阶跃变化时的过渡过程衰减振荡曲线。

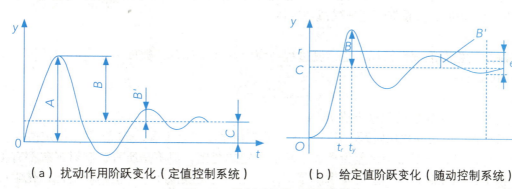

（a）扰动作用阶跃变化（定值控制系统） （b）给定值阶跃变化（随动控制系统）

图1-32 控制系统的时域性能指标

想一想 什么是定值控制系统？随动控制系统？

（1）衰减比

衰减比是控制系统稳定性指标，表示衰减过程响应曲线衰减程度的指标，数值上等于相邻同方向两个波峰的幅值之比，即：

$$n = \frac{B}{B'} \tag{1-1}$$

式中，B 和 B' 是系统过渡过程曲线上同方向相邻的两个波峰值（以最终稳态值为基准）。

衰减比 $n=1:1$ 表明控制系统的过渡过程呈等幅振荡，系统处于临界稳定状态；衰减比 n 小于 $1:1$ 表明控制系统的过渡过程呈发散振荡，系统处于不稳定状态；衰减比越大，系统越稳定。为保持足够的稳定裕度，通常建议随动控制系统的衰减比调整在 $10:1$，定值控制系统的衰减比调整在 $4:1$，工程上常取衰减比为 $4:1\sim10:1$。

资源1.18
衰减比

> 想一想 | 衰减比 n 越大越好？

（2）最大偏差 A（或超调量 σ）

最大（动态）偏差或超调量是描述被控变量偏离给定值最大限度的物理量，也是衡量过渡过程稳定性的一个动态指标。最大偏差数值上是被控参数第一个波的峰值与给定值的差值，常用 A 表示。

对于定值控制系统（扰动作用阶跃变化），最终稳态值很小或趋于零，过渡过程的最大偏差是指被控变量第一个波的峰值与稳态值之和，即：

$$A = B + |y(\infty)| \tag{1-2}$$

这里 $y(\infty)$ 是系统输出的最终稳态值。

在随动控制系统（给定值作用阶跃变化），常采用超调量来表示被控变量偏离设定值的程度，数值是第一个波的峰值与最终稳态值之差。即：

$$B = y(t_p) - y(\infty) \tag{1-3}$$

式中，$y(t_p)$ 是系统输出的最大瞬态值。超调量 B 是过渡过程中以最终稳态值为基准的最大波峰值，反映了控制系统的稳定性。

随动控制系统中，一般超调量以百分数给出，即相对超调量 σ，定义为

$$\sigma = \frac{y(t_p) - y(\infty)}{y(\infty)} \times 100\% \tag{1-4}$$

最大偏差表示系统瞬间偏离给定值的最大程度。若偏差越大，偏离的时间越长，对稳定正常生产越不利。对于某些工艺要求比较高的生产过程，例如存在爆炸极限的化学反应，就需要限制最大偏差的允许值；同时，考虑到扰动会不断出现，偏差有可能是叠加的，所以要限制最大偏差的允许值。因此，在决定最大偏差的允许值时，要根据工艺情况慎重选择。

（3）余差 C

余差是控制系统稳态准确性指标，是过渡过程结束时的残余偏差，数值是设定值与被控变量最终稳态值之差，常用 C 表示。

$$C = r - y(\infty) \tag{1-5}$$

式中，r 为设定值（系统的希望输出值）。

对于定值控制系统（扰动作用阶跃变化），最终稳态值很小或趋于零，余差 C 等于设定值。

它由生产工艺给出，一般希望余差为零或不超过预定的范围，但不是所有控制对余差都有很高的要求，如一般贮槽的液位控制，对余差的要求不是很高，往往允许液位在一定范围内变化；化学反应器的温度控制要求高，余差要求小一些。

（4）回复时间

回复时间是控制系统的快速性指标。过渡过程要绝对地达到新稳态值需要无限时间，因此，用被控变量从过渡过程开始到进入最终稳态值 $\pm5\%$ 或 $\pm2\%$ 范围内，且不再越出时为止所经历的时间作为过渡过程的回复时间（过渡时间）t_s。一般希望过渡过程时间短一些。

（5）振荡周期（振荡频率）

振荡周期是控制系统的快速性指标，指过渡过程曲线上同向相邻的两个波峰之间的时间间隔，常用 T 来表示。振荡周期的倒数称为振荡频率，常用 ω 来表示。

过渡过程的振荡频率 ω 与振荡周期 T 的关系是

$$\omega = 2\pi/T \qquad (1\text{-}6)$$

在相同衰减比 n 下，振荡频率越高，回复时间越短；在相同振荡频率下，衰减比越大，回复时间越短，因此振荡频率也是系统快速性指标。

（6）峰值时间 t_p

峰值时间 t_p 是指系统过渡过程曲线达到第一个峰值所需要的时间。

控制指标中的主要指标是衰减比、最大偏差、余差和回复时间，在实际的系统中如何确定这些指标，需要根据实际情况来定。另外，需要注意的是，随动控制系统和定值控制系统的性能指标稍有区别，随动控制系统的输出是随给定值阶跃变化，而定值控制系统的输出是随扰动作用阶跃变化。

任务4 实施

计算与分析某换热器温度调节系统控制性能。

某换热器温度调节系统在单位阶跃干扰作用下的过渡过程曲线如图1-33所示，试分别求出衰减比、最大偏差、余差、振荡周期、峰值时间和回复时间，工艺规定操作温度为200℃±3℃。考虑安全因素，生产过程中温度偏离给定值最大不超过20℃，误差带选择进入最终稳态值的±2%。

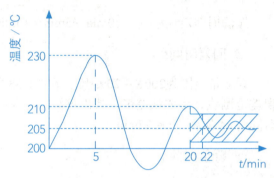

图1-33　单位阶跃干扰作用下的换热器过渡过程曲线

环节1 分析给定条件

1. 阶跃作用类型分析

该换热器温度控制系统的输入信号为"单位阶跃干扰作用"，而非"给定值阶跃变化"，所以该系统为定值控制系统。

2. 过渡过程类型分析

在单位阶跃信号作用下，被控变量随时间的变化，即系统的过渡过程是衰减振荡的，是一个稳定的控制系统。

3. 给定参数分析

① 工艺规定操作温度为200℃±3℃，且根据图1-33可以看出，设定值 r 为200℃；工艺温度运行偏差±3℃，即允许的余差 C 在 $-3℃ \sim +3℃$ 范围内。

② 生产过程中温度偏离给定值最大不超过20℃，即最大偏差 A 不大于20℃。

③ 误差带选择进入最终稳态值的±2%。从图1-33可以看出，最终稳态值 $y(\infty) = 205℃$，误差允许的变化量为 $205 \times (\pm 2\%) = \pm 4.1℃$，计算出误差带的范围。

误差带上限值：$205 + 205 \times 2\% = 209.1℃$，误差带下限值：$205 - 205 \times 2\% = 200.9℃$，因此误差带范围为：$200.9 \sim 209.1℃$。

④ 从图1-33可以看出，过渡过程曲线第一个波的峰值是230℃，到达第一个波峰的时间 t_p 5min；第二个波的峰值是210℃，到达第二个波峰的时间 t_{p2} 是20min。

环节2 计算控制性能指标

按扰动作用阶跃变化（定值控制系统）进行控制指标计算，主要有：

1. 衰减比 n

$$n = \frac{B}{B'}$$

B 是第一个波峰值与稳态值 $y(\infty)$ 之差，即 $B = 230℃ - 205℃ = 25℃$，B' 是第二个波峰值与稳态值 $y(\infty)$

之差，即$B' = 210℃ - 205℃ = 5℃$，即$n = 25/5 = 5：1$。

2. 最大偏差A

在定值控制系统中，最大偏差$A = y(\infty) - r = 230℃ - 200℃ = 30℃$。

3. 余差C

余差$C = r - y(\infty) = 200℃ - 205℃ = -5℃$。

4. 振荡周期T

振荡周期$T = t_{p_2} - t_p = 20min - 5min = 15min$。

5. 回复时间t_s

误差带范围为200.9~209.1℃，在图1-33换热器过渡过程曲线上画出温度分别为209.9℃和200.9℃两条误差范围线，形成误差带，找出过渡过程曲线振荡进入该误差带范围且不再越出的最小时间点，即回复时间t_s，本案例中$t_s = 22min$。

6. 峰值时间t_p

从图1-33可以看出，即第一个波峰的时间，$t_p = 5min$。

环节3｜换热器温度调节系统控制性能分析

① 衰减比$n = 5：1$，衰减比大于1，且介于4：1~10：1之间，该系统具有稳定的衰减振荡过渡过程，符合实际应用的要求。

② 出于安全考虑，生产过程中温度偏离给定值最大不超过20℃，从最大偏差A计算结果可知，$A = 30℃$超过了工艺允许的最大偏差，不符合该系统的安全要求。

③ 工艺规定操作温度为200℃±3℃，允许的余差C在-3~+3℃范围内，从余差C计算结果可知，$C = -5℃$，超过了工艺允许的±3℃范围，不符合该系统的工艺要求。

综合以上分析，本案例的控制系统不能满足用户生产的要求。

任务4 拓展

某化学反应器温度控制系统。工艺规定操作温度为400℃±2℃，考虑安全因素，调节过程中温度偏离给定值不得超过6℃。现设计运行的温度控制系统在最大阶跃干扰下的过渡过程曲线如图1-34所示。试分析系统过渡过程品质指标：衰减比、最大偏差、余差、回复时间（按被控变量进入新稳态值的±2%为准）和振荡周期，并辨析该系统控制性能是否满足工艺要求，请说明理由。

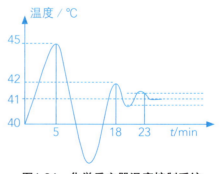

图1-34 化学反应器温度控制系统

资源1.19
任务拓展分析

项目一 自测评估

一、图1-35所示蒸汽加热器的温度控制原理图
通过项目一学习，仔细分析，完成：
① 辨识蒸汽加热器温度控制系统的基本组成；

② 辨识蒸汽加热温度控制系统的被控变量、操纵变量，可能存在的干扰变量；
③ 绘制蒸汽加热器温度控制系统的方框图；
④ 辨析蒸汽加热器温度控制系统的工作原理；
⑤ 按系统基本结构分类，辨识该系统类型。

二、现因生产需要，要求将图1-36所示系统的出口物料温度从80℃提高到81℃，当仪表给定值阶跃变化后，被控变量变化曲线如图1-36所示。为安全考虑，出口物料温度为81℃±1℃，生产过程中温度偏离给定值最大不超过2℃。

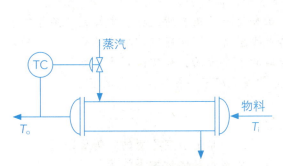

图1-35 蒸汽加热器温度控制系统

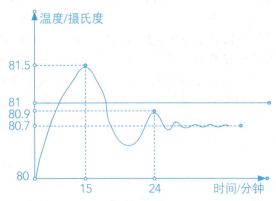

图1-36 给定值作用的蒸汽加热器温度控制系统过渡过程曲线

通过项目一学习，计算、分析系统性能：
① 衰减比 n；
② 最大偏差 A；
③ 余差 C；
④ 分析该系统控制性能是否满足工艺要求。

项目一 评估标准

项目一学习评估标准

评估点	精度要求	配分	评分标准	评分
基本组成	辨识准确	12	错一项扣3分	
基本变量	辨识准确	6	错一项扣2分	
方框图	符合标准，信号流向正确，环节正确，标注正确	15	错/漏一处扣1分	
工作原理	工作过程辨析正确	15	错/漏一处扣1分	
系统分类	生产过程控制系统辨识准确，按分类标准辨识准确	4	错一项扣2分	
阶跃类型	系统类型辨识准确	3	错一项扣3分	
过渡过程类型	过渡过程及稳定性判定准确	8	错一项扣4分	
指标计算	指标计算正确	18	错一项扣6分	
控制性能分析	控制性能分析正确	9	错一项扣3分	
自主学习	PID图/管道仪表流程图绘制正确	5		
创新成果		5		

📖 **素质拓展阅读**

学会抓大放小

在伟大科学家钱学森心中的"重"和"轻"就是一种抓大放小。在他心里，国为重，家为轻，科学最重，名利最轻。5年归国路，10年两弹成。开创祖国航天，他是先行人，披荆斩棘，把智慧锻造成阶梯，留给后来的攀登者。他是知识的宝藏，是科学的旗帜，是中华民族知识分子的典范。

生产过程控制系统的控制要求包括稳定性、准确性、快速性三种指标，由于被控过程的具体情况不同，各种系统对稳定、快速和准确的要求也不尽相同，一个系统的平稳、快速和准确是相互制约的。在设计与调试过程中，若过分强调系统的稳定性，则可能造成系统响应迟缓和控制精度较低的后果；反之，若过分强调系统响应的快速性，则又会使系统的振荡加剧，甚至引起不稳定。

这道理在我们的学习、生活与工作中也是适用的，正如孟子《鱼我所欲也》中提到"鱼与熊掌不可兼得"。这则阅读启示我们：抓大，就是要学会从战略上去思考谋划问题。"战略是从全局、长远、大势上做出判断和决策"，要学会抓住主要矛盾，抓紧矛盾的主要方面，切实做到立说立行；放小，不是不管次要矛盾、矛盾的次要方面，而是要把握好度，不能"眉毛胡子一把抓"，主次不分。

相对的稳定

在生产过程控制应用中，稳定的概念是一个动态的过程，并非是恒定不变的。需要跟随环境温度的变化、元件的老化等，动态地达到稳定的状态。因此，稳定是相对具体环境下的工作状态，而非绝对不变。社会持续发展，时代不断进步，国际大环境日益复杂，稳定和协调是相对的，不是绝对的，发展才是硬道理，只有不断发展才能实现强国富民的理想。

系统的静态是指，当过程控制系统的输入恒定不变，既不改变给定值又没有外界扰动作用时，系统的被控变量（输出）不随时间变化的平衡状态。而实际生产过程中总是存在着各种各样的波动、干扰以及条件的变化，当过程控制系统的平衡被打破时，被控变量就会发生变化。

这则阅读启示我们，每次的成功只是一个短暂的点，成长是一个持续发展的过程，受各种各样因素的影响。在此过程，系统的输入是我们不懈的努力，系统的干扰是可能的影响因素，我们要清晰地认识到阶段的成功是相对的，应该时刻保持忧患意识，小到个人的内心应该关注超越自身的利害、荣辱、成败，大到将世界、社会、国家、人民的前途命运萦系于心，对人类、社会、国家、人民可能遭遇到的困境和危难抱有警惕，并由此激发奋斗图强，战胜困境的决心和勇气。

项目一　学习分析与总结

自我分析与总结

项目二

集散控制系统架构设计

学习目标

知识目标

① 能简述仪表控制系统的类别；
② 能识记单元组合仪表的数据标准；
③ 能列举国内外知名DCS品牌；
④ 能简述集散控制系统的主要特征；
⑤ 能简述集散控制系统的体系结构特点。

技能目标

① 会选择控制站类型及数量；
② 会查阅技术文档及检索资料；
③ 会搭建集散控制系统框架；
④ 会绘制集散控制系统框架图；
⑤ 会分析集散控制系统控制规模；
⑥ 会设计集散控制系统整体架构。

素质目标

① 培养爱国情怀、技术强国的自信心；
② 具备全局观、发展观。

项目二　学习案例描述　锅炉产汽DCS项目

本项目服务生产过程控制，学习集散控制系统（Distributed Control System，DCS）的基本知识，并以浙江中控科技集团股份有限公司（简称浙江中控，SUPCON）的JX-300XP DCS体系结构设计为重点，主要学习DCS整体框架搭建内容，学习基于DCS控制规模分析的具体架构设计方法。基于锅炉产汽DCS项目完成具体任务。

某造纸厂以生产扑克牌用纸为主。共有纸机六台，而且二期项目正在扩建，对电和蒸汽的需求量很大。近期缺电情况严重，外部电网无法满足三台纸机同时工作，而且厂里使用普通工业锅炉产汽，流量小，压力低，已无法满足对纸机的蒸汽供应。因此生产严重受阻，为恢复正常生产，提高经济效益。此次项目为新增热电厂，使用了蒸汽产量35t/h的链条锅炉，发电机组为单机同轴3000kW/h机组。热电厂在满足全厂用电的同时，还要给六台纸机提供大量烘纸蒸汽。该链条锅炉产汽的过程控制主要包括汽机发电机工序和供蒸汽工序，流程图分别如图2-1和图2-2所示。

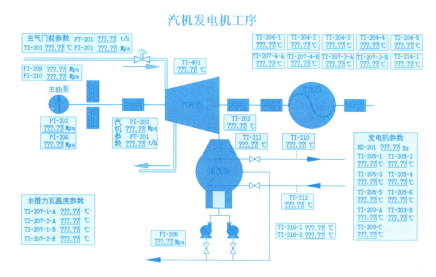

图2-1　锅炉产汽的汽机发电机工序流程图

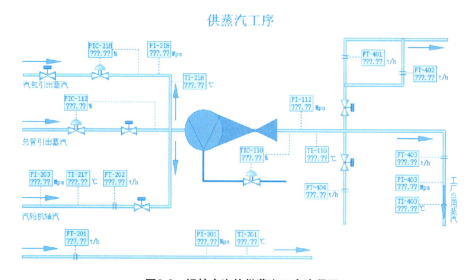

图2-2　锅炉产汽的供蒸汽工序流程图

1. 锅炉产汽DCS项目的I/O测点

系统输入输出测点（Input Point/ Output Point，I/O），主要包括模拟量输入信号AI、模拟量输出信号AO、开关量输入信号DI和开关量输出信号DO。链条锅炉产汽的工业过程控制现场需要检测和执行控制的I/O测点见表2-1所示。

表2-1 锅炉产汽DCS项目I/O测点清单

序号	位号	描述	I/O	类型	量程/ON描述	单位/OFF描述
1.	PIA-203	系统压力	AI	配电4~20mA	0.0~60.0	kPa
2.	PI-201	蒸发器压力	AI	配电4~20mA	0.0~120.0	kPa
3.	PIA-202	尾气压力	AI	配电4~20mA	0.0~60.0	kPa
4.	PI-213	二塔顶压力	AI	配电4~20mA	0.0~10.0	kPa
5.	FR-203	风量	AI	配电4~20mA	0.0~4500.0	Nm^3/h
6.	FI-201	甲醇气流量	AI	配电4~20mA	0.0~2000.0	Nm^3/h
7.	FI-204	配料蒸汽流量	AI	配电4~20mA	0.0~2000.0	Nm^3/h
8.	FIA-202	尾气流量	AI	配电4~20mA	0.0~3500.0	Nm^3/h
9.	LI-201	蒸发器液位	AI	配电4~20mA	0.0~100.0	%
10.	LI-202	废锅液位	AI	配电4~20mA	0.0~100.0	%
11.	LI-205	V201液位	AI	配电4~20mA	0.0~100.0	%
12.	LI-203	一塔底液位	AI	配电4~20mA	0.0~100.0	%
13.	LI-204	二塔底液位	AI	配电4~20mA	0.0~100.0	%
14.	LI-206	汽包液位	AI	配电4~20mA	0.0~100.0	%
15.	I-101	空气风机电流	AI	不配电4~20mA	0.0~312.0	A
16.	I-102	尾气风机电流	AI	不配电4~20mA	0.0~250.0	A
17.	I-103A	甲醇上料泵电流A	AI	不配电4~20mA	0.0~10.0	A
18.	I-103B	甲醇上料泵电流B	AI	不配电4~20mA	0.0~10.0	A
19.	I-104A	软水泵电流A	AI	不配电4~20mA	0.0~400.0	A
20.	I-104B	软水泵电流B	AI	不配电4~20mA	0.0~400.0	A
21.	TI-210	氧化温度1	TC	K	0.0~800.0	℃
22.	TI-211	氧化温度2	TC	K	0.0~800.0	℃
23.	TI-212	氧化温度3	TC	K	0.0~800.0	℃
24.	TI-213	氧化温度4	TC	K	0.0~800.0	℃
25.	TI-214	氧化温度5	TC	K	0.0~800.0	℃
26.	TI-227	尾气锅炉温度	TC	K	0.0~800.0	℃
27.	FQ-201	甲醇流量	TC	1~5V	0.0~4000.0	公斤
28.	TE-203	空气过热温度	RTD	Pt100	0.0~150.0	℃

续表

序号	位号	描述	I/O	类型	量程/ON描述	单位/OFF描述
29.	TE-205	混合气温	RTD	Pt100	0.0~150.0	℃
30.	TI-209	废锅温度	RTD	Pt100	0.0~150.0	℃
31.	TI-215	R201出口温度	RTD	Pt100	0.0~150.0	℃
32.	TI-216	A201温度	RTD	Pt100	0.0~150.0	℃
33.	TI-217	A201顶温	RTD	Pt100	0.0~150.0	℃
34.	LV-201	蒸发器液位调节	AO	Ⅲ型；正输出		
35.	PV-201	蒸发器压力调节	AO	Ⅲ型；正输出		
36.	FV-201	甲醇气流量调节	AO	Ⅲ型；正输出		
37.	HV-101	空气放空调节阀A	AO	Ⅲ型；正输出		
38.	HV-102	空气放空调节阀B	AO	Ⅲ型；正输出		
39.	HV-103	尾气流量手操	AO	Ⅲ型；正输出		
40.	B-101	空气风机运行状态	DI	NO；触点型	启动	停止
41.	B-102	尾气风机运行状态	DI	NO；触点型	启动	停止
42.	LAH206	汽包水位高报	DI	NO；触点型	水位高	
43.	LAL206	汽包水位低报	DI	NO；触点型	水位低	
44.	Q-101	空气风机切换	DO	NO；触点型	开	关
45.	Q-102	尾气风机切换	DO	NO；触点型	开	关

2. 锅炉产汽DCS项目的控制方案

在链条锅炉产汽过程控制中，控制回路共有三个，均为单回路控制，见表2-2所示。

表2-2 锅炉产汽DCS项目控制方案

序号	控制方案注释、回路注释	回路位号	控制方案	PV	MV
00	双减压力调节	PIC112	单回路	PI-112	PV-112
01	双减温度调节	TIC110	单回路	TI-110	TV-110
02	汽包引出蒸汽压力调节	PIC218	单回路	PI-218	PV-218

3. 锅炉产汽DCS系统的管理需求

① 1个工程师站，2个操作员站。

② 小型DCS系统，结合工业PC机的操作系统及硬件配置，选择XP243X主控制卡。

③ 体系建议采用三级结构，并对核心设备，如主控制卡、数据转发卡、过程控制网、SBUS-S2、工程师站进行1∶1待机运转方式冗余配置。

基于以上需求，完成锅炉产汽DCS架构设计。

项目二　**学习脉络**

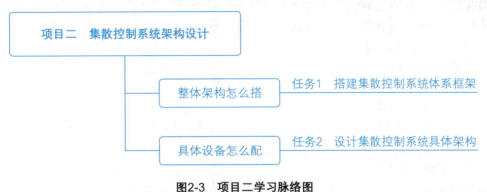

图2-3　项目二学习脉络图

项目二　**知识链接**

一、连续过程的控制系统

从20世纪30年代到70年代，连续过程的控制经历了机械控制器、基地式仪表、气动单元组合仪表、电动单元组合仪表，一直到集散控制系统这样一个发展历程，上述这些都被归于针对连续过程的直接控制系统。

对连续过程的控制使用的产品种类最多，所采用的技术变化最大，这主要是由于连续过程的种类繁多，技术复杂，对这类过程的控制有相当大的难度，特别是控制的时间特性，一般对过程控制系统的控制周期都要求在1秒或2秒之内，在很多情况下要求零点几秒，甚至几十毫秒，对控制量的大小、作用时间等也有极其严格的要求。

DCS本身是结合了仪表控制系统和计算机控制系统这两方面的技术形成的，但在历史上，对连续过程的控制系统习惯称为仪表控制系统，因为在很长一段时间里，这类控制系统都是由各种各样的仪表构成的。

仪表控制系统是指由模拟式仪表组成的控制系统，最主要的功能是进行回路控制，是指对最小过程单元进行的闭环控制或调节。这些控制有1~2个现场输入（测量值）和1个现场输出（控制量），在现场输入和现场输出之间有计算单元（即控制器），另外还有一个给定值输入，用于设定控制目标。回路控制的功能框图如图1-10所示。

1. 早期的仪表控制系统—基地式仪表

早期的仪表控制系统是由基地式仪表构成的。基地式仪表是指控制系统（即仪表）与被控对象在机械结构上是结合在一起的，而且仪表各个部分，包括检测、计算、执行及简单的人机界面等都是一个整体，安装在被控对象上。

基地式仪表一般只针对单一运行参数实施控制，其输入、输出都围绕着一个单一的控制目标，计算也主要为控制某个重要参数，控制功能也是单一的，是典型的单回路控制。

以著名的瓦特式飞锤调速器为例，如图2-4所示。

瓦特式飞锤调速器由发动机输出轴经齿轮传动，带动一个装有飞锤的轴同步转动，这个装置相当于测量单元。当转速升高时，飞锤在离心力的作用下升起，同时压下油缸的连杆，以开启下方的高压油通路，使油缸活塞上升，带动调节阀关小，减小燃油供应而使发动机转速下降；当转速降低时，飞锤下落，使油缸连杆在弹簧的作用下上升，关闭油缸活塞下方的高压油通路并开启油缸活塞上方的高压油通路，使油缸活塞向下运动，带动调节阀开大，增加燃油供应以使发动机转速上升。这样，在出现干扰

（如发动机所带动的负载发生变化）时，可保持其转速不变。

在这个调速器中，飞锤起到了控制器的作用，它巧妙地利用了飞锤的重力和离心力之间的关系，实现了设定值和测量值之间的比较，并将偏差作用于油缸，而油缸则是这个控制系统的执行器，它将升速、降速的指令变成了燃油阀门的动作，完成了对发动机转速的控制。控制系统的设定值由带动飞锤的轴的上下位置来决定，轴上移，飞锤必须张开更大的角度才能使油缸活塞的上下油路均关闭，因此将导致发动机的转速上升；而这个轴下移，飞锤必须下落才能使油缸活塞的上下油路均关闭，因此将导致发动机的转速下降，以此来设定发动机的转速。

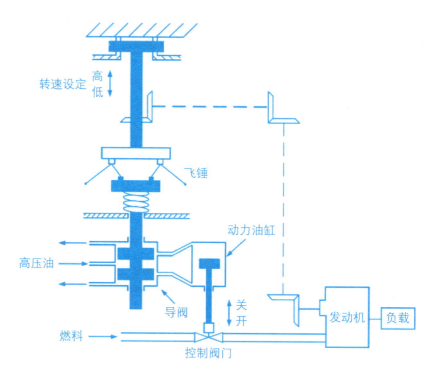

图2-4　瓦特式飞锤调速器

图2-4瓦特式飞锤调速器虽然还不具备仪表的形态，但作用、结构形式均可归于基地式仪表。

如果要控制的仅限于单一运行参数，控制功能也只是保证被控对象能够正常运行。如瓦特式飞锤调速器只控制发动机的转速，保证发动机运转在额定转速范围内即可，那么基地式仪表就完全能够满足要求，而且基地式仪表简单实用，直接与被控对象相互作用，因此在一些简单生产设备中得到了广泛的应用。

基地式仪表最大的问题是它必须分散安装在生产设备需要实施控制的地方，如果设备比较大，给观察、操作这些仪表造成很大的困难，有时甚至是不可能的。另外，基地式仪表的控制功能有限，难以实现较复杂的控制算法，因此在一些大型的复杂控制系统中已很少采用基地式仪表，而采用单元式组合仪表。

基地式仪表还不能算作控制系统，因为这些仪表所控制的只是分散的、单个的参数，各个控制点间也没有任何联系和相互作用，因此称之为控制装置。

 想一想　基地式仪表是控制系统吗？

2. 近代的仪表控制系统—单元式组合仪表

单元式组合仪表出现在20世纪60年代后期，这类仪表将测量、控制计算、执行及显示、设定、记录等功能分别由不同的单元实现，互相之间采用某种标准的物理信号实现连接，并可根据控制功能的需求进行灵活的组合。不仅仪表的功能大大加强了，同时能够适用各种不同的应用需求，而且其功能的实现不再受安装位置的限制，可以把检测（变送）单元和执行单元安装在现场，而将控制、显示及记录设定等单元集中起来放在中心控制室内。生产设备的操作人员足不出户就可以迅速掌握整个生产设备的运行状态，并根据生产计划或现场出现的实际情况采取调整措施，如改变给定值，甚至直接对现场设备实施操作和调节等。如图2-5所示为单元式组合仪表系统框架。

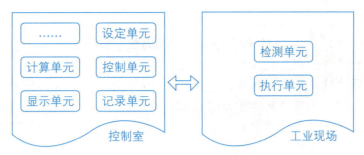

图2-5 单元式组合仪表系统框架

目前，单元式组合仪表有两大类，一类是气动单元组合仪表，一类是电动单元组合仪表。

◆ **气动单元组合仪表**

气动单元组合仪表以经过干燥净化的压缩空气作为动力并以气压传递现场信号，其规范为20～100kPa。我国的气动单元组合仪表为QDZ系列，气动单元组合仪表主要有七种单元，分别是变送单元（B）、调节单元（T）、显示单元（X）、计算单元（J）、给定值单元（G）、辅助单元（F）和转换单元（Z）。这些单元经过适当的连接及组合，就可以实现较复杂、规模较大的控制。

气动单元组合仪表是本质防爆的，可以用于易燃易爆的场合，而且由压缩空气提供的动力可以直接驱动如气动阀门等现场设备，非常方便和可靠，并具有很强的抗干扰性。但由于气动单元仪表需要洁净干燥的气源，气体的传输路径要敷设气路管道，为了防腐蚀和防泄漏，需要采用成本很高的铜制管线或不锈钢管线，而且需要加工精度非常高的连接件，这样，气动单元仪表控制系统的建设成本、运行成本就相当高了。

资源2.1
QDZ组成

◆ **电动单元组合仪表**

电动单元组合仪表以直流电信号传递信号。其信号规范有两种，一种为0～10mA，我国遵循这个标准的电动单元组合仪表为DDZ-Ⅱ系列；另一种信号规范是4～20mA，我国遵循这个标准的电动单元组合仪表为DDZ-Ⅲ系列。电动单元组合仪表主要有八种单元：变送单元（B）、调节大小（T）、显示单元（X）、计算单元（J）、给定值单元（G）、辅助单元（F）、转换单元（Z）和执行单元（K）。

资源2.2
DDZ-Ⅰ/Ⅱ/Ⅲ

资源2.3
4～20mA

📖 **小拓展** | 4～20mA的由来？

电动单元组合仪表比气动单元组合仪表更加轻便灵活，功能也更加齐全，因此一经推出就迅速得到了广泛的应用。电动单元组合仪表的执行器一般为电气阀门定位器和电动执行器，其中电动执行器包括执行机构和调节阀两部分，执行机构包括电机、减速器及位置发送器，而调节阀有蝶阀、V型阀、角阀等。

💡 **想一想** | 单元式组合仪表是控制系统？

真正的控制系统是从单元式组合仪表出现后才逐步形成的，基地式仪表只能实现分立的、单个回路的、各种控制回路之间无任何联系的控制，因此不能称为系统，而单元式组合仪表可以通过不同单元的组合，不仅能完成单个单元回路的控制，还能够实现串级控制、复合控制等复杂的、涉及几个回路互动的控制功能。由于单元式组合仪表有能力将显示、操作、记录及设定等单元集中安装在控制室内，使得操作员可以随时掌握生产过程的全貌并据此实施操作控制，因此，构成了一个完整的控制系统。

素质拓展阅读

AI与仪器仪表共同助力航空事业

仪器不是简单的硬件实体,而是仪器和微处理器的结合,其基本功能是收集数据,并对数据初步处理。仪器仪表已是现代国防建设技术装备的重要组成部分,我国航天工业的固定资产1/3是仪器仪表和计算机;运载火箭的仪器开支占全部研制经费的1/2左右;高精度制导、控制,航天精纬测量和红外成像、专用高温实验设备等都是国防装备中的重点产品。随着人工智能的发展,各行各业都在融入AI,仪器仪表行业无疑也将面临更大的机遇和挑战。

仪器仪表与人工智能结合,可以丰富仪器的功能以及综合提升仪器的质量。目前,虚拟仪器、智能仪器已经有了人工智能的特征——操作自动化、数据处理、人机对话等等,证明了仪器仪表与人工智能之间结合的可能。同时,智能仪器的设置和运行状态可以动态跟踪、管理和配备,用户可以自主扩展设置。在智能管理条件下,可以自动监控运行状态,及时解决问题并及时解决,确保仪器的稳定性和安全性,提高仪器的运行质量。

随着智能仪器的不断发展,将加快装备信息智能采集、远程保障、智能决策等技术的发展,促进仪器仪表与航空事业的深度融合,并通过信息和通信技术的应用,加速对浩瀚太空探索的脚步。

DCS本身是结合了仪表控制系统和计算机控制系统(设定值控制和直接数字控制)这两方面的技术形成的,但在历史上,对连续过程的控制系统习惯称为仪表控制系统,因为在很长一段时间里,这类系统都是由各种各样的仪表构成的。

"伟大事业都始于梦想""伟大事业都基于创新""伟大事业都成于实干",习近平的殷殷嘱托,为我国航天事业发展提供了根本遵循和前进方向,也为广大青年提出了更明确的人生指引,我们要敢于梦想,敢于创新,肯于实干,共同助力祖国的繁荣富强。

3. 信号传输技术

现代控制系统由现场的回路控制装置、集中控制室的人机界面和连接这两部分的信号电缆三大部分所组成。在集中控制室中,显示、控制、计算等单元(一般称为二次仪表)安装在控制系统的人机仪表面板上,或安装在画有生产工艺流程的模拟盘上;而控制系统的现场安装部分,则是检测(变送)单元(一般称之为一次仪表)、执行单元。一次仪表和二次仪表之间通过信号电缆实现信号的传输。现代控制系统的组成结构如图2-6所示。

资源2.4
一、二次仪表

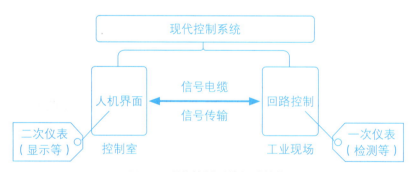

图2-6 现代控制系统组成结构

从基地式仪表发展到单元式组合仪表,从控制装置发展到控制系统,引起这个根本变化或引起质变的因素是信号传输的出现。信号的传输技术造成了功能上的分工与配合,使控制装置演变成了控制系统。

由于信号传输有着如此重要的作用,因此其标准的发展和演变就成为仪表控制系统的划时代标志。如气动单元组合仪表的标志是20~100kPa的信号传输标准;Ⅱ型电动单元组合仪表的标志是0~10mA的信号传输标准;而Ⅲ型电动单元组合仪表的标志则是4~20mA的信号传输标准。近年来受到控制工程界广泛关注的现场总线标准，则是控制系统由模拟技术演进到数字技术后的新一代信号传输标准。

不论是气动单元组合仪表还是电动单元组合仪表，其调节、计算单元都是采用模拟原理实现的。以电动单元组合仪表为例，其控制算法，如比例、积分、微分等调节规律，均利用电容、电感、电阻等元件的电气规律模拟实现；而气动单元组合仪表则利用射流原理来模拟各种控制规律。这些方法均有较大的局限性，如计算精度不高，其精度受元件参数的精度或加工精度的影响。以模拟方式实现的计算，其动态范围也受到较大的限制，如果在控制回路中需要一个较大的滞后环节，实现起来是非常困难的，因此单元式组合仪表的控制回路绝大多数是经典的PID控制，很少有更高级的控制算法。模拟控制方式的这些问题，促使人们寻求更好的控制器或调节器。随着微处理器的出现和数字技术的发展，以数字技术为基础的数字化控制逐步占据了控制系统的主导地位。

二、计算机控制系统

电子数字计算机是20世纪40年代诞生的，但直到1958年才开始进入控制领域。

1958年9月，在美国路易斯安那州的一座发电厂内安装了第一台用于现场状态监视的计算机，这个系统并不能称为控制系统，因为它只是将一些现场检测仪表的数据采集到一起，然后在计算机的显示屏上进行显示，以供操作人员在中央控制室内观察发电厂的运行参数，因此这样的系统被称为监视系统。该计算机系统只是代替了检测控制仪表的显示部分，并实现了多台检测控制仪表的集中监视功能。

1959年3月，在美国得克萨斯州Texaco的一个炼油厂投运了另一套计算机系统，该系统不仅可以显示现场仪表的检测数据，而且可以设定或改变现场控制仪表的给定值，然而真正实施控制（即根据给定值及实际测量值的偏差计算出控制量，并实际输出以使测量值回到给定值的工作）仍然由控制仪表完成。这套系统应该是世界上最早的设定值控制（Setpoint Control，SPC）或称为监督控制系统。

1960年4月在肯塔基州的一个化工厂投运的另一套计算机系统，除了完成现场检测数据的监视和设定值的功能外，还可以实际完成控制计算并实际输出控制量，这是直接数字控制（Direct Digital Control，DDC）系统。

在控制功能的实现方面，DDC与单元组合仪表所构成的控制系统截然不同。仪表系统的控制回路完全是分立的，每个控制回路均有一套设备，包括测量、控制计算及控制量的输出等。DDC是利用计算机强大的计算处理能力将所有回路的控制计算工作集中完成，这是DDC与仪表系统最大的不同。由于DDC的这种集中处理方式，相应的过程量输入输出也都集中连接到计算机上，而无法明确区分哪些量是属于哪个控制回路的。

资源2.5
单元组合仪表与DDC优缺点

DDC这种将所有控制回路的计算处理集中在一起的方法比较有利于复杂控制功能的实现，如复合控制及多个回路协调控制等，但同时也带来了安全性和计算能力的问题。由于所有回路都集中在计算机中进行计算处理，因此计算机成为整个系统可靠性的"瓶颈"，一旦计算机出现故障，所有的控制回路都会失去控制，另外，受到计算机处理能力的限制，在控制回路太多或要求控制周期很短时，系统将满足不了要求。因此，如何保证可靠性和如何提高可靠性能，始终是DDC面临的重大问题。

资源2.6
计算机控制系统总结

从1958年开始出现了由计算机组成的控制系统，这些系统实现的功能不同，实现数字化的程度也不同。监视系统仅在人机界面中对现场状态的观察方式实现了数字化，SPC系统则在对模拟仪表的设定值方面实现了数字化，而DDC在人机界面、控制计算等方面均实现了数字化，但还保留了现场模拟方式的变送单元和执行单元，系统与它们的连接也是通过模拟信号线来实现的。

三、集散控制系统

DDC将所有控制回路的计算都集中在主CPU中，引起了可靠性问题和实时性问题。随着系统功能要求的不断增加，性能要求的不断提高和系统规模的不断扩大，这两个问题更加突出，在技术的进步与发展中，经过多年的探索，1975年集散控制系统应运而生，这是一种结合了仪表控制系统和DDC两者的优势而出现的全新控制系统，它很好地解决了DDC存在的两个问题。

单元式组合仪表控制系统和直接数字控制系统是DCS的两个主要技术来源，或者说，DDC的数字控制技术和单元式组合仪表的分布式结构是DCS的核心，而这样的核心之所以能够在实际上形成并达到实用的程度，则有赖于计算机局域网的产生和发展。如图2-7所示为集散控制系统的主要特点。

图2-7 集散控制系统的主要特点

1. 集散控制系统的定义

集散控制系统是一种以微处理器为基础的分散型综合控制系统，简称DCS。DCS综合了计算机技术、网络通信技术、自动控制技术、冗余及自诊断技术，采用了多层分级的结构，适合现代化生产的控制与管理需求，目前已成为工业过程控制的主流系统。

DCS定义有不同角度的解释，在这里对其做一个比较完整的定义。

① 以回路控制为主要功能的系统；
② 除变送和执行单元外，各种控制功能及通信、人机界面均采用数字技术；
③ 以计算机的CRT、键盘、鼠标/轨迹球代替仪表盘形成系统人机界面；
④ 回路控制功能由现场控制站完成，系统可有多台现场控制站，每台控制一部分回路；
⑤ 人机界面由操作员站实现，系统可有多台操作员站；
⑥ 系统中所有的现场控制站、操作员站均通过数字通信网络实现连接。

上述定义的前三项与DDC无异，而后三项则描述了DCS的特点，也是DCS与DDC最根本的不同。

简而言之，DCS就是把计算机、仪表和电控技术融合在一起，结合相应的软件，可以实现数据自动采集、处理、工艺画面显示、参数超限报警、设备故障报警和报表打印等功能，对主要工艺参数形成了历史趋势记录，随时查看，并设置了安全操作级别，既方便了管理，又使系统运行更加安全可靠。其主要特点是控制分散，集中管理。基本思想是分散控制、集中操作、分级管理、配置灵活、组态方便。

随着信息技术的飞速发展，当前DCS系统在煤、电、化工等工业领域应用广泛，逐渐从原来的配角角色转变为决定各工业企业安全经济运行的主角地位。通过各项实践证明，集散控制系统的应用，在大大减轻了工作人员的工作强度的同时，也提高了工作效率。

2. 集散控制技术的发展

从1975年第一套DCS诞生到现在，DCS经历了三个大的发展阶段，或者说经历了三代产品。从总的趋势看，DCS的发展体现在以下几个方面：

① 系统的功能从底层（现场控制层）逐步向高层（监督控制、生产调度管理）扩展；
② 系统的控制功能由单一的回路控制逐步发展到综合逻辑控制、顺序控制、程序控制、批量控制及配方控制等混合控制功能；
③ 构成系统的各部分由DCS厂家专有的产品逐步改变为开发的市场采购的产品；
④ 开放的趋势使得DCS厂家越来越重视采用公开的标准，这使得第三方产品更加容易集成到系统中来；
⑤ 开放性带来的系统趋同化迫使DCS厂家高层的、与生产工艺结合紧密的高级控制功能发展，以求

得与其它同类厂家的差异化；

⑥ 数字化的发展越来越向现场延伸，这使得现场控制功能和系统体系结构发生了重大变化，将发展成为更加智能化、更加分散化的新一代控制系统。

◆ 第一代DCS（初创期）1975—1980

第一代DCS的代表是HONEYWELL（霍尼韦尔）公司的TDC-2000系统、YOKOGAWA（横河）公司的YAWPARK系统、FOXBORO公司的SPECTRUM系统、BAILEY公司的NCTWORK90系统、KENT公司的P4000系统、SIEMENS的TELEPERM M系统及东芝公司的TOSDIC系统等。

这个时期的系统比较注重控制功能的实现，系统的设计重点是现场控制站，各个公司的系统均采用了当时最先进的微处理器来构成现场控制站，因此系统的直接控制功能比较成熟可靠，而系统的人机界面功能则相对较弱，在实际运行中，只用CRT操作站进行现场工况的监视，而且提供的信息也有一定的局限。

第一代DCS是由过程控制单元、数据采集单元、CRT操作站、上位管理计算机及连接各个单元和计算机的高速数据通道五个部分组成，奠定了DCS的基础体系结构。在功能上更接近仪表控制系统，这是由于大部分推出第一代DCS的厂家都有仪表的生产和系统工程的背景。其特点是分散控制，集中监视，这个特点与仪表控制系统类似，不同的是控制的分散不是到每个回路，而是到现场控制站，一个现场控制站所控制的回路从几个到几十个不等；集中监视所采取的是CRT显示技术和控制键盘操作技术，而不是仪表面板和模拟盘。

◆ 第二代DCS（成熟期）1980—1985

第二代DCS的代表是HONEYWELL公司的TDC-3000、FISHER公司的PROVOX、TAYLOR公司的MOD300及WESTINGHOUSE的WDPF等系统。

第二代DCS的最大特点是引入了局域网（LAN）作为系统骨干，按照网络节点的概念组织过程控制站、中央操作站、系统管理站及网关（GATE WAY，用于兼容早期产品），这使得系统的规模、容量进一步增加，系统的扩充有更大的余地，也更加方便。这个时期的系统开始摆脱仪表控制系统的影响，而逐步靠近计算机系统。

在功能上逐步走向完善，除回路控制外，还增加了顺序控制、逻辑控制等功能，加强了系统管理站的功能，可实现一些优化控制和生产管理功能。在人机界面方面，随着CRT显示技术的发展，图形用户界面逐步丰富，显示密度大大提高，使操作人员可以通过CRT的显示得到更多的生产现场信息和系统控制信息。在操作方面，从过去单纯的键盘操作（命令操作界面）发展到基于屏幕显示的光标操作（图形操作界面），轨迹球、光笔等光标控制设备在系统中得到了越来越多的应用。

◆ 第三代DCS（扩展期）1985—至今

第三代DCS以1987年FOXBORO公司推出的I/A SERIES为代表，该系统采用了ISO标准MAP（制造自动化规约）网络。这一时期的系统除I/A SERIES外，还有HONEYWELL公司的TDC3000UCN、YOKOGAWA公司的CENTUM-XL和CENTUM-μXL、BAILEY公司的INFI-90、WESTINGHOUSE公司的WDPF2、美国LEEDS & NORTHRUP公司的MAX1000及日立公司的HIACS系列等。

这个时期的DCS在功能上实现了进一步扩展，增加了上层网络，将生产的管理功能纳入系统中。这样，就形成了直接控制、监督控制和协调优化、上层管理三层功能结构，这实际上就是现代DCS的标准体系结构。该体系结构已经使得DCS成为一个很典型的计算机网络系统，而实施直接控制功能的现场控制站，在其功能逐步成熟并标准化之后，成为整个计算机网络系统中的一类功能节点。进入20世纪90年代以后，人们已经很难比较出各个厂家DCS在直接控制功能方面的差异，各种DCS的差异则主要体现在与不同行业应用密切相关的控制方法和高层管理功能方面。

在网络方面，各个厂家已普遍采用了标准化的网络产品，如各种实时网络和以太网等。除了功能上的扩充和网络通信外，多数DCS厂家的人机界面工作站、服务器和各种功能站的硬件和基础软件，如操作系统等，已全部采用了市场采购的商品，这给系统的维护带来了相当大的好处，也使系统的成本大大降低。目前DCS已逐步成为一种大众产品，在越来越多的应用中取代了仪表控制系统而成为控制系统的主流。

从20世纪90年代开始，现场总线开始成为技术热点。从技术上，现场总线并没有超出局域网的范围，其优势在于它是一种低成本的传输方式，比较适合于数量庞大的传感器连接，现场总线大面积应用的障碍在于传感器的数字化，因为传感器的数字化，才有条件使用现场总线作为信号的传输介质。现场总线的真正意义在于这项技术再次引发了控制系统从仪表（模拟技术）发展到计算机（数字技术）的过程中，没有新的信号传输标准的问题，人们试图通过现场总线标准的形成来解决这个问题。只有这个问题得到彻底解决，才可以认为控制系统真正完成了从仪表到计算机的换代过程。

素质拓展阅读

让数字技术成为生产中的硬核力量

非常时期，继雷神山、火神山后，还有一样"神物"展示了中国速度——健康码。自2020年2月9日杭州余杭区率先在支付宝上推出健康码这一数字化标签，到杭州全市推广、浙江全省推广、四川省全省推广，再到2月16日，国务院办公厅电子政务办指导支付宝加速研发全国统一的疫情防控健康信息码，只用了7天时间，保障了政府对民众的健康管理和企业复工复产，体现了数字技术的重要性，也体现了开发者的奋斗精神。

集散控制系统的发展历史同样离不开计算机控制系统提供的数字控制技术，从电子数字计算机是20世纪40年代诞生以来，随着信息技术的飞速发展，当前DCS系统在煤、电、化工等工业领域应用广泛，逐渐从原来的配角角色转变为决定各工业企业安全经济运行的主角地位。通过各项实践证明，集散控制系统的应用，在大大减轻了工作人员的工作强度的同时，提高了生产效率。

随着数字技术的高速发展，在多领域下都发挥着至关重要的作用。新冠肺炎疫情发生以来，数字技术在抗疫中发挥了重要作用体现在多个方面，包括在疫情监测分析、病毒溯源、防控救治、资源调配等方面，为打赢疫情防控阻击战立下赫赫战功。数字技术同样给同学们的学习生活提供了极大的便利，许多同学利用在线远程课堂在家上网课，也有同学在网上购买日常生活用品和外卖点餐等。

这场突发疫情，这场数字革命，大家感同身受，不仅懂得了数字技术在国家发展的重要性和必要性，更深刻体会到党和政府始终把人民生命安全和身体健康放在第一位，见证了中国速度、中国规模和中国效率，也深深激发了同学们的学习热情、社会责任感和历史使命感。

四、国内外集散控制系统的主流品牌

国外DCS的知名厂家有霍尼韦尔、艾默生、ABB、横河、西门子等，其DCS产品故障率低，系统稳定，整体性能强大，即使每个品牌都有优缺点，但因为都有各自成熟的成套的各种系统和配套软硬件，所以在完成生产监控任务方面都很好，但是价格昂贵，适用于大系统。

经过近20年来的发展，基于对国外DCS的工程应用及技术引进，国产DCS企业在原来DDC直接数字控制技术自行研发和工控机应用的基础上，逐渐形成了独立自主的DCS产业，特别是在大型火力发电厂的应用中，国产DCS已取得了可喜的业绩，已经达到或接近国际先进水平。目前国内主流的DCS企业有：浙江中控科技集团股份有限公司、北京和利时集团等。

◇ 浙江中控科技集团股份有限公司

浙江中控科技集团股份有限公司（简称浙江中控）始创于1993年3月，是一家依托于浙江大学，主要从事化工行业自动化产品生产的自动化企业，业务涉及流程工业自动化、城市信息化、工程设计咨询、科教仪器、机器人、装备自动化、新能源与节能等领域。浙江中控偏重于化工，大部分国产DCS业绩均来自化工行业。

浙江中控DCS以WebField系列DCS为主，分别为JX-300XP、ECS-100、ECS-700。

JX-300XP：吸收了近年来快速发展的通信技术、微电子技术，应用了最新信号处理技术、高速网络通信技术、软件平台和软件设计技术以及现场总线技术，采用了微处理器和成熟的先进控制算法，全面提高了控制系统的功能和性能，同时，实现了多种总线兼容和异构系统综合集成，各种国外DCS、国内DCS、PLC及现场智能设备都可以接入到JX-300XP控制系统中，使其能适应更广泛、更复杂的应用要求。

ECS-100：是公司为适应网络技术的发展，特别是Internet、Web技术的发展而推出的基于网络技术的DCS系统。该系列DCS系统融合了现场总线技术、嵌入式软件技术、先进控制技术与网络技术，实现了多种总线兼容和异构系统综合集成。各种国内外的DCS、PLC及现场智能设备都可以接入到ECS-100系统中，实现企业内过程控制设备信息的共享。

ECS-700：是在总结JX-300XP、ECS-100等WebField系列控制系统广泛应用的基础上设计、开发的面向大型联合装置的大型控制系统，其融合了控制技术、开放现场总线标准、工业以太网安全技术等，为用户提供了一个可靠的、开放的控制平台。ECS-700是浙江中控在2011年全新推出的一套大型国产DCS，其中硬件设备由德国菲尼克斯设计开发，运行组态软件由德国科维软件有限公司（KW-Software）和浙江中控合作开发。

✧ 北京和利时集团

北京和利时集团始创于1993年，是一家从事自主设计、制造与应用自动化控制系统平台和行业解决方案的高科技企业集团。集团具有系统集成国家一级资质，是国家级的企业技术中心，当前国内最大的国产DCS供应商。

和利时自90年代以来，历经了HS-DCS-1000、HS-2000直至现今主推的HOLLiASMACS系统。HOLLiAS MACS系列国产DCS是和利时公司在总结十多年用户需求和多行业的应用特点、积累三代国产DCS开发应用的基础上，全面继承以往系统的高可靠性和方便性，综合自身核心技术与国际先进技术而推出的新一代国产DCS，目前包括两种型号的系统。

HOLLiAS MACS-F系统：规模上适合于中小型项目（2万个物理点以内），结构上为高密度安装，单机柜含端子可达1056点；

HOLLiAS MACS-S系统：规模上适合于大型项目（10万个物理点以内），结构上安装密度适中，单机柜含端子可达720点。

HOLLiAS MACS系统采用典型的C/S（客户站/服务器）结构，集成了市场上通用的技术，基于"计算机 + 模块 + 软件"的集成式系统。其主控制单元采用Intel商用快速芯片，I/O模块采用基于VIPA公司的ProfibusDP总线模块（FM系列）或uCS的CAN总线模块，控制器运行软件是加拿大的QNX，控制器算法组态软件采用德国Smart Software Solution公司的CoDeSYS软件的OEM版本，上位机软件有自己开发的MACS IV，也有采用Citect OEM版的，具有良好的开放性。

✧ 南京科远自动化股份有限公司

南京科远自动化集团股份有限公司（SCIYON）（简称科远股份）创立于1993年，是国内领先的工业自动化与信息化技术、产品与解决方案供应商，于2010年3月31日在深圳股票交易所上市。

SCIYON在火力发电、节能减排、化工、冶金、建材、装备制造、市政水务等行业提出了诸多优秀的行业解决方案，承接了多个国家重点工程，累计为用户提供自动化和信息化产品超过10000台套。SCIYON经过十余年的技术积累，通过引进消化吸收国际先进DCS技术，在2003年推出了具有自主知识产权的国产DCS系统NT6000。NT6000已经成为国内知名DCS品牌。据相关调研资料显示，SCIYON的国产DCS、DEH系列产品在市场上的占有率已达到前三名。

NT6000系统具有"可靠、易用、先进"的技术特点，通过了欧盟CE认证、美国UL认证、电磁兼容性三级认证，系统运行稳定、可靠。该系统不仅能够实现在线组态和在线下载，而且可以进行按页下载，即在调试或实际运行中对修改页进行下载，下载过程中不影响其他页控制策略的运行，方便了DCS的调试和投运。这可以提高DCS在现场调试期间的灵活性，提高调试效率，确保现场调试工作在短时间内完成，大大缩短系统调试周期。

另外NT6000系统采用对等客户站结构，无数据服务器。消除了常规服务器结构中服务器的系统可靠性和安全性瓶颈，提高了整套DCS的安全可靠性。

NT6000还具有1：1虚拟DCS仿真系统，对DCS进行出厂前的仿真联调，保证在系统出厂前，所有联锁、保护逻辑及自动调节回路均正确无误，减少现场调试工作量，解决现场调试时间，缩短工程周期。

基于NT6000良好的稳定性、可靠性表现，获得了良好的市场口碑，科远股份还与德国SIEMENS构建了战略合作关系，双方共同进行DCS研发，并共享研发成果。同时，SCIYON还引进了SIEMENS先进的

DCS生产管理和质量控制体系，确保所生产的DCS产品达到国际领先的质量标准。

◇ 北京国电智深控制技术有限公司

北京国电智深控制技术有限公司（简称国电智深）成立于2002年初，由中国电力科学研究院和国电科技环保集团公司共同投资组建，是中国国电集团公司的下属自动化公司。是一家主要负责完成国电集团内火力发电机组的国产DCS工程实施的自动化厂商，在国电系统外的火电厂DCS市场中也有少量的业绩，完成了500余台火电机组的自动化工程项目。

北京国电智深控制技术有限公司与北京新航智科技有限公司合作，由北京新航智OEM提供EDPF-NTDCS系统，并在此基础上开发有DEH（汽轮机数字电液控制系统）、电厂仿真系统、SIS等产品，拥有多项专有技术。

◇ 上海新华控制技术（集团）有限公司（正泰新华）

上海新华控制技术（集团）有限公司是在原上海新华控制工程有限公司基础上组建的，致力于工业自动化、信息化的高新技术企业。2012年7月被浙江正泰电器股份有限公司以3.15亿元收购。

XDC800是一款高品质的国产DCS，它以32位CPU组成的新华控制器XCU为核心，配置标准的以太网和现场总线，构成环型网络结构或星型网络结构的通信网络，运行新华集团公司开发的OnXDC可视化图形组态软件，是工业过程控制、流程工业控制系统的技术平台。该套国产DCS的控制功能分散，管理集中，集数据采集、过程控制、管理于一体，是一个全集成的、结构完整、功能完善、面向整个生产过程的先进过程控制系统，并取得CE、FCC、TüV和SIL3认证，可作为数字化电厂的硬件平台。

◇ 上海自动化仪表股份有限公司

上海自动化仪表股份有限公司经历了100年的历史积淀和16年的创新发展，成为国内首家自动化仪表行业的上市公司，而且成为上海电气集团的一部分，是国家三大仪表基地之一。与国家核电共同组建了国核自仪系统工程有限公司，逐步做到具备核电工程仪控系统设计、控制系统集成、核电仪控设备成套供应等的能力，并拥有自主知识产权，形成较大规模批量化建设中国品牌核电站的能力。

SUPMAX800国产DCS是由上海自动化仪表股份有限公司自行开发研制全新一代的中小型国产DCS系统，它吸取和融合了当今世界上先进的DCS的技术特点。

该套国产DCS技术领先、性能优秀、功能齐全、使用方便、性价比高，可以为企业提供功能全面的工厂过程自动化控制。SUPMAX800国产DCS由通信网络、电源、DPU、I/O卡件等硬件组成，基于高性能100M全双工交换机、星型、冗余工业以太网架构，全双工交换机的星型网络结构。SUPMAX800工作站由工程师站、服务器站、操作员站组成。服务器站主要是进行过程数据采集、历史数据（趋势点、报警、报表、事件等）记录保存，提供连接至PLC和其它外部系统或子系统的接口。

国产DCS虽然起步较晚，但在国外自动化巨头先期占领的市场中，能够打下属于中国DCS的一片天，也是值得国人们骄傲和自豪的。国产DCS企业，将在中控、和利时、科远等领先的自动化企业的带领下，走出国门，真正成为国际化的中国民族品牌。

素质拓展阅读

技术强国

当今，科技日新月异，生活瞬息万变。科技的进步与发展为我们带来了生活的便利，也促进了生产力的提升，从"制造大国"转型到"制造强国"，这个过程我们拼的是技术、是创新。

2020年11月6日，中国华能集团有限公司自主研发的国内首套100%全国产化DCS在福州电厂成功投用，连续运行稳定可靠，硬件板卡精度、抗干扰能力与运行环境适应性等多项指标超过国外同类产品水平，这标志着我国发电领域工业控制系统完全实现自主可控。

2022年1月7日，中国石化镇海基地一期项目乙烯装置全面投入运行，包含国内首套完全国产化的百万吨级乙烯项目，创造国内百万吨规模乙烯工程建设工期最短、国产化程度最高、数字化应用最广等新纪录。

近年来，我国在原来DDC直接数字控制技术自行研发和工控机应用的基础上，逐渐形成了独立自主的国产DCS产业，特别是在大型火力发电厂的应用中，国产DCS已取得了可喜的业绩，已经达到或接近国际先进水平，国产替代将会是今后一段时间内的主旋律。可以看到，我们的科技能力在不断地提升，研究的设备越来越先进，这离不开每一个技能技术人才的努力。

尽管我国DCS技术取得了长足发展，但我们仍要深刻认识到，与发达国家相比，DCS的科技创新能力和水平还有一定的差距。作为当代大学生，我们更应该脚踏实地学好专业文化知识，练好实践技能，怀揣技术强国、技能强国的理想，积极投身社会主义现代化建设，为制造强国不懈努力。

五、集散控制系统的冗余技术

冗余技术是提高DCS可靠性的重要手段。由于采用了分散控制的设计思想，当DCS中某个环节发生故障时，仅仅使该环节失去功能，而不会影响整个系统的功能。因此，通常只对可能影响系统整体功能的重要环节或对全局产生影响的公用环节，有重点地采用冗余技术。自诊断技术可以及时检出故障，但要使DCS的运行不受故障的影响，主要还是依靠冗余技术。

1. 冗余方式

DCS的冗余技术可以分为多重化自动备用和简易的手动备用两种方式。多重化自动备用就是对设备或部件进行双重化或三重化设置，当设备或部件万一发生故障时，备用设备或部件自动从备用状态切换到运行状态，以维持生产继续进行。其中，多重化自动备用进一步分为同步运转、待机运转、后退运转等三种方式，如图2-8所示。

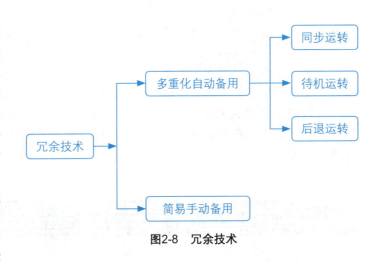

图2-8 冗余技术

同步运转方式让两台或两台以上的设备或部件同步运行，进行相同的处理，并将其输出进行核对。两台设备同步运行，只有当它们的输出一致时，才作为正确的输出，这种系统称为"双重化系统"（Dual System）。三台设备同步运行，将三台设备的输出信号进行比较，取两个相等的输出作为正确的输出值，这就是设备的三重化设置。这种方式具有很高的可靠性，但投入也比较大。

待机运转方式是使一台设备处于待机备用状态。当工作设备发生故障时，启动待机设备来保证系统正常运行。这种方式称为1∶1的备用方式，这种类型的系统称为"双工系统"（Duplex System）。类似地，对于N台同样设备，采用一台待机设备的备用方式就称为N∶1备用。在DCS中一般对局部设备采用1∶1备用方式，对整个系统则采用N∶1的备用。待机运行方式是DCS中主要采用的冗余技术。

后退运转方式是使用多台设备，在正常运行时，各自分担各种功能运行。当其中之一发生故障时，其他设备放弃其中一些不重要的功能，进行互相备用。这种方式显然是最经济的，但相互之间必然存在公用部分，而且软件编制也相当复杂。

简易的手动备用方式采用手动操作方式实现对自动控制方式的备用。当自动方式发生故障时，通过切换成手动工作方式，来保证系统的控制功能。

2. 冗余措施

DCS的冗余包括网络的冗余、操作站的冗余、现场控制站的冗余、电源的冗余、输入/输出模块的冗余等。通常将工作冗余称为"热备用"，而将后备冗余称为"冷备用"。DCS中通信系统非常重要，几乎都采用一备一用的配置；操作站常采用工作冗余的方式。对过程控制站，冗余方式各不相同，有的采用1∶1冗余，也有的采用N∶1冗余，但均采用无中断自动切换方式。DCS特别重视供电系统的可靠性，除了220V交流供电外，还采用了镍镉电池、铅钙电池及干电池等多级掉电保护措施。DCS在安全控制系统中，采用了三重化，甚至四重化冗余技术。

除了硬件冗余外，DCS还采用了信息冗余技术，通过在发送信息的末尾增加多余的信息位，以提供检错及纠错的能力，降低通信系统的误码率。

> **小贴士** 生活中增加冗余元素：做人、做事考虑余量，游刃有余。

素质拓展阅读

冗余的思考

案例1：飞机刚发明时，一般只有一台发动机。一旦发动机出现故障，就可能造成无法挽回的后果。后来，人们把"冗余法则"运用到飞机制造上。如果一架飞机需要2个发动机可以正常启用，那就配置4个发动机。这样，即使其中一个发动机出现故障，也不会造成飞机失事。

案例2：高端服务器采用的双电源系统、重型卡车使用的备胎……一些系统或产品，通常配置两套同样的硬件或软件，当其中的一套出现故障时，另一套能够立即启动，代替工作。据统计，这种"冗余配置"可以大幅度提高产品的安全性能，降低故障概率。

为了提高DCS的可靠性，往往会在重要环节采用冗余技术。控制系统设计时对电源、主控卡、数据转发卡等重要器件都采用冗余配置，为了系统数据传输稳定可靠，通信网络SCNET-Ⅱ也采用AB网冗余配置。

在系统级设计为了更好体现系统稳定可靠，采用了分散控制的设计思想，当DCS中某个环节发生故障时，仅使该环节失去功能，而不会影响整个系统的功能。

这则阅读启示我们，在日常的学习、工作与生活中，一定要有责任意识，为了保证各项计划有序推进，要学会利用冗余的思维来保证，需要通过增加冗余元素，甚至依赖B计划帮助我们抵御重大风险，确保万无一失。

项目二 主要内容

● 任务1 搭建集散控制系统整体框架 ●

任务1 说明

通过对集散控制系统体系结构的学习，本任务基于浙江中控SUPCON的JX-300XP DCS，完成项目学习案例——锅炉产汽DCS项目的整体框架搭建。

任务1 要求

① 准确描述集散控制系统的结构特点、主要设备及主要网络；
② 正确选择控制站类型及数量；
③ 正确查阅集散控制系统的技术文档及手册；
④ 正确搭建集散控制系统的整体框架；
⑤ 正确绘制集散控制系统框架图；
⑥ 整体框架搭建全程体现全局观、理论联系实际。

任务1 学习

一、通用集散控制系统

（一）集散控制系统的体系结构

集散控制系统是一种操作显示集中，控制功能分散，采用分级分层体系结构，局部网络通信的计算机综合控制系统。从总体结构上看，DCS是由工作站和通信网络两

▶ 资源2.7 ◀
DCS结构特点

大部分组成的,系统利用通信网络将各工作站连接起来,实现集中监视、操作、信息管理和分散控制。

集散控制系统经过30多年的发展,其结构不断更新。随着DCS开放性的增强,其层次化的体系结构特征更加显著,充分体现了DCS集中管理、分散控制的设计思想。DCS是纵向分层、横向分散的大型综合控制系统,它以多层局部网络为依托,将分布在整个企业范围内的各种控制设备和数据设备连接在一起,实现各部分的信息共享和协调工作,共同完成各种控制、管理及决策任务。

DCS的典型体系结构如图2-9所示。按照DCS各组成部分的功能分布,所有设备分别处于四个不同的层次,自下而上分别是:现场控制级、过程控制级、过程管理级和经营管理级。与这四层结构相对应的四层局部网络分别是现场网络(Field network,Fnet)、控制网络(Control network,Cnet)、监控网络(Supervision network,Snet)和管理网络(Management network,Mnet)。

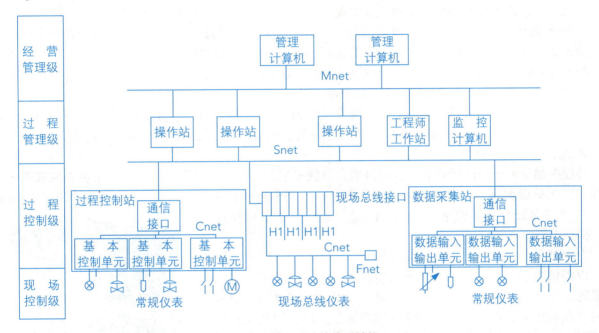

图2-9 集散控制系统的体系结构

(二)集散控制系统的主要设备

DCS的硬件系统主要由集中操作管理装置、分散过程控制装置和通信接口设备等组成,通过通信网络将这些硬件设备连接起来,共同实现数据采集、分散控制和集中监视、操作及管理等功能。集散控制系统的每级设备有着不同的功能,由于不同DCS厂家采用的计算机硬件不尽相同,因此,DCS的硬件系统之间的差别也很大。为了从功能上和类型上来介绍DCS的硬件构成,要抛开各种具体的DCS的硬件组成及特点。集中操作管理装置的主要设备是操作站,而分散过程控制装置的主要设备是过程控制站。这里重点介绍DCS的过程控制站和操作站。

1. 现场控制级

现场控制级设备直接与生产过程相连,是DCS的基础。典型的现场控制级设备是各类传感器、变送器和执行器。它们将生产过程中的各种工艺变量转换为适宜于计算机接收的电信号(如常规变送器输出的4~20mA DC电流信号或现场总线变送器输出的数字信号),送往过程控制级的过程控制站或数据采集站;过程控制站又将输出的控制器信号(如4~20mA DC信号或现场总线数字信号)送到现场控制级设备,以驱动控制阀或变频调速装置等,实现对生产过程的控制。

现场控制级设备的任务主要有:完成过程数据采集与处理;直接输出操作命令,实现分散控制;完成与上级设备的数据通信,实现网络数据库共享;完成对现场控制级智能设备的监测、诊断和组态等。

> **一句话问答** 现场控制级设备主要工作的场所是?

> **想一想** 生产过程控制系统基本组成中,哪些属于现场控制级设备?

2. 过程控制级

过程控制级主要由过程控制站、数据采集站和现场总线接口等组成。

(1) 过程控制站

过程控制站接收现场控制级设备送来的信号,按照预定的控制规律进行运算,并将运算结果作为控制信号,送回现场的执行器中去。过程控制站可以完成反馈控制、逻辑控制和顺序控制等功能。

过程控制站是DCS的核心。分析过程控制站的构成,有助于理解DCS的特性。

一般来说,过程控制站中的主要设备是现场控制单元。现场控制单元是DCS直接与生产过程进行信息交互的I/O处理系统,它的主要任务是进行数据采集及处理,对被控对象实施闭环反馈控制、顺序控制和批量控制,用户可以是以面向连续生产的过程控制为主,辅以顺序逻辑控制,构成一个可以实现多种复杂控制方案的现场控制站;也可以是以顺序控制、联锁控制功能为主的现场控制站;还可以是一个对大批量过程信号进行总体信息采集的现场控制站。

过程控制站是一个可独立运行的计算机检测控制系统。由于它是专为过程检测、控制而设计的通用型设备,所以其机柜、电源、输入/输出通道可控制计算机等,与一般的计算机系统有所不同。

■ 过程控制站机柜

过程控制站的机柜内部均装有多层机架,以供安装各种模块及电源之用。为了给机柜内部的电子设备提供完善的电磁屏蔽,其外壳均采用金属材料(如钢板或铝材),并且活动部分(如柜门与机柜主体)之间要保证有良好的电气连接。同时,机柜还要求可靠接地,接地电阻应小于4Ω。

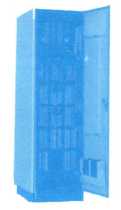

为保证机柜中电子设备的散热降温,一般机柜内均装有风扇,以提供强制风冷。同时为防止灰尘侵入,在与柜外进行空气交换时,要采用正压送风,将柜外低温空气经过滤网过滤后引入柜内。在灰尘多、潮湿或有腐蚀性气体的场合(例如安装在室外使用时),一些厂家还提供密封式机柜,冷却空气仅在机柜内循环,通过机柜外壳的散热叶片与外界交换热量。为了保证在特别冷或热的室外环境下正常工作,还为这种密封式机柜设计了专门的空调装置,以保证柜内温度超过正常范围时,会产生报警信号。控制站机柜图如图2-10所示。

■ 过程控制站电源

图2-10 控制站机柜图

只有保持电源(交流电源和直流电源)稳定、可靠,才能确保过程控制站正常工作。为了保证电源系统的可靠性,通常采取以下几种措施:每一个现场控制站均采用双电源供电,互为冗余;如果现场控制站机柜附近有经常开、关的大功率用电设备,则应采用超级隔离变压器,将其初级、次级线圈间的屏蔽层可靠接地,以克服共模干扰的影响;如果电网电压波动很严重,应采用交流电子调压器,快速稳定供电电压;在石油、化工等对连续性控制要求特别高的场合,应配有不间断供电电源UPS,以保证供电的连续性。现场控制站内各功能模块所需直流电源一般为5V,(或±12V)及+24V。

增加直流电源系统稳定性的措施。为增加直流电源系统的稳定性,一般可以采取以下几种措施:为减少相互间的干扰,给主机供电与给现场设备供电的电源要在电气上隔离;采用冗余的双电源方式给各种功能模块供电;一般由统一的主电源单元将交流电变为24V直流电供给柜内的直流母线,然后通过DC-DC转换方式将24V直流电源变换为子电源所需的电压,主电源一般采用1:1冗余配置,而子电源一般采用N:1冗余配置。

■ 控制计算机

控制计算机是过程控制站的核心，一般由CPU、存储器、总线、输入/输出通道等基本部分组成。

① CPU：现场控制站大都采用Motorola公司M68000系列和Intel公司80X86系列的CPU产品。为提高性能，各生产厂家大都采用准32位、32位、64位微处理器。由于数据处理能力提高，因此可以执行复杂的先进控制算法，如自动整定、预测控制、模糊控制和自适应控制等。

② 存储器：控制计算机的存储器也分为RAM和ROM。由于控制计算机在正常工作时运行的是一套固定的程序，DCS中大都采用了程序固化的办法，因此在控制计算机中ROM占有较大的比例。有的系统甚至将用户组态的应用程序也固化在ROM中，因此在控制计算机中ROM占有较大的比例。只要系统上电，控制站就可正常运行，使用更加方便，但修改组态时要复杂一些。

在一些采用冗余CPU的系统中，还特别设有双端随机存储器RAM，其中存放有过程输入/输出数据、设定值和PID参数等。两块CPU板均可分别对其进行读写，保证双CPU间运行数据的同步。当在线主CPU板出现故障时，离线CPU板可立即接替工作，这样对生产过程不会产生任何扰动。

> **想一想** 为什么要做冗余配置？

③ 总线：常见的控制计算机总线有Intel公司的多总线MULTIBUS，"EOROCARD"标准的VME总线和STD总线。前两种总线都是支持多CPU的16位/32位总线，由于STD总线是一种8位数据总线，使用受到限制，已经逐渐淡出市场。近年来，随着PC在过程控制领域的广泛应用，PC总线（ISA，EISA总线）在中规模DCS的现场控制站中也得到应用。

④ 输入/输出通道：过程控制计算机的输入/输出通道一般包括模拟量输入/输出（AI/AO）、开关量输入/输出（SI/SO）或数字量输入/输出（DI/DO），以及脉冲量输入通道（PI）。

模拟量输入/输出通道：生产过程中的连续性被测变量（如温度、流量、液位、压力、浓度、pH值等），只要由在线检测仪表将其转换为相应的电信号，均可送入模拟量输入通道AI，经过A/D转换后，将数字量送给CPU。而模拟量输出通道AO一般将计算机输出的数字信号转换为4~20mA DC（或1~5V DC）的连续直流信号，用于控制各种执行机构。

开关量输入/输出通道：开关量输入通道DI主要用来采集各种限位开关、继电器或电磁阀联动触点的开、关状态，并输入计算机。开关量输出通道DO主要用来控制电磁阀、继电器、指示灯、声光报警器等只有开、关两种状态的设备。

脉冲量输入通道：许多现场仪表（如涡轮流量计、罗茨式流量计及一些机械计数装置等）输出的测量信号为脉冲信号，它们必须通过脉冲量输入通道处理才能送入计算机。

（2）数据采集站

数据采集站与过程控制站类似，也接收由现场设备送来的信号，并对其进行必要的转换和处理，然后送到集散控制系统中的其他工作站（如过程管理级设备）。数据采集站接收大量的非控制过程信息，并通过过程管理级设备传递给运行人员，它不直接完成控制功能。

在DCS的监控网络上可以挂接现场总线服务器（Fieldbus Server，FS），实现DCS网络与现场总线的集成。现场总线服务器是一台安装了现场总线接口卡与DCS监控网络接口卡的完整的计算机。现场设备中的输入、输出、运算、控制等功能模块，可以在现场总线上独立构成控制回路，不必借用DCS控制站的功能。现场设备通过现场总线与FS上的接口卡进行通信。FS通过它的DCS网络接口卡与DCS网络进行通信。FS和DCS可以实现资源共享，FS可以不配备操作站或工程师站，直接借用DCS操作站或工程师站实现监控和管理。

过程控制级的主要功能表现：采集过程数据，进行数据转换与处理；对生产过程进行监测和控制，输出控制信号，实现反馈控制、逻辑控制、顺序控制和批量控制功能；现场设备及I/O卡件的自诊断；与过程管理级进行数据通信。

3. 过程管理级

过程管理级的主要设备有操作站、工程师站和监控计算机等。

操作站（Operator Station，OS）是操作员与DCS相互交换信息的人机接口设备，是DCS的核心显示、操作和管理装置。操作人员通过操作站来监视和控制生产过程，可以在操作站上观察生产过程的运行情况，了解每个过程变量的数值和状态，判断每个控制回路是否工作正常，并且可以根据需要随时进行手动、自动、串级、后备串级等控制方式的无扰动切换，修改设定值，调整控制信号，操控现场设备，以实现对生产过程的控制。另外，它还可以打印各种报表、复制屏幕上的画面和曲线等。

为了实现监视和管理等功能，操作站必须配备以下设备。

① 操作台。操作台用来安装、承载和保护各种计算机和外部设备。目前流行的操作台有桌式操作台、集成式操作台和双屏操作台等，用户可以根据需要选择使用。

② 微处理机系统。DCS操作站的功能越来越强，这就对操作站的微处理机系统提出了更高的要求。一般DCS操作站采用32位或64位微处理机。

③ 外部存储设备。为了很好地完成DCS操作站的历史数据存储功能，许多DCS的操作站都配有一到两个大容量的外部存储设备，有些系统还配备了历史数据记录仪。

④ 图形显示设备。当前DCS的图形显示设备主要是LCD，有些DCS还在使用CRT，有些DCS操作站配备有厂家专用的图形显示器。

⑤ 操作键盘和鼠标。操作员键盘一般都采用具有防水、防尘功能，有明确图案或标志的薄膜键盘。这种键盘从键的分配和布置上都充分考虑到操作直观、方便，外表美观，并且在键体内装有电子蜂鸣器，以提示报警信息和操作响应（工程师键盘一般为常用的击打式键盘，主要用来进行编程和组态）。

现代的DCS操作站已采用了通用PC系统，因此，无论操作员键盘，还是工程师键盘，都在使用通用标准键盘和鼠标。

⑥ 打印输出设备。有些DCS操作站配有两台打印机，一台用于打印生产记录报表和报警报表；另一台用来复制流程画面。随着激光等非击打式打印机的性能不断提高，价格不断下降，有的DCS已经采用这类打印机，以求得清晰、美观的打印质量和降低噪声。

工程师站（Engineer Station，ES）是为了便于控制工程师对DCS进行配置、组态、调试、维护而设置的工作站，配有组态软件，为用户提供一个灵活的、功能齐全的工作平台，通过它来实现用户所要求的各种控制策略，即工程师站主要是技术人员与控制系统的接口，或者用于对应用系统进行监视。工程师站的另一个作用是对各种设计文件进行归类和管理，形成各种设计、组态文件，如各种图样、表格等。工程师站一般由PC配置一定数量的外部设备组成，例如打印机、绘图仪等。

为节省投资，许多系统的工程师站可以用一个操作站代替。

监控计算机的主要任务是实现对生产过程的监督控制，如机组运行优化和性能计算，先进控制策略的实现等。根据产品、原材料库存及能源的使用情况，以优化准则来协调装置间的相互关系，实现全企业的优化管理。另外，监控计算机通过获取过程控制级的实时数据，进行生产过程的监视、故障检测和数据存档。由于监控计算机的主要功能是完成复杂的数据处理和运算，因此，对它主要有运算能力和运算速度的要求。一般来说，监控计算机由超级微型机或小型机构成。

 想一想 | DCS系统过程管理级设备可以只配操作站吗？

4. 经营管理级

经营管理级是全厂自动化系统的最高一层，只有大规模的集散控制系统才具备这一级。经营管理级的设备可能是厂级计算机，也可能是若干个生产装置的管理计算机。它们所面向的使用者是厂长、经理、总工程师等行政管理或运行管理人员。

厂级管理系统的主要功能是监视企业各部门的运行情况，利用历史数据和实时数据预测可能发生的各种情况，从企业全局利益出发，帮助企业管理人员进行决策，帮助企业实现其计划目标。它从系统观念出发，从原料进厂到产品的销售，从市场和用户分析、订货、库存到交货，进行一系列的优化协调，从而降低成本，增加产量，保证质量，提高经济效益。此外，还应考虑商业事务、人事组织及其他各方面，并与办公自动化系统相连，实现整个系统的优化。

经营管理级也可分为实时监控和日常管理两部分。实时监控是全厂各机组和公用辅助工艺系统的运行管理层，承担全厂性能监视、运行优化、全厂负荷分配和日常运行管理等任务。日常管理承担全厂的管理决策、计划管理、行政管理等任务，主要为厂长和各管理部门服务。

对管理计算机的要求是具有能够对控制系统做出高速反应的实时操作系统，能够对大量数据进行高速处理与存储，具有能够连续运行可冗余的高可靠性系统，能够长期保存生产数据，并具有优良的、高性能的、方便的人机接口，数据库管理软件、过程数据收集软件、人机接口软件等丰富的工具软件，能够实现整个工厂的网络化和计算机的集成化。

（三）集散控制系统的软件体系

一个计算机系统的软件一般包括系统软件和应用软件两部分。由于集散控制系统采用分布式结构，在其软件体系中除上述两种软件外，还增加了如通信管理软件、组态生成软件及诊断软件等。

集散控制系统的系统软件是一组支持开发、生成、测试、运行和维护程序的工具软件，它与一般应用对象无关，主要由实时多任务操作系统、面向过程的编程语言和工具软件等部分组成。

操作系统是一组程序的集合，用来控制计算机系统中用户程序的执行顺序，为用户程序与系统硬件提供接口软件，并允许这些程序（包括系统程序和用户程序）之间交换信息。用户程序也称为应用软件，用来完成某些应用功能。在实时工业计算机系统中，应用程序用来完成功能规范中所规定的功能，而操作系统则是控制计算机自身运行的系统软件。

DCS组态是指根据实际生产过程控制的需要，利用DCS所提供的硬件和软件资源，预先将这些硬件设备和软件功能模块组织起来，以完成特定的任务的设计过程，习惯上也称作组态或组态设计。从大的方面讲，DCS的组态功能主要包括硬件组态（又叫配置）和软件组态两个方面。

DCS软件一般采用模块化结构。系统的图形显示功能、数据管理功能、控制运算功能、历史存储功能等都有成熟的软件模块。但不同的应用对象，对这些内容的要求有较大的区别。因此，一般DCS具有一个（或一组）功能很强的软件工具包（即组态软件）。该软件具有一个友好的用户界面，使用户在不需要什么代码程序的情况下便可生成自己需要的应用"程序"。

软件组态的内容比硬件配置还丰富，它一般包括基本配置组态和应用软件的组态。基本配置的组态是给系统一个配置信息，如系统的各种站的个数，它们的索引标志，每个现场控制站的最大测控点数、最短执行周期、最大内存配置，每个操作站的内存配置信息、磁盘容量信息等。而应用软件的组态则具有更丰富的内容，如数据库的生成、历史数据库（包括趋势图）的生成、图形生成、控制组态等。

随着DCS的发展，人们越来越重视系统的软件组态和配置功能，即系统中配有一套功能十分齐全的组态生成工具软件。组态软件通用性很强，可以适用于很多应用对象，而且系统的执行程序代码部分一般是固定不变的，为适应不同的应用对象只需要改变数据实体（包括图形文件、报表文件和控制回路文件等）。这样既提高了系统的成套速度，又保证了系统软件的成熟性和可靠性。

📖 素质拓展阅读

"龙鳞"首台核安全级DCS实现工业化

由中核集团自主研制、首台套工程应用的"龙鳞"平台顺利通过出厂验收，正式实现工业化应用，这意味着我国核电站"神经中枢"不再被国外"卡脖子"，从此我国打破了国内核电DCS系统严重依赖进口的被动局面，使我国成为世界上少数掌握该技术且实现工程应用的国家。这是中核集团坚持创新驱动发展，打造核强国的重要成果，将有助于我国核电技术整体出口。

龙鳞系统包括现场控制站、安全显示站、网关站、工程师站等，目前在软件和系统集成方面已经实现100%的国产化，具有高安全性、高可靠性的特点，适用于核电站、研究堆、小堆、动力堆等多种反应堆控制系统，拥有完全自主知识产权，满足三代核电要求，已通过最高等级功能安全认证，部分关键指标达国际领先。

与国外DCS平台相比，龙鳞系统继承了中核集团数十年工程设计积累和华龙一号先进堆芯测量系统等安全级设备的核心技术，更加成熟可靠；设计、验证、试验鉴定等各个环节符合最新、最全、最严格的国际和国内标准要求；采用先进可靠的信息安全技术，通信误码率领先国际标准一个量级；机械结构具备高抗震性能,能够保证极端自然条件下的正常工作,满足三代核电要求;研发了具备完全自主知识产权的安全操作系统,有利于之后的程序迭代。

技术创新是科技强国的必由之路,当代大学生如何践行科技强国梦?通过这则阅读,要清晰认识到,必须树立强烈的历史使命感和责任感,必须努力成为具有创造性的人才,必须树立远大理想,有为实现理想的坚定信念和脚踏实地、百折不挠的精神。

二、浙江中控SUPCON JX-300XP DCS

在DCS中,国内外有多个著名厂家的产品获得了广泛应用,本书重点介绍国产代表产品——浙江中控科技集团股份有限公司(简称,浙江中控或SUPCON)的JX-300XP DCS,它在国内外设备兼容性、控制功能和性能、应用广泛性及性价比等方面具有突出的优势。

JX-300XP集散控制系统是浙江中控技术有限公司于1997年在原有系统的基础上,全面提高系统性能,运行新技术推出的新一代集散控制系统。该系统具有高速可靠的数据输入、输出、运算、过程控制功能和PLC联锁逻辑功能,能适应更广泛、更复杂的应用要求,是一个全数字化、结构灵活、功能完善的新型开放式集散控制系统。

JX-300XP DCS完整的系统结构如图2-11所示。

通过在JX-300XP的通信网络上挂接总线变换单元(Bus Change Unit,BCU),可实现与早期产品JX-100,JX-200,JX-300系统的互连;通过在通信网络上挂接通信接口单元(Communication interface unit,CIU或通信管理站CIU),用于实现JX-300XP系统与其他计算机、各种智能控制设备(如PLC)的连接;通过在通信网络上挂接多功能站(Muiti-Function Station,MFS)和相应的应用软件AdvanTrol-PIMS,可实现与企业管理计算机网的信息交换,实现企业网络环境下的实时数据采集、实时流程查看、实时趋势浏览、报警记录与查看、报表数据存储、历史趋势存储与查看、生产过程报表生成与输出等功能,从而实现整个企业生产过程管理与控制的全集成综合自动化。

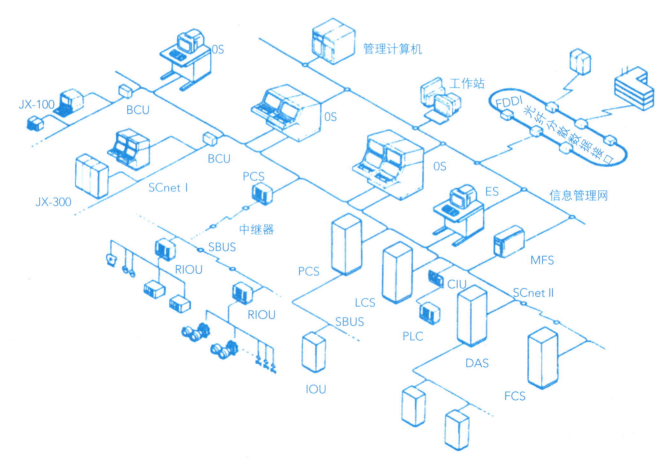

图2-11 JX-300XP DCS完整系统结构

其中，多功能站MFS是用于工艺数据的实时统计、性能运算、优化控制、通信转发等特殊功能的工程设备的统称。系统需向上兼容，连接不同网络版本的JX系列DCS系统时，采用MFS即可实现，并节省投资成本。

JX-300XP DCS体系结构包括硬件体系、网络体系和软件体系三大部分，如图2-12所示。

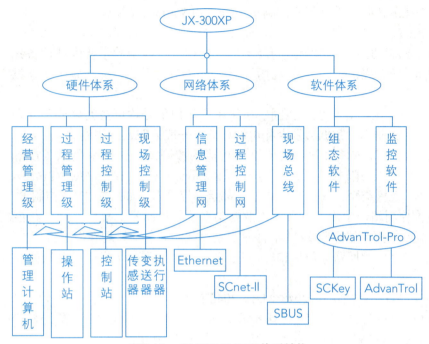

图2-12　JX-300XP DCS体系结构

对于中小型DCS，常组建三层硬件体系，即现场控制级、过程控制级和过程管理级。由于现场控制级更多地取决于具体工艺，且各类测点仪器仪表安装在生产现场，因此本书采用DCS技术实现生产过程的控制，侧重于过程控制级和过程管理级的系统设计、组态及运行调试等内容的学习，典型JX-300XP DCS体系结构如图2-13所示。

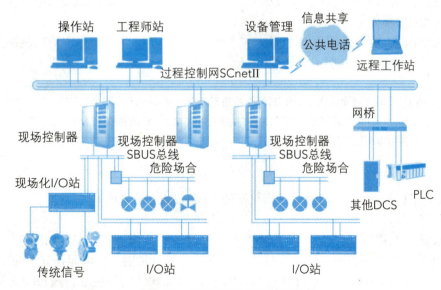

图2-13　JX-300XP DCS体系结构

1. 硬件体系

与普通DCS硬件体系相同，JX-300XP DCS硬件体系也分为四级。自下而上的现场控制级由各类传感器、变送器、执行器等组成，过程控制级由各个控制站组成，过程管理级由操作站（包括工程师站）等组成，经营管理级由各类管理计算机组成。

在DCS过程控制级配置时，重点配置控制站（Control Station，CS）。

（1）控制站CS配置

对于物理位置、控制功能都相对分散的现场生产过程进行控制的主要硬件设备称为控制站CS。控制站是DCS系统中直接与现场打交道的I/O处理单元，完成整个工业过程的实时监控功能。

控制站可冗余配置，灵活、合理。在同一系统中，任何信号均可按冗余或不冗余连接。**对控制站中的主控制卡、数据转发卡和电源单体，一般采取冗余措施。**

资源2.8
CS类型选择

通过不同的硬件配置和软件设置可构成不同功能的控制站，包括采集站（Data Collection Station，DCS）、逻辑站（Logic Control Station，LCS）和控制站（Process Control Station，PCS）三种类型，它们的核心单元都是主控制卡，如XP243X主控制卡。

过程控制站简称控制站，是传统意义上集散控制系统的控制站，提供常规回路控制的所有功能和顺序控制方案，当控制站主控卡选择XP243X卡件时，其负载能力主要体现在以下方面。

◇ 最大负荷为192个控制回路，包括128个自定义控制回路和64个常规控制回路，控制周期最短可达0.1s；

◇ 最大支持192个AO，512个AI，2048个DI，2048个DO；

◇ 最大支持4096个自定义1字节变量（虚拟开关量），2048个自定义2字节变量（INT、SFLOAT），512个自定义4字节变量（LONG、FLOAT），256个自定义8字节变量。

数据采集站提供对模拟量和开关量信号的基本监视功能，一个数据采集站最多可处理512点模拟量（AI/AO）和2048点开关量信号（DI/DO）。

逻辑控制站提供马达控制和继电器类型的离散逻辑功能，特点是信号处理和控制响应快，控制周期最小可达50ms，逻辑控制站侧重于完成联锁逻辑功能，回路控制功能受到相应的限制。逻辑控制站最大负荷为384点模拟量输入、2048个开关量。

主控制卡是控制站中关键的智能卡件，又叫CPU（或主机卡）。主控制卡以高性能微处理器为核心，能进行多种过程控制站运算和数字逻辑运算，并能通过下一级通信总线获得各种I/O卡件的交换信息，而相应的下一级通信总线称为SBUS。

控制站的子单元是由一定数量的I/O卡件（1~16个）构成的，可以安装在本地控制站内或无防爆要求的远方现场，分别称为I/O单元（IOU）或远程IO单元（RIOU）。

 某DCS系统需要构建，提供的AI信号有300个，AO信号有100个，DI信号有40个，DO信号有15个，需要控制的回路有80个、DO信号有15个，试选择合适的控制站类型。

资源2.9
选择控制站

（2）操作站配置

操作站类型分为工程师站ES，操作站OS和数据站（Data Station，DS）。

■ 工程师站配置

在集散控制系统中工程师站是为专业工程技术人员设计的，内装有相应的组态平台和系统维护工具。JX-300XP DCS的工程师站，主要用于系统维护、系统设置及扩展。由满足一定配置的普通PC或工业PC作硬件平台，系统软件由Windows系统软件和AdvanTrol Pro软件包等组成，通过系统组态平台生成合适于生产工艺要求的应用系统，具体包括系统生成、数据库结构定义、操作组态、流程图画面组态、报表程序编制等。同时，工程师站使用系统的维护工具软件实现过程控制网络调试、故障诊断、信号调校等。

工程师站的硬件配置与操作站基本一致，其硬件也可由操作站硬件代替。

■ 操作（员）站配置

操作（员）站是操作人员完成工艺过程监视、操作、记录等管理任务的操作界面，由高性能的工业PC机、大屏幕彩显和其它辅助设备组成。高性能工控机、卓越的流程图、多窗口画面显示等功能可以方便地实现生产过程信息的集中显示、集中操作和集中管理。

在具体项目中，操作（员）站可冗余配置，配置个数需根据具体要求，如工段、车间、工艺等进行分类配置。

■ 数据站

数据站常用于数据采集和记录任务。

 小型DCS可以用一台高性能、带有丰富辅助设备的工业PC机既做工程师站，又做操作（员）站吗？

2. 网络体系

集散控制系统中的通信系统担负着传递过程变量、控制命令、组态信息及报警信息等任务，是联系过程控制站与操作站的纽带，在集散控制系统中起着十分重要的作用。

JX-300XP系统为了适应各种过程控制规模和现场要求，通信系统对于不同结构层分别采用了自上而下的信息管理网Ethernet、过程控制网SCnet II和现场总线SBUS三层通信网络结构，其典型的拓扑结构如图2-14所示。

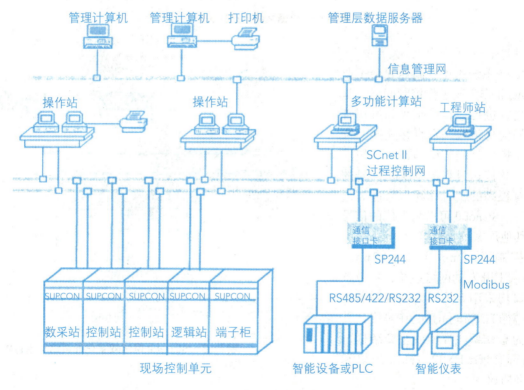

图2-14 JX-300XP DCS网络结构示意图

（1）现场总线SBUS

现场总线SBUS是最底层网络，进行现场控制级和过程控制级之间的信息传输，将现场的各类输入信息传送给控制站，并将控制站的控制指令传送给现场的执行器。

SBUS总线是控制站各卡件之间进行信息交换的通道。SBUS总线由两层构成，即SBUS-S1和SBUS-S2。

主控制卡通过SBUS总线来管理分散于各个机笼的I/O卡件。

第一层为双重化总线SBUS-S2，位于控制站所管辖的I/O机笼之间，连接主控制卡和数据转发卡，是主控制卡与数据转发卡之间进行信息交换的通道，采用EIA的RS-485的电气标准，总线型结构，最多可带16块（8对）数据转发卡，是系统的现场总线。通信距离最远1.2km（使用中继器），采用1:1热冗余。

第二层为SBUS-S1网络，位于各I/O机笼内，连接数据转发卡和各块I/O卡件，是数据转发卡与同机笼内各I/O卡件进行信息交换的通道，采用数据转发卡指挥式的存储转发通信协议，TTL电气标准，网上节点数目最多可带16块智能I/O卡件，SBUS-S1属于系统内局部总线，采用非冗余的循环寻址（I/O卡件）方式。

SBUS-S2和SBUS-S1级之间为数据存储转发关系，按SBUS总线的S2级和S1级进行分层寻址。图2-15为主控制卡与所管辖的卡件机笼之间的连接关系图。

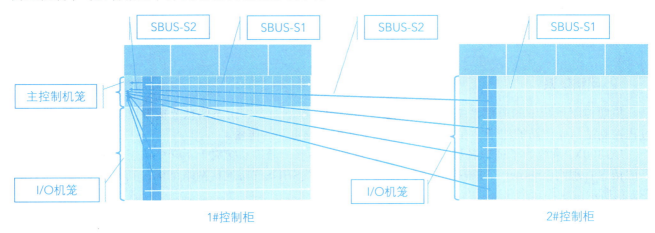

图2-15 机笼之间的连接关系图

（2）过程控制网SCnet-II

JX-300XP系统采用双高速冗余工业以太网SCnetⅡ作为其过程控制网络，是中间层网络，进行过程控制级和过程管理级之间的信息传输，它直接连接系统的控制站、操作站、工程师站、通信接口单元等，是传送过程控制实时信号的通道，具有很高的实时性和可靠性。通过挂接网桥，SCnetⅡ可以与上层的信号管理网或其他厂家设备连接。

过程控制网SCnetⅡ是在10base Ethernet基础上开发的网络系统，各节点的通信接口均采用专用以太网控制器，数据传输遵循TCP/IP和UDP/IP协议，其拓扑结构为总线型、环型或星型结构，通信控制符合IEEE802.3标准协议和TCP/IP标准协议。

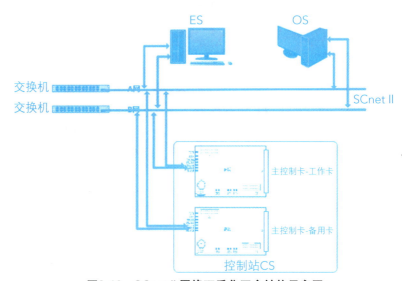

图2-16 SCnetⅡ网络双重化冗余结构示意图

XP243X为主控制卡时，一个SCnetⅡ网络最大可挂接63个控制站和72个操作站。

JX-300XP SCnetⅡ网络采用双重化冗余结构，即控制网络采用冗余连接，分两个网络128.128.1.*和128.128.2.*，如图2-16所示。在双重冗余网络连接方式下，当其中任一条通信网络发生故障的情况下，通信网络仍能保持正常的数据传输。

（3）信息管理网Ethernet（可选网络层）

信息管理网Ethernet是最高层网络，采用符合TCP/IP协议的以太网，是过程管理级与经营管理级之间的信息传输通道，连接了各个控制装置的网桥以及企业内各类管理计算机，用于工厂级信息的传送和管理，是实现全厂综合管理的信息通道。同样，信息管理网是可选网络层，没有信息管理网也可以进行生产过程的控制。

信息管理网通过在多功能站MFS上安装双重网络接口（信号管理和过程控制网络）转接的方法，获取集散控制系统中过程参数和系统运行信号，同时向下传送上层管理计算机的调度指令和生产指导信号。管理网采用大型网络数据库实现信号共享，并可将各种装置的控制系统连入企业信号管理网，实现工厂级的综合管理、调度、统计和决策等。

信息管理网的拓扑结构一般采取总线型或星型结构，通信控制符合IEEE802.3标准协议和TCP/IP标准协议，网上站数最多为1024个，通信距离最大为10km，信息管理网开发平台采用PIMS软件。

3. 软件体系

为进行系统设计并使系统正常运行，JX-300XP系统除硬件设备外，还配备了进行组态、数据服务和实时监控等功能的AdvanTrol Pro软件包，即系统软件，其是基于Windows操作系统的自动控制应用软件平台。

AdvanTrol Pro系统软件采用多任务、多线程，具有良好的开放性能。运行环境配置要求的主机至少是满足奔腾IV（1.8G）以上的工控PC机，内存≥256MB；显示适配器的显存≥16MB，显示模式可设置1024×768，增强色（16位）；主机硬盘推荐配置80G以上；操作系统中文版Windows2000Professional + SP4或Windows XP + SP2。

需要注意的是与主控制卡XP243X配套使用的控制系统软件是AdvanTrol Pro V2.5 + SP06及以上版本软件和Sup View V3.1及以上版本软件。

AdvanTrol Pro系统软件分成系统组态软件和系统运行监控软件。

（1）系统组态软件

系统组态软件通常安装在工程师站，主要包括用户授权管理软件（SCReg）、系统组态软件（SCKey，全面支持各类控制方案）、图形化编程软件（SCControl）、语言编程软件（SCLang）、流程图制作软件（SCDrawEx）、报表制作软件（SCFormEx）、二次计算组态软件（SCTask）、ModBus协议外部数据组态软件（AdvMBLink）等。

系统组态软件以SCKey为核心，各功能软件之间通过对象链接与嵌入技术，动态地实现模块间各种数据、信息的通讯、控制和管理。各功能软件彼此配合，相互协调，共同构成了一个全面支持SUPCON WebFeild系统结构及功能组态的软件平台。

（2）系统运行监控软件

系统运行监控软件安装在操作员站和运行的服务器、工程师站中，主要包括实时监控软件（AdvanTrol）、数据服务软件（AdvRTDC）、数据通信软件（AdvLink）、报警记录软件（AdvHisAlmSvr）、趋势记录软件（AdvHisTrdSvr）、ModBus数据连接软件（AdvMBLink）、OPC数据通信软件（AdvOPCLink）、OPC服务器软件（AdvOPCServer）、网络管理和实时数据传输软件（AdvOPNet）、历史数据传输软件（AdvOPNetHis）等。

系统运行监控软件主要完成界面显示、数据服务等基本功能。

任务1 实施

本任务的主要内容是：搭建锅炉产汽DCS系统的整体框架

环节1 分析I/O类型及数量

系统提供了45个I/O点，共有六种数据类型：模拟量输入信号AI共20个点，模拟量输出信号AO共6个点，开关量输入信号DI共4个点，开关量输出信号DO共2个点，热电偶输入信号TC共7个点，热电阻输入信号RTD共6个点。热电偶TC和热电阻RTD都是模拟量输入信号AI。因此，分析该锅炉产汽DCS系统I/O点，汇总AI、AO、DI和DO如表2-3所示。

表2-3 锅炉产汽DCS项目的I/O汇总表

序号	I/O	数量（点）
1	AI	33
2	AO	6
3	DI	4
4	DO	2
总点数		45

环节2 | 选择锅炉产汽DCS系统主要设备

用户建议系统采用三级结构，自下而上分别为现场控制级、过程控制级和过程管理级。针对每个级别，选择主要设备。

（1）现场控制级设备

根据表2-1，系统I/O测点为45个点。分析I/O测点，均为检测变送单元输出信号或执行器输入信号，即该系统现场控制级设备最大容量是45点。

（2）过程控制级设备

◆ 控制站类型选择

过程控制级设备主要包括过程控制站PCS、数据采集站DAS和逻辑控制站LCS三种，根据表2-2，该系统需要实施控制的回路有三个，即过程控制级设备不仅需要进行数据采集，更重要的是进行回路控制，因此，需要选择的控制站类型是PCS或LCS。

进一步分析表2-1所示测点清单，系统控制输出信号既有AO信号，又有DO信号，核心是回路控制（AO），综合考虑PCS和LCS的区别，选择控制站类型是PCS。

◆ 确定控制站数量

用户要求选择XP243X为主控制卡，其过程控制站的最大支持192个AO，512个AI，2048个DI和2048个DO，根据表2-3，本系统的I/O点数均未超出一张（对）主控制卡的负载能力。因此，本项目初定控制站数量为1个，且为过程控制站（PCS，控制站）类型。

同时，基于安全考虑，用户要求控制站主控制卡采用1：1的待机运转方式进行冗余，即需要配置一对互为冗余的主控制卡。

▶ 资源2.10 ◀
主控制卡与控制站

💡 想一想 | 一个（对）主控制卡能够代表是一个控制站吗？

◆ 拟定操作站数量

用户对过程管理提出的需求是1个工程师站和2个操作站，即本项目过程管理级设备初定3个站点、1个ES和2个OS。

同时，基于安全考虑，用户要求工程师站采用1：1的待机运转方式进行冗余，即需要配置2台ES，其中1个ES进行热备份，另1个ES进行冷备份。

因此，本项目过程管理级设备需要配置2个ES、2个OS，共4个站点。

环节3 | 确定锅炉产汽DCS系统网络连接

用户建议系统体系采用三级结构，因此涉及网络连接的是现场总线SBUS和过程控制网SCnet Ⅱ。

① 现场总线SBUS连接45个现场控制级设备和1个过程控制级设备，且SBUS-S2是1：1双重冗余网络。

② 过程控制网SCnet Ⅱ是双重冗余网络，连接1个过程控制级设备-PCS和4个过程管理级设备-2个ES和2个OS。

环节4 | 绘制锅炉产汽DCS体系结构图

基于以上三个环节的任务实施,绘制如图2-17所示的锅炉产汽DCS整体架构图。

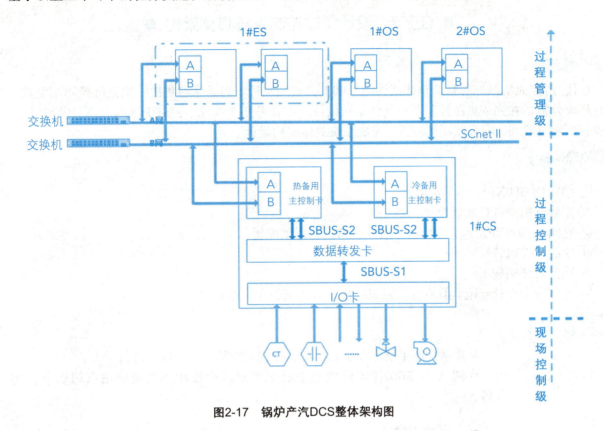

图2-17 锅炉产汽DCS整体架构图

任务1 拓展

① 在表2-1锅炉产汽DCS项目的I/O测点清单中,AO测点拓展新增加200个。

② 在锅炉产汽DCS项目的管理要求中,2个操作员站也进行1:1待机运作方式冗余配置。

将以上拓展要求增加至锅炉产汽DCS项目的整体架构设计任务中,重新设计锅炉产汽DCS整体架构。

素质拓展阅读

继承与创新

继承不是照搬照抄,而是加以合理的取舍;创新不是离开传统另搞一套,而是对原有事物合理部分的发扬光大。只创新不继承,认为以前的经验和传统已经完全过时,所以不用继承;或者只继承不创新,认为继承就是"原封不动",完全照搬老经验,对新观念、新事物、新办法不愿接受和尝试,这两者都是极端的表现。

创新和继承并不是两个孤立的概念,应当坚持在继承中发展,在进取中创新。不善于继承,则没有创新的基础;不善于创新,则缺乏继承的活力。而在继承基础上的创新,往往是最好的继承。也就为我们摆正了"继承"和"创新"的关系:要首先继承学习古今中外优秀的成果,使自己先拥有了渊博的知识、较强的技能时,才能谈"创新",而"继承"是"创新"的前提,不学习不继承就无法"创新"。

我们所学习的JX-300XP集散控制系统是浙江中控技术有限公司于1997年在原有系统的基础上,全面提高系统性能,运行新技术推出的新一代集散控制系统。该系统具有高速可靠的数据输入、输出、运算、过程控制功能和PLC联锁逻辑功能,能适应更广泛、更复杂的应用要求,是一个全数字化、结构灵活、功能完善的新型开放式集散控制系统。

正是浙江中控这样敢于创新的国内知名企业,在产品研发升级的同时考虑到国内外设备兼容性、控制功能和性能、应用广泛性及性价比等方面因素,才使得他们在DCS领域占有较大的市场份额,成为行业的佼佼者。这也启示我们在学习中一定要处理好继承和创新的辩证关系，学会取其精华，去其糟粕，在继承基础上的创新。

● 任务2 设计集散控制系统具体架构 ●

任务2 说明

在任务1完成集散控制系统整体架构的基础上，查阅文档资料、学习集散控制系统控制站配置，进行控制规模分析，并完成集散控制系统具体架构设计。本任务基于浙江中控SUPCON的JX-300XP DCS，针对项目二学习案例，完善控制站配置，完成系统具体架构设计。

任务2 要求

① 熟知JX-300XP控制站结构；
② 正确分析系统控制规模；
③ 查阅JX-300XP技术文档资料，对控制站进行详细配置；
④ 绘制卡件机笼配置图；
⑤ 绘制具体架构图；
⑥ 遵守安全设计规范，具有安全意识、成本节约意识和发展意识。

任务2 学习

笔记

对集散控制系统的控制站结构、控制规模及主要卡件等进行学习。
查阅《JX-300XP硬件使用手册》《浙江中控DCS系统应用入门手册》等文档资料。

一、系统规模

JX-300XP DCS的过程控制网SCnetⅡ连接工程师站、操作站、控制站和其他功能站点，完成站与站之间的数据交换，无论是OS、ES还是CS等站点，皆为SCnetⅡ的网络节点。SCnetⅡ可以接多个SCnetⅡ子网，形成一种组合结构。每个SCnetⅡ网理论上最多可带1024个网络节点，最远可达10000m。目前已实现的1个控制区域包括63个控制站、72个操作站/工程师站，最大容量为64512点。

资源2.11
控制站配置

动手试一试　某锅炉DCS系统规模是200点，试配置控制站最小站数。

二、JX-300XP DCS控制站结构

JX-300XP DCS控制站基于机柜、安装机笼、卡件等相关部件组成。

1. 控制站机柜

JX-300XP控制站机柜有XP202、XP202X、XP204和XP209四种型号。
① XP202机柜。采用立柱19英寸标准，安装有交流配电箱。最多安装1个XP251电源箱机笼、4个XP211卡件机笼。
② XP202X机柜。大容积率机柜，最多可支持1个XP251电源箱机笼和6个卡件机笼的安装。
③ XP204机柜。经常用作辅助机柜。
④ XP209机柜。最多可安装1个XP251电源箱机笼，2个XP211卡件机笼，常用作远程机柜。

2. 控制站机笼

JX-300XP控制机柜中可安装电源机笼XP251和卡件机笼XP211两种。

（1）XP251电源机笼

XP251电源机笼可安装4个XP251-1电源单体（系统配套电源，可分别输出5V和24V直流电压），如图2-18所示。在实际应用中，XP251电源机笼的4个XP251-1电源单体常按照1∶1冗余配置，即分两组电源，每组两块电源单体互为冗余，如图2-19所示。

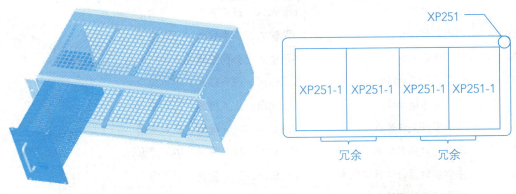

图2-18　电源机笼　　　　图2-19　电源模块冗余结构

（2）XP211卡件机笼

XP211是JX-300XP DCS的机笼，提供20个卡件插槽、2个主控制卡插槽、2个数据转发卡插槽和16个I/O卡插槽，以及1组系统扩展端子（用于冷端温度集中采集和SOE网络连接）、4个SBUS-S2网络接口（DB9针型插座，用于卡件机笼直接的互连）、1组电源接线端子（给机笼中20个卡件提供5V和24V直流电源）和16个I/O端子接口插座（配合插拔端子板把I/O信号引至相应的卡件上），如图2-20所示。

以XP202机柜为例，其内部以机笼为单位，机笼固定在机柜的多层机架上，每个机柜最多配置5个机笼，即1个电源箱机笼和4个卡件机笼（可配置控制站各类卡件），机柜中机笼配置结构如图2-21所示。

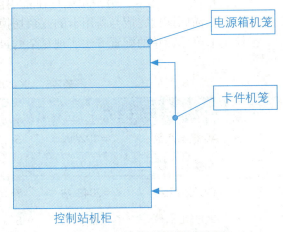

图2-20　XP211卡件机笼　　　　图2-21　机笼配置结构框图

3. 控制站卡件

每个XP211卡件机笼，最多可配置2块主控制卡、2块数据转发卡和16块各类I/O卡件。JX-300XP系统主要支持的卡件型号及性能如表2-4所示。

资源2.12
卡件实物

表2-4 主要支持的卡件型号及性能

型号	卡件名称	性能及输入/输出点数
XP243X	主控制卡（ScnetⅡ）	负责采集、控制和通信等，可冗余
XP244	通讯接口卡（ScnetⅡ）	RS232/RS485/RS422通信接口，与PLC、智能设备等通信
XP233	数据转发卡	SBUS总线标准，用于扩展I/O单元，可冗余
XP313I	电流信号输入卡	6路输入，可配电，点点隔离，可冗余
XP314I	电压信号输入卡	6路输入，点点隔离，可冗余
XP316I	热电阻信号输入卡	4路输入，点点隔离，可冗余
XP335	脉冲量信号输入卡	4路输入，分两组隔离，不可冗余，可对外配电
XP341	PAT卡（位置调整卡）	2路输出，统一隔离，不可冗余
XP322	模拟信号输出卡	4路输出，点点隔离，可冗余
XP361	电平型开关量输入卡	8路输入，统一隔离，不可冗余
XP362	晶体管触点开关量输出卡	8路输出，统一隔离，不可冗余
XP362（B）	晶体管触点开关量输出卡	8路输出，统一隔离，不可冗余
XP363	触点型开关量输入卡	8路输入，统一隔离，不可冗余
XP363（B）	触点型开关量输入卡	8路输入，统一隔离，不可冗余
XP369	SOE信号输入卡	8路输入，统一隔离，不可冗余
XP369（B）	SOE信号输入卡	8路输入，统一隔离，不可冗余

（1）主控制卡XP243X

主控制卡必须插在卡件机笼最左端的两个槽位。在一个控制站内，主控制卡通过SBUS网络可以挂接8个IO或远程IO单元（即8个机笼），8个机笼必须安装在两个或者两个以上的机柜内。主控制卡是控制站的核心，可以冗余配置，保证实时过程控制的完整性。

主控制卡可冗余配置，也可单卡工作。冗余配置的两块主控制卡执行同样的应用程序，一块运行在工作模式，称之为工作卡，另一块运行在备用模式，称之为备用卡。当发生需要切换的故障时，主控制卡可在一个扫描周期内完成与备用卡的冗余切换。

主控制卡可用简单的配置方法实现复杂的过程控制，最大配置点数见表2-5所示。

表2-5 JX-300XP DCS控制站信号配置

序号	信息	点数	序号	信息	点数
1	AO模出点数	<＝192/站	5	控制回路	192个/站（128自定义回路、64常规回路）
2	AI模入点数	<＝512/站	6	存储空间	7M
3	DI开入点数	<＝2048/站	7	秒定时器	256个
4	DO开出点数	<＝2048/站	8	分定时器	256个

（2）数据转发卡

数据转发卡XP233是JX-300XP系统卡件机笼的核心单元，是主控制卡连接I/O卡件的中间环节，其主要作用是驱动SBUS总线和管理本机笼的I/O卡件。

通过数据转发卡XP233，一块主控制卡（XP243X/XP243）可扩展1到8个机笼，即可以扩展到1到128个不同功能的I/O卡件。数据转发卡与主控制卡、I/O卡在JX-300XP系统中的连接结构如图2-22所示。

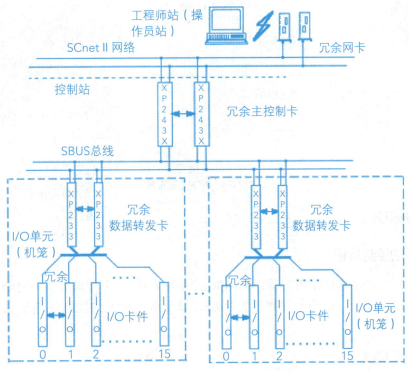

图2-22 数据转发卡驱动SBUS网络结构图

（3）卡件的配置

卡件机笼XP211共提供20个卡件插槽，分别可插放2块主控制卡XP243X、2块数据转发卡XP233和16块I/O卡（见表2-4）。具体的配置规则有：

■ 机柜的第一个卡件机笼必须配置主控制卡，且放置在从卡件机笼左侧起始的第1个和第2个槽位（如果主控制卡冗余配置）；

■ 系统规模如需配置第2~8个卡件机笼，其余2~8个卡件机笼的第1~2个槽位空缺；

■ 每个卡件机笼（1~8）从左起第3~4个槽位用于放置数据转发卡，可冗余配置，数据转发卡是每个I/O机笼必配的卡件；

■ 如果数据转发卡按非冗余方式配置，则数据转发卡件可插在这两个槽位中的任何一个，空缺的一个槽位不可作为I/O槽位使用。

在实际应用中，常将控制站机柜中配置有主控制卡的卡件机笼称为主控制机笼，如图2-23所示；其余卡件机笼称为I/O机笼，如图2-24所示。

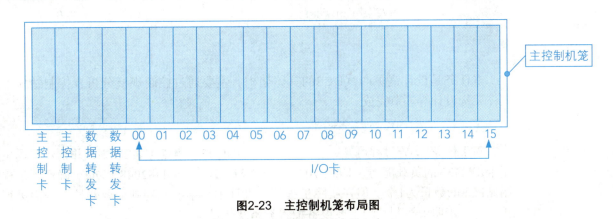

图2-23 主控制机笼布局图

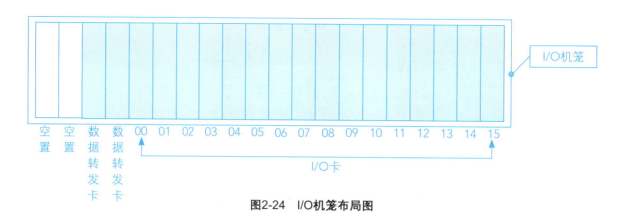

图2-24 I/O机笼布局图

三、控制站规模分析

1. 卡件机笼的控制规模

查阅表2-4或JX-300XP硬件使用手册,JX-300XP系统常用I/O卡件最大是8点I/O规模,而每个机笼最多可插放的I/O卡件数量为16块,单个卡件机笼的控制规模最大为128点。

资源2.14
规模分析动图

2. 机柜的控制规模

以XP202机柜为例,一个机柜最多可安装的卡件机笼为4个,而每个机笼最大的控制规模是128点,XP202机柜最大的控制规模为512点。

3. 控制站的控制规模

浙江中控WebField的JX-300XP系统每个控制站最多可挂接8个I/O机笼,如选择XP202机柜,则需配置2个机柜,安装8个卡件机笼,即控制站的最大控制规模是1024点。

4. 控制区域的控制规模

过程控制网SCnet Ⅱ连接系统的工程师站、操作员站和控制站等,完成站与站之间的数据交换。SCnet Ⅱ可以接多个SCnet Ⅱ子网,形成一种组合结构。1个控制区域包括63个控制站、72个操作员站或工程师站,总容量64512点。其系统规模如表2-6所示

表2-6 JX-300XP系统规模

范围	操作站	控制站	每站机笼数
允许值	≤72	≤63	≤8

任务2 实施

本任务是设计锅炉产汽DCS的具体架构,主要通过控制规模分析、控制站配置、具体架构设计等环节完成。

环节1 控制规模分析

基于任务1实施过程可知,锅炉产汽DCS共有45个测点(表2-1),并初步根据主控制卡XP243X的负载能力(192个AO,512个AI,2048个DI和2048个DO)确定了过程控制站PCS的数量为1个。但在实际工程项目设计中,系统架构则需要对控制规模进行分析,进一步明确控制站的主要设备配置类型及数量。

查阅表2-1锅炉产汽DCS的I/O信号类型，本系统的总规模为45点：

① AI信号33点，其中：模拟量电流输入信号20点、模拟量电压输入信号7点（热电偶输入信号）、模拟量热电阻输入信号6点。

> **想一想** 热电偶输入信号为什么属于模拟量电压输入信号？

▶ 资源2.15 ◀
热电偶输入信号类型

② AO信号6点，均为模拟量电流输出信号。
③ DI信号4点，均为触点型开关量输入信号。
④ DO信号2点，均为触点型开关量输出信号。

环节2 | 控制站配置

1. 卡件配置

基于环节1控制规模分析，查阅表2-4卡件机笼主要卡件型号及性能，进行卡件配置。暂不考虑系统扩展，按最小规模，具体步骤有：

- 模拟量电流输入信号20点，需配置6路的模拟量电流输入卡XP313I共4块；
- 模拟量电压输入信号7点，需配置6路的模拟量电压输入卡XP314I共2块；
- 模拟量热电阻输入信号6点，需配置4路的热电阻输入卡XP316I共2块；
- 模拟量电流输出信号6点，需配置4路的模拟量输出卡XP322共2块；
- 触点型开关量输入信号4点，需配置8路的触点型开关量输入卡XP363/XP363（B）共1块；
- 触点型开关量输出信号2点，需配置8路的晶体管触点开关量输出卡XP362/XP362（B）共1块。

基于以上卡件配置，完成如表2-7所示的I/O卡件配置清单。

表2-7 锅炉产汽DCS的I/O卡件配置清单

序号	I/O卡件型号	I/O卡件数量	最大点数	需配置点数	剩余点数
1	XP313I	4	24	20	4
2	XP314I	2	12	7	5
3	XP316I	2	8	6	2
4	XP322	2	8	6	2
5	XP363/XP363（B）	1	8	4	4
6	XP362/XP362（B）	1	8	2	6
汇总		12	68	45	23

2. 卡件机笼配置

卡件机笼XP211最大可插放16张I/O卡，表2-7所示配置清单共有12块I/O卡，因此锅炉产汽DCS仅需配置一个XP211卡件机笼，且是带有主控制卡的主控制机笼。配置主控制卡和数据转发卡有：

- 项目要求主控制卡冗余配置，结合任务一完成内容，主控制卡配置了2块XP243X。
- 因系统仅需一个主控制机笼，同时要求数据转发卡冗余，即需配置2块互为冗余的数据转发卡XP233。

基于主控制机笼的卡件配置，绘制如图2-25所示的主控制机笼布局图。

通过任务学习明确了一个卡件机笼最大的规模数是128点，而本系统任务实施中配置了一个卡件机笼，且规模是45点，则按最小系统配置，一个卡件机笼是合理的。

图2-25　锅炉产汽DCS主控制机笼布局图

3. 机柜配置

如选择XP202机柜，一个机柜最多可安装4个卡件机笼，本项目已配置了一个卡件机笼，且为主控制机笼；另系统规模45点，负载较少，按最小系统设计，可为XP202机柜配置XP251电源箱机笼一个，并配置2块互为冗余的电源单体XP251-1。

本项目机柜配置如图2-26所示。

图2-26　锅炉产汽DCS机柜布局图

通过任务学习明确了一个机柜（XP202）最大的规模数是512点，而本系统任务实施中配置了一个机柜，系统总规模是45点，则按最小系统配置，一个机柜也是合理的。

4. 控制站配置

每个控制站最多可挂接8个I/O机笼，本项目仅需配置1个卡件机笼XP211，并配置了1个XP202机柜，因此控制站需要配置1个，且为过程控制站类型。

控制站仅用了一个控制柜，控制站的布局图与图2-26相同，这里就不再重复。

环节3 绘制具体架构图

基于任务1完成的锅炉产汽DCS整体架构，进一步细化控制站硬件配置，设计本项目具体架构如图2-27所示。

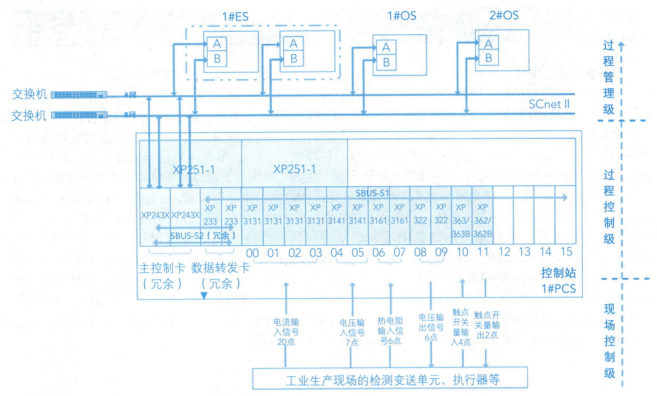

图2-27　锅炉产汽DCS具体架构图

任务2　拓展

在锅炉产汽DCS系统的管理要求中，拓展以下内容：
① 2个操作员站也进行1∶1待机运作方式冗余配置。
② 考虑系统扩展或备份，为每类I/O卡件配置1块备用卡件。
将以上拓展要求增加至锅炉产汽DCS项目的具体架构设计任务中。

素质拓展阅读

沟通的作用

沟通，是建立人际关系的桥梁。在当今的信息时代，工作、生活节奏越来越快，人与人之间的思想需要加强交流；社会分工越来越细，信息层出不穷，现代行业之间迫切需要互通信息，这一切都离不开沟通。

而外交，是国家间的沟通渠道。中国一直以来虚心地倾听世界的声音，以开放包容的心态加强与外界的对话与沟通，这是中国外交应有的胸怀。构建中国特色大国外交话语体系，应当符合中国外交实践的现实需要，既能客观如实地表达国家战略文化、意识形态、重大利益、外交政策等内容，发挥语言最基本的沟通作用，又能传播中国理念、扩大中国影响、提升中国形象，产生更大的吸引力、说服力和感染力，从而更好地维护国家的正当权益。

数据转发卡XP233是JX-300XP系统卡件机笼的核心单元，是主控制卡连接I/O卡件的中间环节，其主要作用是在主控制卡和I/O卡件之间起到了数据传递作用，架起了一座数据信息沟通和传递的桥梁。所以，不论在人与人之间，还是机器与机器之间的信息传递，都需要有沟通的桥梁作为一个传递介质，并达到协调、高效的运转状态。

在学习、生活和工作中，我们每个人都尝过沟通不畅的苦果，也享受过良性沟通的顺畅。沟通是人与人之间、人与群体之间思想与感情的传递和信息及思想的传播。沟通是一种能力，一种生存的本领，是一个途径，也是一种方法，我们要学会有效沟通。

项目二 自测评估

甲醛生产DCS项目

甲醛是重要的有机化工原料，广泛应用于树脂合成、工程塑料聚甲醛、农药、医药、染料等行业。含甲醛35%～55%的水溶液，商品名为福尔马林，主要用于生产聚甲醛、酚醛树脂、乌洛托品、季戊四醇、合成橡胶、胶黏剂等产品，在农业和医药部门也可用于杀虫剂或消毒剂。按所使用的催化剂类型，分为两种生产方法：一种以金属银为催化剂；另一种以铁、钼、钒等金属氧化物为催化剂，简称铁钼法。目前，国内主要采用银法，大多采用电解银作为催化剂，在爆炸上限以外（甲醇浓度大于36%）进行生产，催化剂寿命约为2～8个月；此外，还要求甲醛纯度较高，由于甲醇过量，脱氢过程生成的氢不能完全氧化，尾气中常含20%左右的H_2。另外还有一些副反应产物，如CO、CO_2、甲酸、甲烷等。

甲醛生产过程：原料甲醇由高位槽进入蒸发器加热，水洗后经过加热到蒸发器的甲醇层（约50℃），为甲醇蒸汽所饱和，并与水蒸气混合；然后通过加热器加热到100～120℃，经阻火器和加热器进入氧化反应器；反应器的温度一般控制在600～650℃，在催化剂的作用下，大部分甲醇即转化为甲醛。为控制副反应产生并防止甲酸分解，转化后气体冷却到100～120℃，进入吸收塔，先用37%左右的甲醛水溶液吸收，再用稀甲醛或水吸收未被吸收的气体从塔顶排出，送到尾气锅炉燃烧，提供热能。甲醛生产蒸发氧化工序流程如图2-28所示，吸收工序流程如图2-29所示。

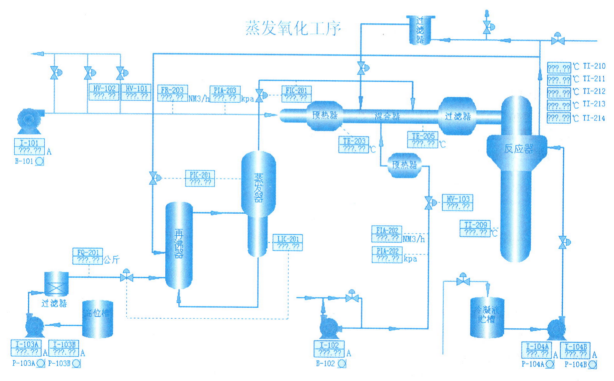

图2-28　甲醛生产蒸发氧化工序流程图

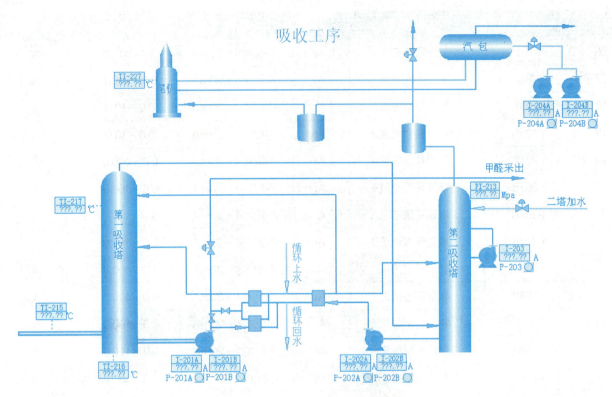

图2-29 甲醛生产吸收工序流程图

汇总甲醛生产现场各类检测信号及控制输出信号,I/O测点清单见表2-8所示。

表2-8 甲醛生产DCS项目I/O测点清单

序号	位号	描述	I/O	类型	量程/ON描述	单位/OFF描述
1	PIA-203	系统压力	AI	配电4~20mA	0.0~60.0	kPa
2	PI-201	蒸发器压力	AI	配电4~20mA	0.0~120.0	kPa
3	PIA-202	尾气压力	AI	配电4~20mA	0.0~60.0	kPa
4	PI-202R101	蒸汽压力	AI	配电4~20mA	0.0~3.0	MPa
5	PI-213	二塔顶压力	AI	配电4~20mA	0.0~10.0	kPa
6	FR-203	风量	AI	配电4~20mA	0.0~4500.0	Nm^3/h
7	FI-201	甲醇气流量	AI	配电4~20mA	0.0~2000.0	Nm^3/h
8	FI-204	配料蒸汽流量	AI	配电4~20mA	0.0~2000.0	Nm^3/h
9	FIA-202	尾气流量	AI	配电4~20mA	0.0~3500.0	Nm^3/h
10	LI-201	蒸发器液位	AI	配电4~20mA	0.0~100.0	%
11	LI-202	废锅液位	AI	配电4~20mA	0.0~100.0	%
12	LI-205	V201液位	AI	配电4~20mA	0.0~100.0	%
13	LI-203	一塔底液位	AI	配电4~20mA	0.0~100.0	%
14	LI-204	二塔底液位	AI	配电4~20mA	0.0~100.0	%
15	LI-206	汽包液位	AI	配电4~20mA	0.0~100.0	%

续表

序号	位号	描述	I/O	类型	量程/ON描述	单位/OFF描述
16	I-101	空气风机电流	AI	不配电4~20mA	0.0~312.0	A
17	I-102	尾气风机电流	AI	不配电4~20mA	0.0~250.0	A
18	I-103A	甲醇上料泵电流A	AI	不配电4~20mA	0.0~10.0	A
19	I-103B	甲醇上料泵电流B	AI	不配电4~20mA	0.0~10.0	A
20	I-201A	一塔循环泵电流A	AI	不配电4~20mA	0.0~100.0	A
21	I-201B	一塔循环泵电流B	AI	不配电4~20mA	0.0~100.0	A
22	I-202A	二塔循环泵电流A	AI	不配电4~20mA	0.0~140.0	A
23	I-202B	二塔循环泵电流B	AI	不配电4~20mA	0.0~140.0	A
24	I-104A	软水泵电流A	AI	不配电4~20mA	0.0~400.0	A
25	I-104B	软水泵电流B	AI	不配电4~20mA	0.0~400.0	A
26	I-203	二塔中循环泵电流	AI	不配电4~20mA	0.0~100.0	A
27	I-204A	汽包给水泵电流A	AI	不配电4~20mA	0.0~150.0	A
28	I-204B	汽包给水泵电流B	AI	不配电4~20mA	0.0~150.0	A
29	I-111A	点火电流A	AI	不配电4~20mA	0.0~30.0	A
30	I-111B	点火电流B	AI	不配电4~20mA	0.0~30.0	A
31	I-111C	点火电流C	AI	不配电4~20mA	0.0~30.0	A
32	TI-210	氧化温度1	TC	K	0.0~800.0	℃
33	TI-211	氧化温度2	TC	K	0.0~800.0	℃
34	TI-212	氧化温度3	TC	K	0.0~800.0	℃
35	TI-213	氧化温度4	TC	K	0.0~800.0	℃
36	TI-214	氧化温度5	TC	K	0.0~800.0	℃
37	TI-227	尾气锅炉温度	TC	K	0.0~800.0	℃
38	FQ-201	甲醇流量	TC	1~5V	0.0~4000.0	公斤
39	TE-203	空气过热温度	RTD	Pt100	0.0~150.0	℃
40	TE-205	混合气温	RTD	Pt100	0.0~150.0	℃
41	TI-209	废锅温度	RTD	Pt100	0.0~150.0	℃
42	TI-215	R201出口温度	RTD	Pt100	0.0~150.0	℃
43	TI-216	A201温度	RTD	Pt100	0.0~150.0	℃
44	TI-217	A201顶温	RTD	Pt100	0.0~150.0	℃
45	LV-201	蒸发器液位调节	AO	Ⅲ型；正输出		
46	PV-201	蒸发器压力调节	AO	Ⅲ型；正输出		
47	FV-201	甲醇气流量调节	AO	Ⅲ型；正输出		
48	FV-204	配料蒸汽流量调节	AO	Ⅲ型；正输出		

续表

序号	位号	描述	I/O	类型	量程/ON描述	单位/OFF描述
49	TV-210	氧温自动调节阀	AO	Ⅲ型；正输出		
50	HV-101	空气放空调节阀A	AO	Ⅲ型；正输出		
51	HV-102	空气放空调节阀B	AO	Ⅲ型；正输出		
52	TV-214	氧化温度5调节	AO	Ⅲ型；正输出		
53	HV-103	尾气流量手操	AO	Ⅲ型；正输出		
54	LV-202	废锅液位调节	AO	Ⅲ型；正输出		
55	LV-205	V201液位	AO	Ⅲ型；正输出		
56	LV-203	一塔底液位调节	AO	Ⅲ型；正输出		
57	LV-204	二塔底液位调节	AO	Ⅲ型；正输出		
58	LV-206	汽包液位控制	AO	Ⅲ型；正输出		
59	WQV-202	尾气流量压力控制	AO	Ⅲ型；正输出		
60	PV-203A	高压补低压	AO	Ⅲ型；正输出		
61	PV-203B	蒸汽放空	AO	Ⅲ型；正输出		
62	B-101	空气风机运行状态	DI	NO；触点型	启动	停止
63	B-102	尾气风机运行状态	DI	NO；触点型	启动	停止
64	P-103A	甲醇上料泵运行状态A	DI	NO；触点型	启动	停止
65	P-103B	甲醇上料泵运行状态B	DI	NO；触点型	启动	停止
66	P-104A	软水泵运行状态A	DI	NO；触点型	启动	停止
67	P-104B	软水泵运行状态B	DI	NO；触点型	启动	停止
68	P-201A	一塔循环泵运行状态A	DI	NO；触点型	启动	停止
69	P-201B	一塔循环泵运行状态B	DI	NO；触点型	启动	停止
70	P-202A	二塔循环泵运行状态A	DI	NO；触点型	启动	停止
71	P-202B	二塔循环泵运行状态B	DI	NO；触点型	启动	停止
72	P-203	二塔中循环泵运行状态	DI	NO；触点型	启动	停止
73	P-204A	汽包给水泵运行状态A	DI	NO；触点型	启动	停止
74	P-204B	汽包给水泵运行状态B	DI	NO；触点型	启动	停止
75	LAH206	汽包水位高报	DI	NO；触点型	水位高	
76	LAL206	汽包水位低报	DI	NO；触点型	水位低	
77	Q-101	空气风机切换	DO	NO；触点型	开	关
78	Q-102	尾气风机切换	DO	NO；触点型	开	关
79	Q-103A	甲醇上料泵切换A	DO	NO；触点型	开	关
80	Q-103B	甲醇上料泵切换B	DO	NO；触点型	开	关
81	Q-104A	软水泵切换A	DO	NO；触点型	开	关

续表

序号	位号	描述	I/O	类型	量程/ON描述	单位/OFF描述
82	Q-104B	软水泵切换B	DO	NO；触点型	开	关
83	ZV-01	二塔顶放空	DO	NO；触点型	开	关
84	Q-201A	一塔循环泵切换A	DO	NO；触点型	开	关
85	Q-201B	一塔循环泵切换B	DO	NO；触点型	开	关
86	Q-202A	二塔循环泵切换A	DO	NO；触点型	开	关
87	Q-202B	二塔循环泵切换B	DO	NO；触点型	开	关
88	Q-204A	汽包给水泵切换A	DO	NO；触点型	开	关
89	Q-204B	汽包给水泵切换B	DO	NO；触点型	开	关

该项目主要对蒸发器压力和液位、甲醇气流量实施回路控制，控制方案见表2-9所示。

表2-9 甲醛生产DCS控制方案

序号	控制方案注释、回路注释	回路位号	控制方案	PV	MV
00	蒸发器压力控制	PIC-201	单回路	PI-201	PV-201
01	蒸发器液位控制	LIC-201	单回路	LI-201	LV-201
02	甲醇气流量控制	FIC-201	单回路	FI-201	FV-201

本项目拟基于浙江中控JX-300XP进行DCS系统设计，具有以下建议和需求。

① 系统体系建议采用三级结构，控制站建议选择XP243X为主控制卡；

② 项目设计与组态等工程人员分为两组，系统操作人员按蒸发氧化和吸收两个工序分为两组实施监控与运行维护；

③ 系统的电源模块、主控制卡、全部AO信号、SBUS-S2、过程控制网采用1∶1冗余配置。

请完成甲醛生产DCS架构设计：

① 提供完整架构图；

② 提供电源箱机笼配置图、卡件机笼配置图、机柜配置图、控制柜布置图；

③ 提供机柜、电源箱机笼、电源单体、卡件机笼、卡件等控制站主要硬件配置表；

④ 提供具体的架构图。

项目二 评估标准

项目二学习评估标准

评估点	精度要求	配分	评分标准	评分
控制网络	连接正确	5	错一处扣5分	
现场网络	连接正确	5	错一处扣5分	
现场控制级	信号流向正确，连接正确	10	错/漏一处扣2分	
控制站	类型正确、数量合理	10	错一项扣1分	

续表

评估点	精度要求	配分	评分标准	评分
机柜	机柜数量合理	5	数量错扣5分	
机笼	机笼配置正确，数量合理	10	错一项扣5分	
卡件	卡件类型正确，数量合理	20	错一项扣2分	
操作站	数量配置合理	5	数量错扣6分	
工程师站	数量配置合理	5	数量错扣3分	
架构图	架构正确，卡件布置正确	15	错一处扣3分	
自主学习	卡件冗余配置	5		
创新成果		5		

项目二　学习分析与总结

自我分析与总结

项目三

简单集散控制系统组态与仿真运行

学习目标

知识目标

① 能简述集散控制系统组态流程；
② 能识记DCS总体信息组态内容；
③ 能识记DCS控制站组态内容；
④ 能识记DCS操作站组态内容；
⑤ 能简述DCS实时监控主要功能；
⑥ 能简述DCS仿真测试步骤。

技能目标

① 会分析I/O点类型，设计《测点清单》；
② 会配置主要硬件，设计《系统配置清册》；
③ 会绘制《控制柜布置图》《I/O卡件布置图》；
④ 会识读项目任务单；
⑤ 会组态工程项目；
⑥ 会实时监控与仿真测试。

素质目标

① 具有精益求精、一丝不苟的工匠精神；
② 具有举一反三、求真务实的学习态度。

项目三　学习案例描述　单容水箱液位DCS项目

过程装置AE2000A流程示意图如图3-1所示，主要包括上水箱、中水箱和下水箱的液位，锅炉内胆、夹套和顶部的温度，副管道的涡轮流量、主管道的电磁流量等工程量的检测与控制需求。通过对单回路DCS的设计、组态、调试与维护等的学习，基于浙江中控SUPCON JX-300XP，完成单容水箱液位DCS的设计与运行测试。

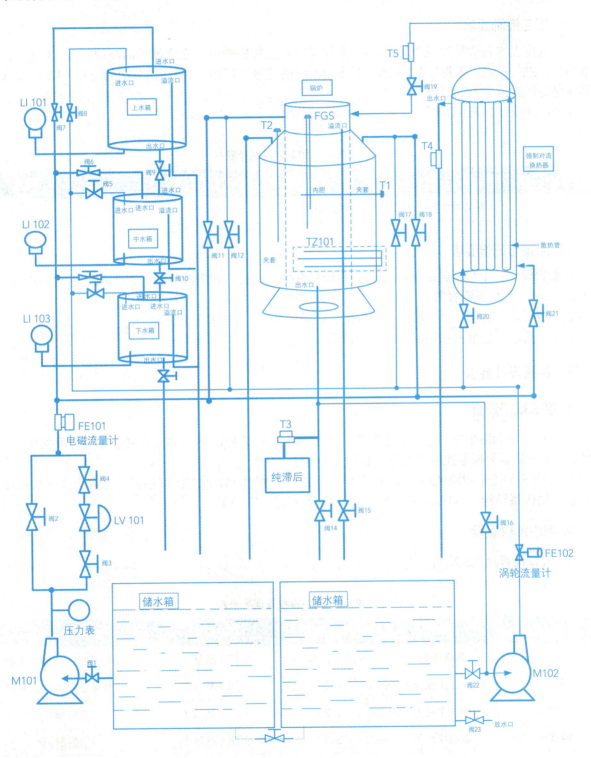

图3-1　过程装置AE2000A流程示意图

AE2000A过程装置包含有：不锈钢储水箱、圆筒形有机玻璃上水箱（Φ250mm×380mm）、中水箱和下水箱（Φ250mm×350mm）、单相2.5kW电加热锅炉（由不锈钢锅炉内胆加温筒和封闭式外循环不锈钢冷却锅炉夹套组成）。系统动力支路分为两路组成：一路由丹麦格兰富循环水泵、调节阀、电磁流量计、自锁紧不锈钢水管及手动切换阀组成，即主管道；另一路由单相丹麦格兰富循环水泵、变频调速器、涡轮流量计、自锁紧不锈钢水管及手动切换阀组成，即副管道。

项目三学习案例选择的单容水箱是AE2000A过程装置的上水箱，本项目将基于浙江中控SUPCON JX-300XP，按用户要求完成单容水箱液位DCS的工程设计、系统组态、实时监控与仿真测试三个工作任务。

一、工艺控制要求

工艺规定上水箱的操作液位为15cm，系统受阶跃干扰影响时，在常规单回路控制方案的作用下，对上水箱液位进行控制。根据图3-1所示，上水箱液位的位号为LI101，电动调节阀的位号为LV101，设计常规单回路的回路位号为LIC101。

控制回路统计如表3-1所示。

表3-1 控制回路统计表

序号	控制方案注释、回路注释	回路位号	控制方案	PV	MV
00	上水箱液位控制	LIC101	单回路	LI101	LV101

二、报警与记录要求

① 报警要求：上水箱最高液位38cm，系统具有报警功能，如果液位高于35cm时，系统高限报警，液位低于5cm时，系统低限报警。

② 趋势要求：记录上水箱液位历史数据，记录周期1s，数据低精度压缩。

③ 记录要求：记录上水箱液位的统计数据。

三、系统设计要求

1. 系统规模配置

① 主控制卡和数据转发卡均冗余配置，主控制卡注释为控制站、数据转发卡注释为数据转发卡。主控制卡根据项目需要确定控制站类型、数量及IP地址。

② 工程师站1个，IP地址130，注释为工程师站130；操作站1个，IP地址131，注释为操作员站131。

③ 三层体系结构，即现场控制级、过程控制级和过程管理级。

2. 用户授权设置

用户授权设置见表3-2。

表3-2 用户授权管理要求表

角色	用户名	用户密码	功能权限	操作小组权限
特权	系统维护	SUPCONDCS	全部（默认）	工程师组、监控操作组
工程师+	设计工程师	1111	全部（默认）	工程师组、监控操作组
工程师	维护工程师	2222	全部（默认）	工程师组
操作员	监测操作员	3333	全部（默认）	监控操作组

3. 操作小组及监控操作要求

（1）操作小组配置

■ 操作小组需配置工程师组和监控操作组，见表3-3。

表3-3 操作小组配置表

操作小组名称	切换等级	光字牌名称及对应分区
工程师组	工程师及以上	液位：对应液位数据分区
监控操作组	操作员	

■ 数据分组分区，包括工程师数据组和监控操作数据组，其中，工程师数据组需要配置液位、温度和流量三个数据分区，且上水箱液位（位号LI101）配置在液位分区。数据分组分区需求见表3-4。

表3-4 数据分组分区需求表

数据分组	数据分区	位号
工程师数据组	液位	LI101
	温度	
	流量	
监控操作数据组		

（2）监控操作要求

工艺流程图界面简单整洁、功能操作方便、配色合理。

当工程师组进行监控时：

■ 可浏览总貌画面见表3-5。

表3-5 总貌画面设计需求表

页码	页标题	内容
1	索引画面	索引：工程师组所有流程图、所有分组画面、所有趋势画面、所有一览画面
2	液位信号	LI101

■ 可浏览趋势画面见表3-6。

表3-6 趋势画面需求表

页码	页标题	内容
1	上水箱液位曲线	LI101
2	上水箱液位调节曲线	LIC101.SV
		LIC101.PV
		LIC101.MV

■ 可浏览分组画面见表3-7。

表3-7 分组画面需求表

页码	页标题	内容
1	常规回路	LIC101
2	液位	LI101

■ 可浏览一览画面见表3-8。

表3-8 一览画面需求表

页码	页标题	内容
1	上水箱液位信息一览	LI101

■ 可通过表3-9的自定义键进行便捷操作。

表3-9 自定义键需求表

序号	键定义
1	总貌一览键
2	翻到分组画面第2页

■ 可浏览流程图画面见表3-10。

表3-10 流程图画面需求表

页码	页标题及文件名称	内容
1	上水箱液位工艺流程图	绘制如图3-2所示的流程图画面

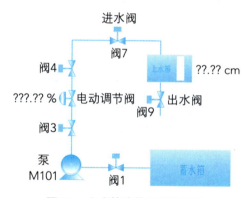

图3-2 上水箱液位工艺流程图

■ 可记录报表。

需要组态班报表，样表如表3-11所示，报表名称及页标题均为"上水箱液位（班报表）"，记录位号LI101的数据。要求每一小时记录一次数据，报表中的数据记录到其真实值后面两位小数，时间格式为××:××（时:分），每天0点、8点、16点输出报表。如定义事件，不允许使用死区。

表3-11 上水箱液位（班报表）样表

上水箱液位（班报表）									
＿＿班＿＿组 组长＿＿＿＿ 记录员＿＿＿＿ ＿＿年＿＿月＿＿日									
时间		9:00	10:00	11:00	12:00	13:00	14:00	15:00	16:00
内容	描述	数据							
LI101	上水箱液位	15.23	16.33	17.54	16.18	15.43	14.56	15.66	15.89

当监控操作组进行监控时：
■ 可浏览分组画面见表3-12。

表3-12 分组画面需求表

页码	页标题	内容
1	常规回路	LIC101
2	液位	LI101

■ 可浏览趋势画面见表3-13。

表3-13 趋势画面需求表

页码	页标题	内容
1	上水箱液位调节曲线	LIC101.SV
		LIC101.PV
		LIC101.MV

项目三　学习脉络

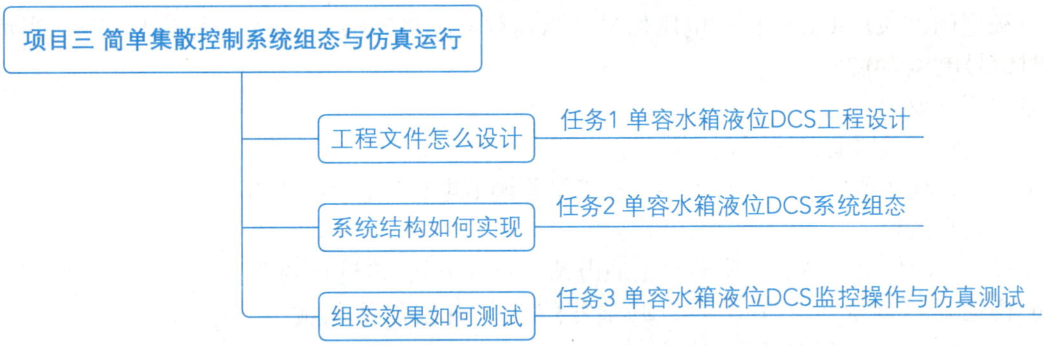

项目三 简单集散控制系统组态与仿真运行
- 工程文件怎么设计 —— 任务1 单容水箱液位DCS工程设计
- 系统结构如何实现 —— 任务2 单容水箱液位DCS系统组态
- 组态效果如何测试 —— 任务3 单容水箱液位DCS监控操作与仿真测试

图3-3　项目三学习脉络图

项目三　知识链接

一、AE2000A过程装置的说明

AE2000A过程装置的检测变送元件和执行元件有：液位传感器、温度传感器、涡轮流量计、电磁流量计、调节阀等。本项目主要完成单容水箱（上水箱）液位DCS的三个工作任务，在项目学习中对AE2000A过程装置做进一步说明。

笔记

1. 检测变送元件

压力液位变送器分别用来检测上水箱、中水箱和下水箱的液位；电磁流量计、涡轮流量计分别用来检测主管道和副管道的水流量；Pt100热电阻温度传感器分别用来检测锅炉内胆、锅炉夹套的水温和强制对流换热装置的相关温度等。

资源3.1
压力变送器

（1）压力液位变送器

工作原理：当被测介质（液体）的压力作用于变速器时，压力变速器将压力信号转换成电信号，经归一化差分放大和输出V/A电压、电流转换器，转换成与被测介质（液体）的液位压力成线性对应关系的4~20mA标准电流输出信号。接线图如图3-4所示。

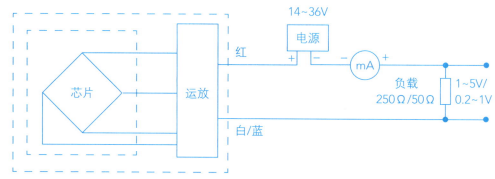

图3-4　压力液位变送器接线图

接线说明：变送器为二线制接法，它的端子位于中继管内，电缆线从中继箱的引线口接入，直流电源24V+接红线，白线/蓝线接负载电阻的一端，负载电阻的另一端接24V-。变送器输出4~20mA电流信号，通过负载电阻250Ω/50Ω转换成电压信号。当负载电阻接250Ω时信号电压为1~5V，当负载电阻切换成50Ω时信号电压为0.2~1V。

变送器的调试如下。

第一步，先将变送器安接线图正确接线。

第二步，旋开变送器后盖即可看到零点和满量程调节电位器，如图3-5所示。

第三步，调整过程：

  a. 将压力液位变送器装于实验台上通电预热15min后，再进行调整。

  b. 将变送器施加下限值压力，调整零位调节电位器使其输出为4mA（接250Ω负载电阻后为1V）。

  c. 将变送器施加上限值压力，调整满度调节电位器使其输出为20mA（接250Ω负载电阻后为5V）。

  d. 反复b、c两个步骤，直到使变送器输出达到规定的要求。

  e. 旋紧变送器后盖。

（2）温度传感器

在AE2000A过程装置中，采用Pt100热电阻作为温度传感器对系统中的温度进行检测。

工作原理：利用Pt100电阻阻值与温度之间的良好线性关系。

接线说明：连接两端元件热电阻采用的是三线制接法，以减少测量误差。在多数测量中，热电阻远离测量电桥，因此与热电阻相连接的导线长，当环境温度变化时，连接导线的电阻值将有明显的变化。为了消除由于这种变化而产生的测量误差，采用三线制接法。即在两端元件的一端引出一条导线，另一端引出两条导线，这三条导线的材料、长度和粗细都相同，如图3-6中所示的a、b、c。它们与温度变送器输入电桥相

图3-5　压力变送器调节电位器

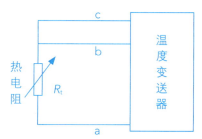

图3-6　Pt100热电阻接线图

连接时，导线a和c分别加在电桥相邻的两个桥臂上，导线b加在桥路的输出电路上，因此，a和c阻值的变化对电桥平衡的影响正好抵消，b阻值的变化量对仪表输入阻抗影响可忽略不计。

（3）电磁流量计

电磁流量计的输出信号：4～20mA，测量范围：0～1.2m³/h。接线如图3-7所示。

图3-7 电磁流量计接线图

2. 执行元件

QSTP-16K智能电动单座调节阀。

主要技术参数：

执行机构

型式：智能型直行程执行机构

输入信号：0～10mA/4～20mA DC/0～5V DC/1～5V DC

输入阻抗：250Ω/500Ω

输出信号：4～20mA DC

输出最大负载：＜500Ω

信号断电时的阀位：可任意设置为保持/全开/全关/0～100%间的任意值

电源：220V±10%/50Hz

资源3.2 电动调节阀

3. 上水箱液位工艺流程

图3-1中，打开主管路的阀1、阀3、阀4、阀7，关闭阀2，将阀9（上水箱出水阀）打开至一定开度；打开泵M101电源开关和电动调节阀LV101开关，左侧蓄水箱的水经阀1、泵M101、阀3、电动调节阀LV101、阀4、阀7组成的主管路进入上水箱。当系统受干扰影响，如阀9开度变大或变小，电动调节阀LV101在DCS控制下调节上水箱液位的高度。

 小贴士　在控制过程中，出水阀打开一定开度后应保持不变。出水阀的开度大小影响控制系统的动态结构参数。

二、组态相关知识

（一）组态

集散控制系统应用于生产过程控制时，需要根据设计要求，预先将硬件设备和各种软件功能模块组织起来，以使系统按特定的状态运行。组态是使用集散控制系统所提供的功能模块、组态编辑软件及组态语言，组成所需的系统结构和操作画面，完成所需功能的过程。组态包括硬件组态和软件组态两个方面，通常意义上所说的组态指软件组态。

目前工业自动化控制系统的硬件，除采用标准工业PC外，系统大量采用各种成熟通用的I/O接口设备和各类智能仪表及现场设备。在软件方面，用户直接采用现有的组态软件进行系统设计，大大缩短了软件开发周期，还可以应用组态软件所提供的多种通用工具模块，很好地完成一个复杂工程所要求的功能，并且可将许多精力集中在如何选择合适的控制算法，提高控制品质等关键问题上。从管理的角度来看，用组态软件开发的系统具有与Windows一致的图形化操作界面，便于生产的组织和管理。

基于组态软件的生产过程控制系统的一般组建过程如下。

① 组态软件的安装。按照要求正确安装组态软件，并将外围设备的驱动程序、通信协议等安装就绪。

② 工程项目系统分析。首先要了解控制系统的构成和工艺流程，弄清被控对象的特征，明确技术要求，然后再进行工程的整体规则，包括系统应事先哪些功能，需要怎样的用户界面窗口和哪些动态数据

显示，数据库中如何定义哪些数据变量等。

③ 设计用户操作菜单。为便于控制和监视系统的运行，通常应根据实际需要建立用户自己的菜单及方便操作，例如设立按钮来控制电动机的启/停。

④ 画面设计与编辑。画面设计分为画面建立、画面编辑和动画编辑与链接几个步骤。画面由用户根据实际工艺流程编辑制作，然后需要将画面与已定义的变量关联起来，以便使画面上的内容随生产过程的运行而实时变化。

⑤ 编写程序进行调试。程序由用户编写好之后需进行调试，调试前一半要借助于一些模拟手段进行初调，检查工艺流程、动态数据、动画效果等是否正确。

⑥ 综合调试。对于系统进行全面的调试后，经验收方可投入试运行，在运行过程中及时完善系统的设计。

（二）组态软件

1. 常用组态软件

组态通过组态软件实现，常用组态软件如下。

① InTouch　美国Wonderware公司率先推出的16位Windows环境下的组态软件。InTouch软件图形功能比较丰富，使用方便，I/O硬件驱动丰富，工作稳定，在国际上获得较高的市场占有率，在中国市场也受到普遍好评。7.0版本及以上（32位）在网络和数据管理方面有所加强，并实现了实时关系数据库。

② FIX系列　美国Intellution公司开发的一系列组态软件，包括DOS版、16位Windows版、32位Windows版、OS/2版和其他一些版本。它功能较强，但实时性欠缺。最新推出的iFIX全新模式的组态软件，体系结构新，功能更完善，但由于过分庞大，多余系统资源耗费非常严重。

③ WinCC　德国西门子公司针对西门子硬件设备开发的组态软件WinCC，是一款比较先进的软件产品，但在网络结构和数据管理方面要比InTouch和iFIX差。

④ MCGS　北京昆仑通态公司开发的MCGS组态设计思想比较独特，有很多特殊的概念和使用方式，有较大的市场占有率。它在网络方面有独到之处，但效率和稳定性还有待提高。

⑤ 组态王　北京亚控公司开发的组态软件，以Windows98/Windows NT4.0中文操作系统为平台，充分利用了Windows图形功能的特点，用户界面友好，易学易用。

⑥ ForceControl（力控）　大庆三维公司开发的组态软件，在结构体系上具有明显的先进性，最大的特征之一就是其基于真正意义的分布式实时数据库的三层结构，且实时数据库为可组态的"活结构"。

2. 组态信息的输入

各制造商的产品虽然有所不同，但归纳起来，组态信息的输入方式有两种。

① 功能表格或功能图法。功能表格是由制造商提供的用于组态的表格，早期常采用与机器码或助记符相类似的方法，而现在则采用菜单方式，逐行填入相应参数。例如JX-300XP的SCKey组态软件就是采用菜单方式。功能图主要用于表示连接关系，模块内的各种参数则通过填表法或建立数据库等方法输入。

② 编辑程序法。采用厂商提供的编程语言或者允许采用的高级语言编制程序输入组态信息，在顺序逻辑控制组态或复杂控制系统组态时常采用编制程序法。

3. AdvanTrol Pro软件包

本项目主要基于浙江中控的AdvanTroPro（V2.8）软件包完成组态与运行测试任务。

AdvanTro Pro（V2.8）软件包可分成两大部分，一部分为系统组态软件，包括用户授权管理软件（SCSecurity）和系统组态软件（SCKey）等软件；另一部分为系统运行监控软件，包括：实时监控软件（AdvanTrol）、报警记录软件（AdvHisAlmSvr）、趋势记录软件（AdvHisTrdSvr）等。

系统组态软件通常安装在工程师站，各功能软件之间通过对象链接与嵌入技术，动态地实现模块间各种数据、信息的通讯、控制和管理。这部分软件以SCKey系统组态软件为核心，各模块彼此配合，相互协调，共同构成了一个全面支持SUPCON WebFeild系统结构及功能组态的软件平台。

系统运行监控软件安装在操作员站和运行的服务器、工程师站。

（1）用户授权管理软件（SCSecurity）

在软件中将用户的等级分成8级：操作员 –、操作员、操作员 +、工程师 –、工程师、工程师 +、特权 –、特权。不同等级的用户拥有不同的授权设置，即拥有不同范围的操作权限。对每个用户也可专门指定（或删除）其某种授权。

（2）系统组态软件（SCKey）

SCKey组态软件主要用来完成DCS的系统组态工作，如设置系统网络节点、冗余状况、系统控制周期；I/O卡件的数量、地址、冗余状况、类型；设置每个I/O点的类型、处理方法和其他特殊的设置；设置监控标准画面信息；常规控制方案组态等。系统所有组态完成后，需要在该软件中进行系统的编译、下载和发布。

（3）图形化编程软件（SCControl）

图形化编程软件（SCControl）是SUPCON WebField系列控制系统用于编制系统控制方案的图形编程工具。按IEC61131-3标准设计，为用户提供高效的图形编程环境。

图形化编程软件集成了LD编辑器、FBD编辑器、SFC编辑器、ST语言编辑器、数据类型编辑器、变量编辑器。编程方便、直观，具有强大的在线帮助和在线调试功能，用户可以利用该软件编写图形化程序实现所设计的控制算法。在系统组态软件（SCKey）中使用自定义控制算法设置可以调用该软件。

（4）语言编程软件（SCLang）

语言编程软件（SCLang）又称SCX语言，是SUPCON WebField系列控制系统控制站的专用编程语言。在工程师站完成SCX语言程序的调试编辑，并通过工程师站将编译后的可执行代码下载到控制站执行。SCX语言属高级语言，语法风格类似标准C语言，除了提供类似C语言的基本元素、表达式等外，还在控制功能实现方面做了大量扩充。

> ⚠ 注意　XP243X 不支持 SCX 语言。

（5）二次计算组态软件（SCTask）

二次计算组态软件（SCTask）是AdvanTro-Pro软件包的重要组成部分之一，用于组态上位机位号、事件、任务和数据提取设置等。目的是在SUPCON WebField系列控制系统中实现二次计算功能、提供更丰富的报警内容、支持数据的输入输出等。把控制站的一部分任务由上位机来做，既提高了控制站的工作速度和效率，又可提高系统的稳定性。

（6）流程图制作软件（SCDrawEx）

流程图制作软件（SCDrawEx）是AdvanTro-Pro软件包的重要组成部分之一，是一个具有良好用户界面的流程图制作软件。它以中文Windows操作系统为平台，为用户提供了一个功能完备且简便易用的流程图制作环境。

（7）报表制作软件（SCFormEx）

报表制作软件（SCFormEx）是全中文界面的制表工具软件，是AdvanTroPro软件包的重要组成部分之一。该软件提供了比较完备的报表制作功能，能够满足实时报表的生成、打印、存储以及历史报表的打印等工程中的实际需要，并且具有良好的用户操作界面。

报表分为组态（即报表制作）和实时运行两部分。其中，报表制作部分在SCFormEx报表制作软件中实现，实时运行部分与AdvanTrol监控软件集成在一起。

（8）实时监控软件（AdvanTrol）

实时监控软件（AdvanTrol）是AdvanTroPro软件包的重要组成部分，是基于Windows中文版开发的控制系统的上位机监控软件，用户界面友好。其基本功能为：数据采集和数据管理。它可以从控制系统或其他智能设备采集数据以及管理数据，进行过程监视（图形显示）、控制、报警、报表、数据存档等。

实时监控软件所有的命令都化为形象直观的功能图标，只需用鼠标单击即可轻而易举地完成操作，再加上操作员键盘的配合使用，生产过程实时监控操作更是得心应手，方便简捷。

实时监控软件主要监控的操作画面有：调整画面、（报警）一览画面、（系统）总貌画面、（控制）分组画面、趋势画面、流程图画面、数据一览画面、故障诊断画面。

（9）故障分析软件（SCDiagnose）

故障分析软件（SCDiagnose）是进行设备调试、性能测试以及故障分析的重要工具。故障诊断软件主要功能包括：故障诊断、节点扫描、网站响应测试、控制回路管理、自定义变量管理等。

三、JX-300XP DCS组态流程

系统组态是指在工程师站上对控制系统进行系统结构搭建，同时设定各项软硬件参数的过程。JX-300XP DCS的组态主要包括工程设计、用户授权组态、系统总体组态、操作小组组态等，系统组态工作流程如图3-8所示。

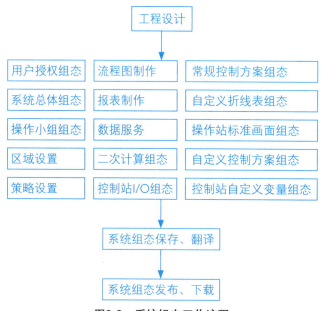

图3-8　系统组态工作流程

组态内容是非常丰富的，在DCS组态时，需要根据具体的项目要求进行组态。

1. 工程设计

工程设计包括测点清单设计、常规（或复杂）对象控制方案设计、系统控制方案设计、流程图设计、报表设计以及相关设计文档编制等。工程设计完成以后，应形成包括《测点清单》《系统配置清册》《控制柜布置图》《I/O卡件布置图》《控制方案》等在内的技术文件。

2. 用户授权组态

用户授权组态主要是对用户信息进行组态，由SCSecurity软件来完成。通过在软件中定义不同角色的权限操作，增加用户，配置其角色。设置了某种角色的用户具备该角色的所有操作权限。每次启动系统组态软件前都要用已经授权的用户名进行登录。

3. 系统总体组态

系统组态是通过SCKey软件来完成的。系统总体组态是根据《系统配置清册》确定系统的控制站与操作站。

4. 操作小组设置

对各操作站的操作小组进行设置，不同的操作小组可观察、设置、修改不同的标准画面、流程图、报表、自定义键等。操作小组的划分有利于划分操作员职责，简化操作人员的操作，突出监控重点。

5. 区域设置

完成数据组（区）的建立工作，为I/O组态时位号的分组分区作好准备。

6. 自定义折线表组态

对主控制卡管理下的自定义非线性模拟量信号进行线性化处理。

7. 控制站I/O组态

根据《I/O卡件布置图》及《测点清单》的设计要求完成I/O卡件及I/O点的组态。

8. 控制站自定义变量组态

根据工程设计要求，定义上下位机交流所需要的变量及自定义控制方案中所需的回路。

9. 常规控制方案组态

对控制回路的输入输出只是AI和AO的典型控制方案进行组态。

10. 自定义控制方案组态

利用SCX语言或图形化语言编程实现联锁及复杂控制等，实现系统的自动控制。

11. 二次计算组态

二次计算组态的目的是在DCS中实现二次计算功能、优化操作站的数据管理，支持数据的输入输出。把控制站的一部分任务由上位机来做，既提高了控制站的工作速度和效率，又可提高系统的稳定性。

二次计算组态包括：任务设置、事件设置、提取任务设置、提取输出设置等。

12. 操作站标准画面组态

系统的标准画面组态是指对系统已定义格式的标准操作画面进行组态，其中包括总貌、趋势、控制分组、数据一览等四种操作画面的组态。

13. 流程图制作

流程图制作是指绘制控制系统中最重要的监控操作界面，用于显示生产产品的工艺及被控设备对象的工作状况，并操作相关数据量。

14. 报表制作

编制可由计算机自动生成的报表，以供工程技术人员进行系统状态检查或工艺分析。

15. 系统组态保存与编译

对完成的系统组态进行保存与编译。

16. 系统组态传送与下载

系统组态传送是将在工程师站已编译完成的组态传送到操作员站；系统组态下载是将已编译完成的

组态下载到各控制站。

项目三 主要内容

● 任务1　单容水箱液位DCS工程设计 ●

任务1　说明

集散控制系统的工程设计是系统组态工作的首要任务。由于DCS的通用性和复杂性，许多功能及匹配参数需要根据具体场合而设定。如控制站和操作站的类型和数量，机柜、机笼、卡件的配置类型及数量等，需要在工程设计中完成。

本任务的主要内容是完成单容水箱液位DCS的工程设计，主要包括《测点清单》《系统配置清册》《I/O卡件布置图》《系统框架图》（拓扑结构）和《控制方案》，其他工程文档资料将在组态任务单中体现。

任务1　要求

① 准确分析I/O信号，设计《测点清单》；
② 正确选择I/O卡类型及数量，绘制《I/O卡件布置图》；
③ 正确设计《系统配置清册》；
④ 正确设计系统结构，绘制《系统框架图》（拓扑结构）；
⑤ 正确设计上水箱液位《控制方案》；
⑥ 系统配置具有成本节约意识。

任务1　学习

I/O信号统计方法。DCS点数从AI输入点数、AO输出点数、DI输入点数、DO输出点数、DCS与其他系统通讯的点数共五个方面进行统计。

1. AI输入点数

AI指进入DCS系统的模拟量输入信号。从现场可以直接输入DCS系统的AI输入信号有热电偶（E、K、J、S、T和B分度号热电偶）、热电阻信号（Cu50和Pt100分度号）、标准电流信号（4~20mA、0~10mA）、标准电压信号（1~5V、0~5V、0~100mV、0~20mV）和脉冲信号。其他形式的信号如需送入DCS系统，需要用信号隔离器、电流变送器、电压变送器等转换设备将信号转换为4~20mA或1~5V，再送入DCS系统。

（1）热电偶AI输入点数

单支装配式热电偶或单支铠装热电偶按1个AI点计算；双支装配式热电偶或双支铠装热电偶需要在DCS系统显示同一测点的两个传感器温度按2个AI点计算，只显示该测点的一个温度按1个AI点计算；单支多点热电偶或多点热电偶常用于监测同一测点不同部位温度，热电偶有几个测量点则计算几个热电偶AI输入点数。

（2）热电阻AI输入点

热电阻AI输入点数统计方法与热电偶AI输入点数统计方法相同。

（3）标准电流、电压AI输入点

每一路送入DCS系统的标准电流、标准电压信号分别计算1个AI点，同时统计该输入信号对应的量程范围。二线变送器（包括温度变送器、压力变送器、液位变送器、流量变送器等）因涉及DC24V供电，建议单独统计AI点数，方便DCS系统集成接线。

注意，现场显示的压力表、双金属温度计、玻璃转子流量计等现场仪表不包括在DCS系统点数进行计算。

2. AO输出点数

AO指DCS发出到控制现场执行元件的模拟量输出信号。AO输出一般有4～20mA、0～10mA、0～5V、1～5V和0～10V五种类型，其中，4～20mA是DCS最常用的AO输出信号标准，AO输出通常接入电动执行结构、气动执行机构、变频器、电力调整器和工业控制模块等设备。通常一个被控对象对应一路AO输出，AO输出点数与被控设备数量相同。

3. DI输入点数

DI指进入DCS系统的开关量输入信号，DI必须是无源触点、TTL或CMOS电平信号，DI进入DCS系统后常会接通DC24V或48V电压。

DI输入通常指来自现场电接点压力表、电接点双金属温度计、电接点水位计、液位开关、流量开关、火焰检测、电接点水位计等仪表的报警触点，每一个报警触点接入DCS系统时计算为一个DI点输入。

4. DO输出点数

DO是指DCS系统发出到控制现场的开关量输出信号，通常通过中间继电器再接入其他不同电压等级的用电设备，如指示灯、电磁阀、声光报警器、接触器等。DCS系统控制不同设备所需要的DO输出点数不同。

① 开关型电动执行机构：每台执行机构阀位反馈4～20mA计算AI输入1点，阀门正转/反转控制计算DO输出2个点，阀门开到位/阀门关到位信号计算DI输入2个点，阀门开过力矩/关过力矩故障信号计算DI输入2点。

② 开关型多回转电动执行机构（AC380V电源）：每台执行机构阀位反馈4～20mA计算AI输入1点（如无反馈信号则不计算该AI点数），阀门正转/反转控制计算DO输出2个点，阀门开到位/阀门关到位（限位开关）计算DI输入2个点，执行器开过力矩/关过力矩故障信号计算DI输入2点。

③ 调节型电动执行机构：每台执行机构阀位反馈计算AI输入1点，阀门控制信号计算AO输出1个点，执行器故障报警信号计算AI输入1个点（故障报警常见于智能型电动执行机构，如无故障报警信号则不计算AI点数）。

④ 调节型多回转电动执行机构：每台执行机构阀位反馈计算AI输入1点，执行器4～20mA控制信号计算AO输出1个点，ESD紧急控制信号计算DO输出1个点（ESD紧急控制信号常见于智能型多回转电动执行机构，如无此功能则不计算该DO点数），开过力矩/关过力矩报警信号计算DI输入点数2点。

⑤ 变频器：每台变频器频率反馈计算AI输入点数1点，频率给定信号计算AO输出1个点，运行/停止给定指令计算DO输出1个点，变频器故障报警计算DI输入1个点，故障复位计算1个DO输出1个点，变频器运行状态计算DI输入1个点。如果变频器以通讯方式与DCS系统连接，则只需要计算1个通讯点，不需要计算其他点数。

⑥ DCS系统如外接电磁阀、指示灯、接触器等设备，每个设备计算DO输出1点（如多个设备共用一个控制信号，通常通过增加中间继电器触点方式完成，只需要计算1个DO输出）。

 DCS系统实际配置还需要考虑系统冗余（或备份）。通常按照用户实际需要的DCS系统I/O点数增加约20%冗余。

任务1 实施

本任务主要完成单容水箱液位DCS工程设计。

环节1 设计《测点清单》工程文件

步骤一：输入信号分析

（1）I/O类型与测点类型

分析图3-1，上水箱液位工艺流程基于左蓄水箱、阀1、泵M101、阀3、电动调节阀LV、阀4、阀7、阀9构成通路。从工业现场（AE2000A装置所在的场所）直接进入DCS系统的输入信号只有测量仪表（压力液位变送器）检测的上水箱液位，其工作原理如图3-5所示。压力液位变送器输出4～20mA标准电流信号，计算为1个AI点，即I/O类型为AI，且压力液位变送器需提供+24V配电电源，因此测点类型是配电4～20mA。

（2）位号、量程与单位

在AE2000A过程装置流程示意图3-1上，标注了水箱液位的位号为LI101，且上水箱的规格为（Φ250mm×380mm），上水箱液位的上限值为38cm，即上水箱液位的量程为0～38，单位是cm。

（3）报警信息

根据报警要求，上水箱液位低限报警值5cm，高限报警值35cm。

（4）趋势信息

根据趋势记录要求，上水箱液位LI101的历史数据需要进行记录，即允许趋势组态，数据记录周期（间隔）选择1s（1s、2s、3s、5s、10s、15s、20s、30s、60s），且低精度压缩。记录上水箱液位的数据个数、平均值、方差、最大值、最大值首次出现的时间、最小值、最小值首次出现的时间等统计数据，即允许记录LI101的统计数据。

步骤二：输出信号分析

分析图3-1，从DCS发出到AE2000A过程装置执行设备的输出信号只有电动执行机构（电动调节阀）的控制信号，其输入信号为4～20mA标准电流信号，输出信号为4～20mA标准电流信号（主要技术参数见本项目学习案例描述）。电动执行机构对应一路AO输出，计算为1个AO点，即I/O类型为AO，信号类型为Ⅲ型（4～20mA）。当阀门输出4～20mA时，对应阀门开度为0～100%，即正输出。所以，信号类型为Ⅲ型，正输出。

同时，AE2000A过程装置流程示意图，已标注了电动调节阀的位号LV101。

> **想一想** 什么是正输出、反输出？
>
> **小拓展** 举一反三：什么是正作用、反作用？

步骤三：设计《测点清单》

汇总输入信号和输出信号相关信息，共有电流型AI信号1个、电流型AO信号1个，系统规模为2点。

测点清单的内容包含了位号、描述、I/O、类型、量程、单位、报警、趋势等相关参数。其中，位号是在该项目中的唯一标识；描述是便于理解、显示等的文字说明；I/O类型是对输入、输出信号的具体类型加以说明，有AI、AO、RTD、TC、DI、DO等；量程是输入信号的范围；报警是根据工艺要求进行报警限值的说明，有高高限、高限、低限或低低限等；趋势是对历史数据进行记录及记录的方式，记录方式分高精度压缩和低精度压缩两种，记录周期可根据工艺要求确定。设计单容水箱液位DCS系统的测点清单如表3-14所示。

资源3.3 正反输出与作用

表3-14 单容水箱液位DCS系统测点清单

序号	位号	描述	I/O	类型	量程	单位	报警	趋势（记录统计数据）
1	LI101	上水箱液位	AI	4～20mA	0～38	cm	高限35 低限05	低精度压缩 记录周期1s
2	LV101	上水箱液位调节	AO	Ⅲ型正输出				

> **一句话问答** 如果LI101不做趋势组态，对组态有什么影响？

环节2 | 设计《I/O卡件布置图》工程文件

步骤一：I/O卡件配置

为电流型AI信号LI101选择一块6通道电流型模拟量输入卡XP313I，为电流型AO信号LV101选择一块4通道模拟量输出卡XP322，即本项目共需配置2块I/O卡。

本系统规模为2点，实配I/O卡件的点数是10，而仅需要占用2点用于系统控制，剩余8点便于系统扩展和升级，如表3-15所示。

表3-15 系统静点数和实配点数汇总表

序号	信号类型		净点数	实配点数
1	模拟量输入（AI）	4~20mA	1	6
2	模拟量输出（AO）	4~20mA	1	4
合计测点			2	10

步骤二：机笼配置

一个卡件机笼最多可插放16块I/O卡件，因此本项目选择1个卡件机笼XP211，且该机笼为主控制机笼。根据项目组态任务单，在该主控制机笼中，主控制卡XP243X和数据转发卡XP233需冗余配置，即各配置2块。

步骤三：设计《I/O卡件布置图》

综合步骤一和步骤二，主控制机笼配置有2块主控制卡XP243X、2块数据转发卡XP233、1块XP313I电流型输入卡和1块XP322模拟量输出卡。

一个主控制机笼共20个槽位，剩余14个I/O槽位常配置扩展卡XP000，不仅防尘、美观，也为后续扩展进行槽位预留。设计本项目I/O卡件布置图，如图3-9所示。

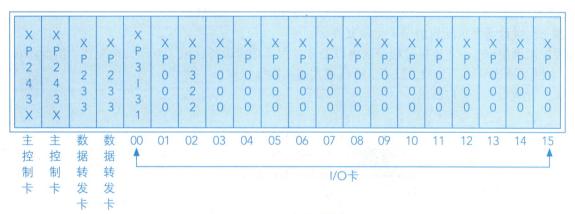

图3-9 I/O卡件布置图

 想一想 XP322配置在地址为02的I/O槽位上，配置在其他I/O槽位可以吗？

进一步设计主控制机笼I/O卡件测点通道布局，其通道连接如表3-16所示。

▶ 资源3.4 ◀
I/O卡地址配置

表3-16 I/O卡件测点通道连接表

通道\槽位	1 XP243X	2 XP243X	3 XP233	4 XP233	5 XP313(I)	6 XP000	7 XP322	8-20 XP000
地址	/	/	/	/	00	01	02	03～15
1	/	/	/	/	LI101	空卡 /	LV101	空卡 /
2					预留		预留	
3					预留		预留	
4					预留		预留	
5					预留		/	
6					预留		/	
7					/		/	
8					/		/	

（1#I/O卡机笼（主控制机笼））

环节3 ｜ 设计《系统配置清册》工程文件

结合I/O卡件配置，对机柜、控制站、操作站等主要设备进行配置。

步骤一：控制站配置

本项目配置了一个主控制卡机笼XP211，安装于机柜XP202。一个控制站最多负载的8个I/O卡机笼XP211一般需要安装在两个XP202机柜中，因此需配置控制站的数量是1个。

同时，单容水箱液位DCS项目要求对上水箱液位进行控制，输出I/O类型为AO，因此配置控制站的类型选择PCS。

根据系统规模（2点）分析，为机柜XP202选配1个XP251电源箱机笼，并配置2块互为冗余的电源单体XP251-1。

步骤二：操作站配置

根据项目任务单，过程控制级配置1个操作站OS和1个工程师站ES。

步骤三：设计《系统配置清册》工程文件

过程控制网络SCnet-Ⅱ连接过程控制级设备和过程管理级设备，采用双网冗余配置。因此本项目需配置2台以太网交换机SUP-2118M，以双工运行模式提高网络宽带。

系统配置清册如表3-17所示。

表3-17 系统配置清册

序号	名称	型号	规模	序号	名称	型号	规模
1	数据转发卡	XP233	2块	7	主控制机笼	XP211	1个
2	主控制卡	XP243X	2块	8	控制站机柜	XP202	1个
3	电源箱机笼	XP251	1个	9	操作员站	计算机	1台
4	电源单体	XP251-1	2块	10	工程师站	计算机	1台
5	6路电流信号输入卡	XP313（I）	1块	11	扩展卡	XP000	14块
6	4路模拟量输出卡	XP322	1块	12	SCnet-Ⅱ交换机	SUP-2118M	2台

环节4 │ 设计《整体框架图》工程文件

从功能实现及成本节约出发，设计本项目体系为三级结构。

① 系统只需配置一个主控制机笼，因此SBUS-S1用于实现该机笼数据转发卡与其I/O卡的通讯连接；而SBUS-S2按1∶1冗余配置，只用于实现该机笼的主控制卡与数据转发卡的通讯连接。

② 过程控制级配置1个PCS，过程管理级配置1个OS和1个ES，因此过程控制网络SCnet-Ⅱ挂接3个站点。

③ 结合图3-9 I/O卡件布置图，绘制如图3-10所示的单容水箱液位DCS整体架构图。

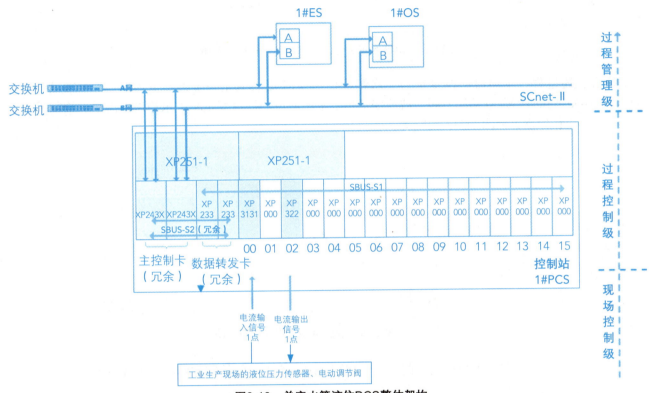

图3-10　单容水箱液位DCS整体架构

环节5 │ 设计系统《控制方案》工程文件

单容水箱液位DCS项目控制的目的是实现对上水箱液位的精确控制。工业现场的压力液位变送器检测上水箱液位（0～38cm），输出4～20mA的标准电流信号送至JX-300XP DCS控制站，首先传递进入电流信号输入卡XP313I，经SBUS-S1现场总线将信号送至数据转发卡XP233（冗余），再经SBUS-S2现场总线送至主控制卡XP243X（冗余），与操作站/工程师站经SCnet-Ⅱ过程控制网络送至主控制卡的上水箱液位设定值SV（15cm），在控制方案作用下，进行偏差运算、输出控制信号，经SBUS-S2现场总线送至数据转发卡XP233（冗余），再经SBUS-S1现场总线送至模拟量输出卡XP322，XP322输出信号为标准的4～20mA电流信号，驱动电动调节阀按正作用执行对阀门开度的控制（0～100%），实现对上水箱液位的控制。系统信号传递过程如图3-11所示。

资源3.5
基本组成分析

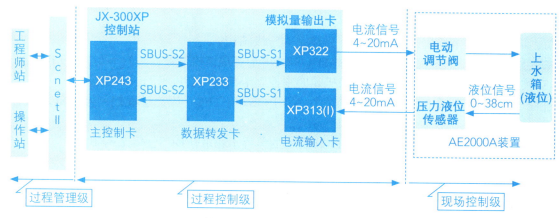

图3-11 单容水箱液位DCS系统信号传输示意图

分析上述过程，本项目被控变量为上水箱液位、检测变送单元是压力液位传感器、控制器是JX-300XP控制站、执行器是电动调节阀、被控变量是上水箱液位、操纵变量是上水箱进水流量。绘制单容水箱液位DCS工作原理方框图如图3-12所示。

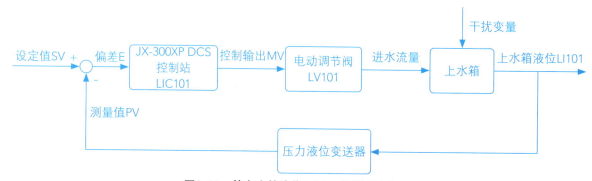

图3-12 单容水箱液位DCS工作原理方框图

图3-12所示方框图是典型单回路控制，结合控制要求，本项目的控制方案确定为常规单回路PID。

任务1 拓展

为了节约成本，本任务中选用的6通道电流型模拟量输入卡XP313（I）更换为6通道电压型模拟量输入卡XP314（I），对图3-11所示的单容水箱液位DCS系统信号传输方框图进行完善。

素质拓展阅读

成本控制与节约意识

"成由勤俭破由奢"，勤俭节约一直是中华民族的传统美德。自2019年爆发新冠肺炎疫情后，全球性不同程度的金融危机影响到世界各行各业，中华民族的"节约哲学"派上大用场了。

该花的钱一定花，不该花的钱一定不能花，从各个方面降低生产成本，是当下企业"过冬"最重要的一件事。即使是华为这样的大公司，也在降低成本上做足了功夫。比如：培养高素质的研发团队，并与高校合作，降低研发成本；优化人力资源配置，充分发挥个人才能，降低人员成本；完善采购流程，优化采购厂商，降低采购成本；引入先进硬件生产管理线，降低制造成本；建立合理的运营体系，优化资金结构，完善考核制度，降低运营成本等等。由此可见，学会控制成本、培养节约意识，是企业完成成本管理的重要保证；是企业增加利润的根本途径；是企业抵抗内外压力、求得生存的主要保障；也是企业持续健康发展的根本。

在生产过程控制系统的规模分析中，系统按最小规模设计，除主控制卡、数据转发卡、过程控制网及必要的关键设备/卡件等采用冗余配置外，其余均不做冗余要求，在满足控制要求的基础上，要充分体现成本控制与节约意识。

为了节约成本，项目三任务1的拓展中，充分利用所学知识，将压力液位传感器的4~20mA电流输出经250Ω精密电阻，转化为1~5V电压信号，在卡件配置时，将6通道电流型模拟量输入卡XP313（I）卡更换为6通道电压型模拟量输入卡XP314（I），将成本控制做到实处。

这则阅读启示我们，一定要养成勤俭节约的美德，禁止铺张浪费。同时为了在今后的工作中做到不降低产品质量的前提下实现成本控制，大家更应当认真学习，具备扎实的专业理论基础和过硬的操作技能，通过技术创新和管理创新，实现成本控制与节约。

● 任务2　单容水箱液位DCS系统组态 ●

任务2　说明

DCS的系统组态是一个循序渐进、多个软件综合应用的过程，主要应用AdvanTro-Pro软件包的SCKey组态软件对控制系统进行组态。

本任务的主要内容是完成单容水箱液位DCS系统组态。

任务2　要求

① 准确识读任务单；
② 正确安装系统组态软件；
③ 正确组态系统总体信息；
④ 正确组态控制站；
⑤ 正确组态操作站；
⑥ 组态毫厘不差。

任务2　学习

一、组态软件安装

AdvanTroPro（V2.8）软件包运行的系统平台Windows XP Profession中文版（SP2）、Windows7Profession中文版（32位）、Windows7Profession中文简体（SP1，64位）、Windows2008Server Standard中文版（R2，64位）、Windows2016Server Standard中文版、Windows10企业版中文简体64位。

将安装盘插入光驱，系统自动运行安装程序。按照安装向导，一步步进行安装。需要注意的是，在完成安装路径选择后，进入"安装类型"的选择界面，如图3-13所示。

资源3.6
软件安装操作

图3-13　"安装类型"的选择界面

"安装类型"有操作站安装、工程师站安装、数据站安装和完全安装4个选项。

- 操作站安装：安装操作站组建，包括库文件、AdvanTro实时监控软件、用户授权管理软件，这种安装方式下，操作人员无法进行组态操作。
- 工程师站安装：安装工程师站组建，包括库文件、AdvanTro实时监控软件、SCKey组态软件、SCForm报表制作软件、SCX语言编程软件、SCControl图形编程软件、SCDraw流程图制作软件、二次计算软件、用户授权管理软件、数据提取软件。
- 数据站安装：包括数据采集组件、报警、操作记录服务器和趋势服务器。
- 完全安装：安装所有组件。

安装时，可根据需要安装相应的类型，如选择的安装类型是"工程师站"安装，安装完成后，电脑桌面上添加了系统组态和实时监控的快捷图标；若选择"服务器安装"，安装完成后，电脑桌面上添加了系统组态和数据服务的快捷图标；若选择"操作站安装"，安装完成后，电脑桌面上仅添加了"实时监控"的快捷图标。

二、任务单设计

综合单容水箱液位DCS项目的工艺特点、报警要求、趋势记录要求和系统设计要求等，设计本项目的组态任务单如表3-18所示。

表3-18 单容水箱液位DCS组态任务单

（1）系统配置

类型	数量	IP地址	备注
过程控制站PCS	1	02	主控卡和数据转发卡均冗余配置 主控卡注释：控制站 数据站发卡注释：数据转发卡
工程师站	1	130	注释：工程师站130
操作站	1	131	注释：操作员站131

注：其他未作说明的均采用默认设置。

（2）用户授权

角色	用户名	用户密码	功能权限	操作小组权限
特权	系统维护	SUPCONDCS	全部	工程师组、监控操作组
工程师+	设计工程师	1111	全部	工程师组、监控操作组
工程师	维护工程师	2222	全部	工程师组
操作员	监测操作员	3333	全部	监控操作组

注：其他未作说明的均采用默认设置。

（3）测点清单

序号	位号	描述	I/O	类型	量程	单位	报警	趋势（记录统计数据）
1	LI101	上水箱液位	AI	4~20mA	0~38	cm	高限35 低限05	低精度压缩 记录周期1秒

续表

序号	位号	描述	I/O	类型	量程	单位	报警	趋势（记录统计数据）
2	LV101	上水箱液位调节	AO	Ⅲ型正输出				

说明：组态时卡件注释应写成所选卡件的名称，例：XP313（Ⅰ）；组态时报警描述应写成位号名称加报警类型，例：进炉区燃料油压力指示高限报警。

（4）控制方案

序号	控制方案注释、回路注释	回路位号	控制方案	PV	MV
00	上水箱液位控制	LIC101	单回路	LI101	LV101

使用常规单回路控制，回路测量值、输出值、设定值均需进行趋势组态。

（5）操作站设置——操作小组配置

操作小组名称	光字牌名称及对应分区
工程师组	液位：对应液位数据分区
监控操作组	

（6）操作站设置——数据分组分区配置

数据分组	数据分区	位号
工程师数据组	液位	LI101
	温度	
	流量	
监控操作数据组		

注：其他未作说明的均采用默认设置。

（7）操作画面组态（当工程师组进行监控时）

① 总貌画面

页码	页标题	内容
1	索引画面	索引：工程师组所有流程图、所有分组画面、所有趋势画面、所有一览画面
2	液位信号	LI101

② 趋势画面

页码	页标题	内容
1	上水箱液位曲线	LI101
2	上水箱液位调节曲线	LIC101.SV
		LIC101.PV
		LIC101.MV

续表

③ 分组画面

页码	页标题	内容
1	常规回路	LIC101
2	液位	LI101

④ 一览画面

页码	页标题	内容
1	上水箱液位信息一览	LI101

注：其他未作说明的均采用默认设置。

(8) 操作画面组态（当监控操作组进行监控时）

① 分组画面

页码	页标题	内容
1	常规回路	LIC101
2	液位	LI101

② 一览画面

页码	页标题	内容
1	上水箱液位调节曲线	LIC101.SV
		LIC101.PV
		LIC101.MV

注：其他未作说明的均采用默认设置。

(9) 自定义键组态（当项目工程师操作小组进行监控时）

序号	键定义
1	系统总貌
2	翻到分组画面第2页

注：其他未作说明的均采用默认设置。

(10) 报表画面组态（当工程师组进行监控时）

要求：记录LI101数据，要求每一小时记录一次数据，报表中的数据记录到其真实值后面两位小数，时间格式为××：××（时：分），每天0点、8点、16点输出报表。见样表：

上水箱液位（班报表）

_____班_____组　组长_____　记录员_____　　　_____年_____月_____日

时间	9:00	10:00	11:00	12:00	13:00	14:00	15:00	16:00
内容	描述	数据						
LI101	上水箱液位	15.23	16.33	17.54	16.18	15.43	14.56	15.66	15.89

注：报表名称及页标题均为"上水箱液位（班报表）"，定义事件时不允许使用死区。

续表

（11）流程图画面组态（当工程师组进行监控时）

页码	页标题及文件名称	内容
1	上水箱液位工艺流程图	绘制如图3-14所示的流程图画面

注：其他未作说明的均采用默认设置。

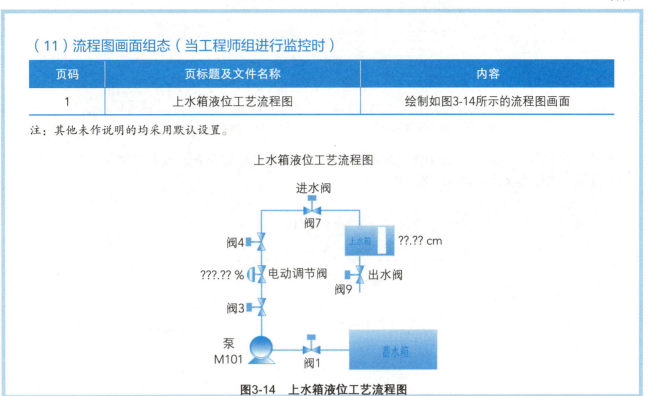

图3-14　上水箱液位工艺流程图

三、系统组态的主要内容

（一）组态文件

JX-300XP DCS的组态文件为*.sck，在打开SCKey组态软件时，有新建组态文件和打开已有组态文件两种情况。

新工程组态文件的创建，需要先启动系统组态软件SCKey，再点击"新建组态"。

打开已有组态文件，如组态文件无需转换（方式选择为"直接载入组态"），则点击"选择组态"—"载入组态"；如组态文件需要转换，可通过方式选择进行对应转换，包括ECS-100系统组态转换、JX-300X系统组态转换、GCS-2系统组态转换、JX-300XP系统组态转换四种方式，再点击"选择组态"—"载入组态"。

SCKey文件操作对话框如图3-15所示。"组态名称"为上次运行的组态文件名，如SCKey组态软件是首次打开，则组态名称处为空。点击"新建组态"，进入图3-16用户登录对话框。

新建组态首次用户登录时，用户名只有"admin"一个用户，密码是"supcondcs"，如果要使用自定义的用户名、密码、角色登录，则必须在系统组态之前进行用户授权组态。点击"登录"，弹出图3-17所示的对话框。

图3-15　SCKey文件操作对话框

图3-16　用户登录对话框　　　　图3-17　指定存放位置对话框

点击"确定",为新建组态文件"演示工程"选择合适的存储位置,点击"保存"后,直接打开"演示工程"的组态文件,如图3-18所示。

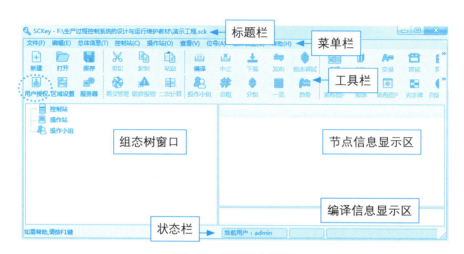

图3-18　系统组态界面

系统组态界面主要包括标题栏、菜单栏、工具栏、状态栏、组态树窗口、节点信息显示区、编译信息显示区。其中:
- 组态树窗口:显示当前组态的控制站、操作站和操作小组的总体情况。
- 节点信息显示区:显示某个节点(包括左边组态树中任意一个项目)具体信息。
- 编译信息显示区:显示了组态编译的详细信息,当出现错误时,双击某条错误信息可进入相应的修改界面。

(二)角色与功能

在进行系统组态之前,首先要根据任务单的用户授权管理需求表,基于用户授权管理软件(SCSecurity)进行用户授权组态。用户授权组态的目的是确定DCS操作和维护管理人员的角色并赋以相应的操作权限。

在用户授权软件中将角色分为八个等级:操作员-、操作员、操作员+、工程师-、工程师、工程师+、特权-、特权。不同角色的用户拥有不同的授权设置,即拥有不同范围的操作权限,对每个用户也可专门指定(或删除)其某种权限。

系统默认的用户名为admin,密码为supcondcs。admin为管理员,用户等级为特权+,权限最大。以admin用户名、密码supcondcs登录系统组态软件后,可在用户授权管理软件SCSecurity中对用户的8个等级进行授权设置。

1. 启动用户授权软件

进入如图3-18所示的系统组态界面,点击工具条左上角的"用户授权"按钮,进入如图3-19所示的用户授权组态界面。

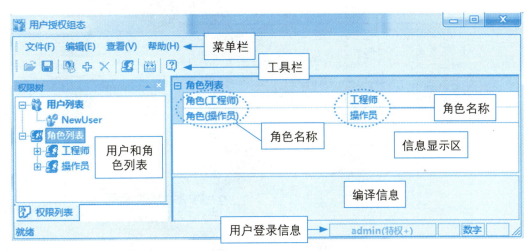

图3-19 用户授权组态界面

用户授权组态界面主要包括菜单栏、工具栏、权限树、信息显示区、编译信息和用户登录信息等。其中：工具栏包括打开、保存、向导、添加、删除、管理员密码、编译（仅包括用户信息）等常用工具；用户和角色列表包括该组态中所有用户列表和所有角色列表（含有单个角色的所有权限）；信息显示区具体显示权限树中所选项的信息；编译信息显示最近一次编译的错误或成功的信息。

 角色名称和角色等级可以相同吗？

2. 新建用户与分配角色

在图3-19所示的用户授权组态界面中，单击工具栏—向导，弹出图3-20所示的"增加用户"对话框，按照任务单要求，组态用户名、配置角色、设置密码等。

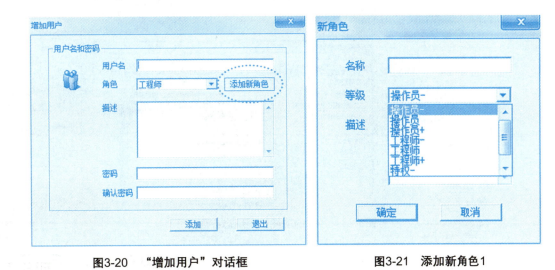

图3-20 "增加用户"对话框　　图3-21 添加新角色1

想一想 ｜ 授权的用户名可以重复吗？

打开用户授权软件，默认情况下，系统角色只显示了工程师和操作员两个等级，如图3-19所示。任务单中用户授权管理需求中如有其他的角色要求，如工程师＋、特权、特权－等，需要在图3-20点击"添加新角色"，如图3-21所示，添加成功的角色如图3-22所示。

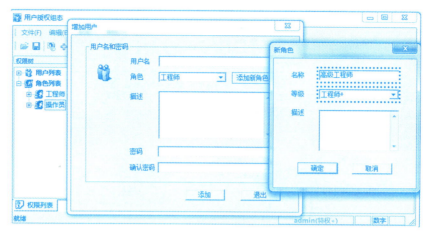

图3-22 添加新角色2

3. 分配角色的权限

点击角色前面"+",可以看到与角色相对应的各种权限,如图3-23所示。点击"操作员"角色前面"+",打开目录树,可以看到每个角色包括功能权限、数据权限、特殊位号、自定义权限、操作小组权限和用户列表等。系统为每类权限提供了默认的权限,如点击操作员—"功能权限",在右边的功能权限列表中,第一列是主要功能列表,第二列对应是该功能的操作权限,打"√"表示是该角色的默认功能权限。在实际组态中,可以对非默认权限进行强制组态,如允许操作员具有"监控运行状态下退出系统权限",点击该功能,其前方出现一个方框□,点击该方框,跳出提示框"权限等级比角色等级高,是否继续",选择"确定"就可以设置超角色等级的权限。

资源3.7
用户名命名规则

图3-23 角色的功能权限组态界面

- 功能权限:指该角色具有的功能操作权限,打"√"表示该角色具有的权限(不同的角色所拥有的默认权限各不相同)。
- 数据权限:指该角色对组态文件中所有的数据组和数据区具有的数据操作权限,所有权限都在数据区中设置。包括:位号操作等级、使能位号、All、数据修改、报警确认、报警和数据修改使能、报警限修改、PID调整、MV、SV和手自动切换。
- 特殊位号:指该角色对组态文件中相关的所有特殊位号具有的数据操作权限。
- 操作小组权限:指该角色可以访问的操作小组的权限。列表中列出了已组态的所有操作小组,可以在其中选择角色允许访问的操作小组。
- 用户列表:指系统文件中具有该角色的所有用户。可以新增用户、删除用户、修改用户信息。

修改角色的功能权限。

4. 角色与操作小组的关联

在用户授权组态时，完成用户创建和角色关联，根据任务单用户授权管理需求完成功能权限组态后。点击工具栏的"编译"，编译信息将出现编译错误，一般是角色有几个，编译错误就有几个，如图3-24所示。

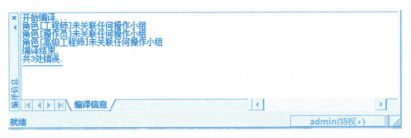

图3-24 编译信息界面

从编译结果可以看出，编译信息提示"共3处错误"，即该项目的角色"工程师""操作员"和"高级工程师"未关联任何操作小组。

> 小提示：在用户授权组态中，每个角色至少要关联一个操作小组，否则编译出错。admin用户默认关联所有的操作小组，不可修改。

当操作小组组态完成后，重新进入用户授权组态，将角色与操作小组进行关联（操作小组组态时设置了切换等级，即关联角色的等级），再次编译用户授权，编译正确，则用户授权组态全部完成。

5. 用户（角色）的登录组态与修改用户授权组态的权限

用户授权组态完成后，关闭SCKey组态软件后。重新登录SCKey组态，在用户登录界面的用户下拉框发现，登录可选的用户不仅有admin，还有其他用户授权组态完成的工程师-及以上角色等级的用户，可以根据"功能权限"确定选择哪个用户登录系统组态。

资源3.9
登录与修改

 1. 所有角色等级的用户都可以登录系统组态软件吗？
2. 所有角色等级的用户都可以修改用户的角色、密码、功能权限等吗？

📖 **素质拓展阅读**

角色的思考

韩愈说"闻道有先后，术业有专攻，如是而已。"三百六十行，行行出状元，如今职业种类细分很多，所有职业都是平等的，只有分工的不同，没有高低贵贱之分。

在系统用户授权组态时，通常会根据不同工作人员的特长及工作需要进行分工，设定角色和相对应的权限，不同角色对应的权限不同。特权+级别的角色可进行组态的角色包括操作员-、操作员、操作员+、工程师-、工程师、工程师+、特权-、特权共8个。不同角色的用户拥有不同的授权设置，即拥有不同范畴的操作权限，对每个用户也专门指定其某种权限。

在学习的班级、工作的单位、生活的社会也是一样，每个人都扮演着一定的角色，不同的角色承担不同的责任，有不同的权限。因此，我们必须正确对待职业和岗位，尊重每个职业的岗位分工，不能因为一些狭隘的看法就产生角色有高低贵贱之分的想法，要树立正确的价值观和择业观，做到爱岗敬业，干一行爱一行，在平凡的岗位也能干出不平凡的成绩。

（三）系统总体信息

登录进入如图3-18所示的组态界面。组态界面除"主机"按钮外，有"新建、保存、打开、编译"等几个通用操作按钮，其他按钮都以灰色显示，表示按钮所示功能在当前状态无效。因此，进行系统总体信息组态是整个系统组态操作的第一步工作，其目的是确定构成控制系统的网络节点数，即控制站和操作站节点的数量。

系统总体信息组态主要是对主机进行设置。主机设备主要包括主控制卡及操作站的组态。点击菜单命令"总体信息"—"主机设置"，或在工具栏中点击主机设置图标"主机"，也可以在组态树窗口左侧导航栏中双击"控制站"图标。弹出主机设置界面如图3-25所示。

资源3.10
角色总结

图3-25　主机设置界面

在主机设置界面右边有一组命令按钮用于进行设置操作。"整理"是对已经完成的节点设置按地址顺序排列；"增加"一个节点；"删除"指定的节点；"退出"退出主机设置。

主机设置界面包括主控制卡设置和操作站设置两项。主控制卡设置项用于完成控制站（主控制卡）设置；操作站设置项用于完成操作站（工程师站、数据站和操作站）设置。点击主机设置界面下方的主控制卡标签或操作站标签可进入相应的设置界面。

1. 主控制卡组态

在图3-25主机设置界面，点击"增加"按钮，如图3-26所示。控制站主控制卡组态内容主要有注释、IP地址、周期、类型、型号、通讯、冗余、网线等。其中：

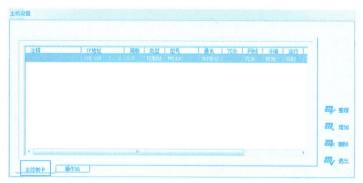

图3-26　主控制卡组态

● 注释：对控制站/主控制卡的文字说明，可为任意字符，长度不超过60个字符。

● IP地址：SUPCON WebField控制系统采用了双高速-冗余工业以太网SCnetⅡ作为其过程控制网络。

控制站作为SCnetⅡ的节点，网络通讯功能由主控制卡担当，TCP/IP协议地址采用表3-19所示的系统约定，网络码128.128.1和128.128.2代表两个互为冗余的网络，即A网和B网，在控制站表示两个冗余的通信口，上为128.128.1，下为128.128.2。项目工程设

资源3.11
三种控制站

计时要保证实际硬件接口和组态时填写地址的绝对一致。单个区域网中最多可组63个控制站（63对主控制卡，一个工作主控制卡，一个备用主控制卡）。

表3-19 TCP/IP协议控制站地址的系统约定

类别	地址范围		备注
	网络码	主机码（IP地址）	
控制站地址	128.128.1	2~127	每个控制站包括两块互为冗余的主控制卡。每块主控制卡享用不同的网络码。主机地址统一编排，相互不可重复。地址应与主控制卡硬件上的跳线匹配
	128.128.2	2~127	

● 周期：周期值必须为0.05s的整数倍，范围在0.05~5s之间，一般建议采用默认值0.5s。运算周期包括处理输入输出的时间、回路控制时间、SCX语言运行时间（仅O系列，N系列不支持SCX语言）、图形组态运行时间等，运算周期主要耗费在自定义控制方案的运行。

● 类型：控制站类型主要有控制站（过程控制站PCS）、逻辑站（逻辑控制站LCS）、采集站（DAS）三种类型。这三种控制站的核心单元都是主控制卡，支持SCX语言（除247系列主控制卡）、图形化编程语言等控制程序代码。

> 想一想 | 三种控制站类型的主要特点？

控制站提供常规回路控制的所有功能和顺序控制方案，控制周期最小可达0.05s；**逻辑站**提供马达控制和继电器类型的离散逻辑功能，特点是信号处理和控制响应快，控制周期最小可达50ms，侧重于完成联锁逻辑功能，回路控制功能受到相应的限制；**采集站**提供对模拟量和开关量信号的基本监视功能。

● 型号：JX-300XP目前可以选用的型号为XP243（243系列）和XP243X（247系列）。
需要注意事项：
① XP243X不是XP243的简单升级，因此两者不能进行冗余配置。
② XP243X不支持SCX语言。当主控制卡需要从XP243升级到XP243X时，需要将XP243的SCX语言用SCControl重新编写，并在XP243X的系统中进行重新编译下载。
③ 与XP243X配套使用的控制系统软件是AdvanTro-Pro V2.5 + SP06及以上版本软件。

● 冗余：打钩代表当前主控制卡设为冗余工作方式，不打钩代表当前主控制卡设为单卡工作方式。单击冗余选项将自动打钩，再次单击将取消打钩。单卡工作方式下在偶数地址放置主控卡，冗余工作方式下，其相邻的奇数地址自动被分配给冗余的主控制卡，不需要再次设置。

> 想一想 | 某系统主控制卡冗余、过程控制网络冗余，主控制卡组态IP地址为4，备份主控制卡B网地址是什么？

● 网线：选择需要使用网络A、网络B或者冗余网络进行通讯。每块主控制卡都具有两个通信口，在上的通讯口称为网络A，在下的通讯口称为网络B，当两个通讯口同时被使用时称为冗余网络通讯。

● 运行：选择主控卡的工作状态，可以选择实时或调试。选择实时，表示运行在一般状态下；选择调试，表示运行在调试状态下。

主控制卡组态中，主控制卡型号的选择直接关系整个系统数据转发卡、I/O卡的型号选择，一定要根据《系统配置清册》进行组态配置。

2. 操作站组态

在图3-25中，点击"操作站"标签，进入操作站组态，点击"添加"，如图3-27所示。

图3-27 操作站组态界面

操作站组态内容主要包括注释、IP地址、类型、冗余等。其中，注释要求与主控制卡相同。
- IP地址：最多可组72个操作站，对TCP/IP协议地址采用表3-20所示的地址约定。

表3-20 SCnet II 操作站地址约定

类别	地址范围		备注
	网络码	主机地址	
操作站地址	128.128.1	129~200	每个操作站包括两块互为冗余的网卡。两块网卡享用同一个主机地址，但应设置不同的网络码。主机地址统一编排，相互不可重复
	128.128.2	129~200	

- 类型：操作站类型分为工程师站、数据站和操作站三种。
- 冗余：用于设置两台操作站冗余。该功能可实现两个站间的数据同步，互为冗余的站将在自己启动之后向当前作为主站的操作站主动发起同步请求，通过文件传输完成两个站间的历史数据同步。**所有类型的操作站中只能有一对进行冗余配置**（将需要冗余的两个操作站的"冗余"设置项中打钩），否则编译会出错。

（四）控制站组态信息

在系统组态中，控制站组态主要包括I/O组态、自定义变量组态、常规控制方案组态、自定义控制方案组态和折线表定义等。根据项目学习案例的要求，重点介绍I/O组态、常规控制方案组态。

控制站I/O组态是完成对控制系统中各控制站内卡件和I/O点的参数设置，包括了三部分组态信息，分别是数据转发卡组态（确定机笼数）、I/O卡组态、I/O点组态。

1. 数据转发卡组态

数据转发卡组态是对某一控制站内的数据转发卡的冗余情况、卡件在SBUS-S2网络上的地址（数据转发卡的机笼地址）进行组态。

点击图3-18系统组态界面工具栏的"I/O"图标，打开如图3-28所示的"I/O输入"组态界面。

选择"数据转发卡"标签，点击"增加"命令按钮，如图3-29所示。数据转发卡组态包括了主控制卡、注释、地址、型号、冗余等主要内容。其中，注释与主控制卡和操作站要求相同，对于JX-300XP DCS，无论主控制卡选择XP243，还是XP243X，数据转发卡的型号都是唯一的XP233。

- 主控制卡选择：这里指从总体信息—主机—主控制卡中已组态好的所有主控制卡中，选择一块作为当前组态的主控制卡（也是控制站）。

当主控制卡被选定后（控制站被选定），每个控制站可以配置8个卡件机笼，每个卡件机笼都需配置数据转发卡，数据转发卡都将挂在该主控制卡上，而且1块（1对冗余）主控制卡下最多可组16块（8对）数据转发卡。一个控制站（1块，或者1对冗余的主控制卡）对数

图3-28 "I/O输入"组态界面

图3-29 "数据转发卡"组态界面

据转发卡最大的组态规模如图3-29所示。

在图3-29数据转发卡组态界面中,"增加"命令按钮已经失效,即当前组态为数据IP地址为2的主控制卡挂接的1#~8#卡件机笼,共16块数据转发卡。

> **想一想** 图3-29所示的数据转发卡组态界面,数据转发卡最多组态的是8块?还是16块?

● 冗余:设置当前卡件机笼数据转发卡是否冗余,如果冗余,打上"√",否则,空置。

● 地址:1块(1对)主控制卡可以通过SBUS-S2现场总线挂接8个卡件机笼的16块数据转发卡,每个机笼的数据转发卡需要设置寻址的地址(00~15)。

在如图3-29组态界面,地址指的是工作数据转发卡的地址,必须为00~15之间的偶数。如果该卡件机笼数据转发卡冗余配置,则备份数据转发卡的地址是其工作数据转发卡偶数地址+1,即奇数,该地址由系统根据其工作数据转发卡的偶数地址自动配置,不需要在图3-29中进行组态。

▶ 资源3.12 ◀
数据转发卡组态

> **一句话问答** 如某卡件机笼数据转发卡冗余配置,组态工作数据转发卡地址为4,备份数据转发卡的地址是什么?

> **动手试一试** 在图3-29中,组态某机笼的数据转发卡地址为00~15之间的奇数,系统会通过吗?

在对控制站卡件机笼进行硬件装配时,图3-29所示的每个机笼数据转发卡的地址必须与数据转发卡硬件上的跳线地址匹配,并且地址值不可重复。

2. I/O卡件组态

I/O卡件组态是对SBUS-S1网络上的I/O卡件型号及地址进行组态。1块(1对冗余)的数据转发卡可管理16块I/O卡件。

在图3-28所示的"I/O输入"组态界面中,选择"I/O卡件"标签,点击右边的"增加"命令按钮,如图3-30所示。

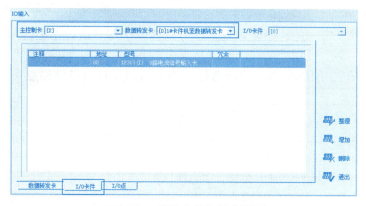

图3-30 "I/O卡件"组态界面

I/O卡件组态主要包括主控制卡选择、数据转发卡选择、注释、地址、型号和冗余。其中,注释、主控制卡选择与数据转发卡相同。

● 数据转发卡选择:为当前组态的I/O卡件选择其所属卡件机笼的数据转发卡。

● 地址:定义当前组态的I/O卡件在该卡件机笼(已选的数据转发卡所在的机笼)的I/O槽位地址(00~15,每个机笼共16个I/O卡件槽位),每张I/O卡件可选择该机笼中的一个地址。I/O卡件的组态地址应与I/O卡件硬件在控制站卡件机笼中插放的地址一致,并且在同一个卡件机笼中,I/O卡件组态地址不能重复。

● 型号:配置I/O卡件型号,根据《系统硬件配置清册》或系统任务单的测点清单进行卡件选择。不同的主控制卡所支持的I/O卡件不同。

● 冗余：为当前组态的I/O卡件设置冗余卡件，在该组态的I/O卡件"冗余"处打上"√"，即配置了1块工作I/O卡件和备份I/O卡件。

如配置了备份I/O卡件，图3-30组态的当前工作I/O卡件的地址只能配置为偶数，其备份I/O卡件的地址由系统自动配置为该偶数地址＋1，即奇数地址。因此，当某I/O卡件需冗余配置，其组态地址必须为00～15的偶数，且其大于1的奇数地址不能被其他I/O卡件占用。

（1）某I/O卡件冗余配置，其组态地址4，地址5组态给其他卡件，系统会通过吗？
（2）某I/O卡件冗余配置，其组态地址设置7，系统会通过吗？

▶ 资源3.13 ◀
I/O 卡组态

3. I/O点组态

I/O点组态是对所组卡件的信号点进行组态。可以分别选择主控制卡、数据转发卡和I/O卡件进行相应的组态。在选定1块I/O卡件后点击"增加"按钮连续添加信号点，直至达到该卡件的信号点上限，此时"增加"按钮呈灰色不可操作状态。删除时，其余信号点的地址将保持不变，不会重新编排。

在图3-28所示的"I/O输入"组态界面中，点击"I/O点"组态，并点击右边的"增加"命令按钮，如图3-31所示。

I/O点组态是最复杂的，也是最重要的，包括位号、注释、地址、类型、参数、趋势、报警、区域、语音、操作等级等。其中：注释、主控制卡选择、数据转发卡选择与前面讲述的其他组态要求相同。

● I/O卡选择：为当前组态的I/O点选择其所属的I/O卡件。

● 位号：当前测点在系统中的位号。

图3-31 "I/O点"组态界面

每个测点在系统中的位号是唯一的，不能重复，位号只能以字母开头，不能使用汉字，且字长不得超过24个英文字符。

● 地址：指定测点在当前I/O卡件上的通道号。测点的通道号应与该测点接入I/O卡件的接口编号匹配，不可重复使用。

每个I/O卡都有通道数限制，如XP313I是6个通道，选择该I/O卡，在I/O点组态时将最多可以增加6个通道，通道地址分别为00～15，对需要组态的测点按照如表3-16所示的I/O卡件测点通道连接表进行通道地址组态。

● 类型：选择当前卡件的输入/输出类型，类型包括：模拟信号输入AI、模拟信号输出AO、开关信号输入DI、开关信号输出DO、脉冲信号输入PI、位置输入信号PAT、事件顺序输入SOE输入、电量信号输入PO八种类型，选择不同的卡件即显示不同的类型，组态时不可修改。

● 参数：根据测点类型进行信号点参数设置。点击下方">>"按钮将进入相应的参数设置界面。不同的卡件类型，参数设置内容不同。这里根据项目学习方案，重点学习以下几种信号类型的参数组态内容。

① 模拟量输入信号，参数设置如图3-32所示。控制站根据信号特征及用户设定的要求做一定输入处理。

模拟量输入信号参数的组态内容主要包括位号、注释、信号类型、上/下限及单位、超量程等，其中：

● 信号类型：不同的模拟量输入卡件支持不同的信号类型。模拟量输入（AI）信号类型总的可分为标准信号，包括Ⅱ型、Ⅲ型信号和各种电流/电压信号，热电阻信号（Cu50、Pt100）和各种热电偶的电压信号等。

● 上/下限及单位：是设定信号点的量程最大值、最小值及其单位。工程单位列表中列出了一些常用的工程单位供用户选择，同时也允许自定义工程单位。

● 超量程（上限、下限）：组态中AI位号的超量程范围为-10%~110%（默认超量程低限为-10%，超量程高限为10%），如果测点组态了超量程，在监控中如该位号处于超量程状态，则仪表面板上显示HOR/LOR。

图3-32 （电压型）模拟量输入信号参数组态界面

● 累积（时间系数、单位系数、累积单位）：当测点是累积量时，需要根据工程单位和自行定义的累积单位来计算正确的单位系数和时间系数再配置参数。时间系数与单位系数的计算方法为：工程单位为单位1/时间1，累积单位为单位2，时间系数=时间1/秒，单位系数=单位2/单位1。

> **小贴士** 热电偶型模拟量输入信号需要组态XP314（Ⅰ）6通道的电压型模拟量输入卡，I/O点组态时，信号类型选择对应的热电偶型号，如图3-32所示。

② 模拟量输出信号，参数设置如图3-33所示。模拟量输出信号输出的是一个控制设备（如阀门）的百分量信号。

模拟量输出信号的参数组态包括位号、注释、输出特性和信号类型。其中：

在输出特性中配置执行器的正输出或反输出特性，在信号类型中配置输出信号的Ⅱ型（0~10）mA、Ⅲ型（4~20）mA，而带HART功能的模拟量输出卡件的信号类型只有Ⅲ型（4~20）mA一种。

③ 开关量输入/开关量输出信号，参数组态界面如图3-34所示。该类信号都是数字信号，开入与开出两种测点的参数组态基本一致。

开关量输入/开关量输出信号主要包括位号、注释、状态、端子、状态描述及颜色。其中：状态项打钩表示开关量初始状态为常开，否则为常闭；端子项打钩表示该点为有源，否则为无源；开/关状态分别对开关量信号的开（ON）/关（OFF）状态进行描述和颜色定义。

● 趋势：确定测点是否需要进行历史数据记录及记录统计数据。点击">>"按钮将进入相应的I/O趋势组态对话框，如图3-35所示。

图3-33 模拟量输出信号参数组态界面　　图3-34 开关量输入/输出信号组态界面　　图3-35 趋势组态界面

如项目要求要进行历史数据记录，配置"趋势组态"，并设置记录周期（1s、2s、3s、5s、10s、15s、20s、30s、60s）和选择数据压缩方式（低精度压缩方式、高精度压缩）。如项目要求要对统计数据进行记录，配置"统计数据"，即在实时监控中，系统将统计该位号的数据个数、平均值、方差、最大值、最大值首次出现的时间、最小值、最小值首次出现的时间。

● 报警：根据测点类型（模拟量、开关量）进行测点报警设置。主要有模拟量报警和开关量报警两种报警组态界面，分别如图3-36和图3-37所示。

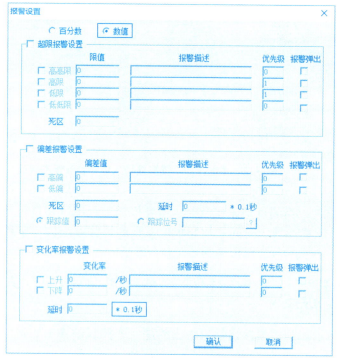

图3-36　模拟量报警组态界面

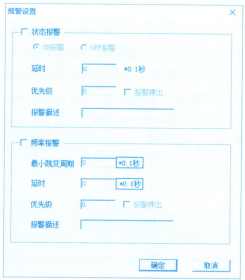

图3-37　开关量报警组态界面

（1）模拟量报警组态

模拟量报警组态主要按百分数或工程实际值设置报警值，主要包括超限报警、偏差报警和变化率报警三种功能。其中：

① 超限报警功能可设置高高限、高限、低限、低低限报警及死区，报警优先级分成0～9共10级。在死区设置时，对于高限和高高限报警，当位号值大于等于报警限值时，产生相应报警；当位号值小于（报警限值-死区值）时，报警消除；对于低限和低低限报警，当位号值位号值小于等于限值时将产生相应的报警，当位号值大于（限值+死区值）时报警消除。

② 偏差报警可设置高偏值［当位号值≥跟踪值+高偏值时产生高偏报警、当位号值<（跟踪值+高偏值-死区值）时高偏报警消除］、低偏值（当位号值≤跟踪值-低偏值时产生低偏报警、当位号值>跟踪值-低偏值+死区值时低偏报警消除）、延时（报警生效的持续时间）等。

③ 变化率报警可设置超速上升报警的变化率［当位号值上升变化率（位号-秒变化值）≥上升变化率时产生变化率报警，反之报警消除］、超速下降报警的变化率［当位号值下降变化率（位号-秒变化值）≥下降变化率时产生变化率报警，反之报警消除］。

（2）开关量报警组态

开关量报警组态主要分为状态报警和频率报警两种功能。其中：

① 状态报警需要选择是ON状态报警还是OFF状态报警，设置报警生效的持续时间（当报警发生持续超过延时设定的时间值后，报警进入记录与显示。若报警发生没有持续到延时设定的时间值就已消除，则该条报警视为无效，不予记录与显示）。

② 频率报警需要设置最小跳变周期（脉冲最小周期值/最大脉冲频率，当脉冲周期小于此设定值时产生报警，设定值应大于10）等。

● 操作等级：选择当前位号的操作等级，提供数据只读等级、操作员等级、工程师等级和特权等级四种等级。当操作等级设置为数据只读时，该位号处于不可修改状态；当操作等级设置为操作员等级时，只有当用户所对应的角色列表中数据权限项中的位号操作等级为操作员等级以上的等级才可以修改该位号，其他级别要求类似。
- 重要位号：对信号点位号进行重要位号设置。点击"√"表示该信号点位号为重要位号，否则表示该位号为非重要位号。组态的重要位号在监控中改值时，会弹出确认框先要求用户进行确认。

4. 常规方案组态

常规控制方案是指过程控制中常用的对象的调节控制方法。这些控制方案在系统内部已经编程完毕，只要进行简单的组态即可。每个控制站（配置XP243X主控制卡）支持64个常规回路。

常规控制方案组态列出了系统内置的手操器、单回路、串级、单回路前馈、串级前馈、单回路比值、串级变比值-乘法器和采样控制8种常用的典型控制方案。对一般要求的常规控制，这些方案基本都能满足要求。

图3-18系统组态界面，点击工具栏的"常规控制回路"图标或选择菜单命令"控制站—常规控制方案"，弹出界面再点击右边"增加"命令按钮，常规控制回路组态界面如图3-38所示。

常规回路组态包括主控制卡选择（为当前组态的控制回路指定主控制卡/控制站，该控制回路的运算和管理由所指定的主控制卡负责）、No（回路存放地址/回路号）、注释、控制方案、回路参数等。其中：
- 回路参数：确定所组控制方案的输出方法，如图3-39所示。

图3-38 常规控制回路组态界面

图3-39 常规控制回路参数组态界面

回路1/回路2功能组用以对控制方案的各回路进行组态（回路1为内环，回路2为外环，最多包含两个回路，如果控制方案中仅一个回路，则只需组态回路1）。

常规控制回路输入位号只允许选择AI模入量，输出位号只允许选择AO模出量。

当控制输出需要分程输出时，组态分程点。如果分程输出，输出位号1是回路输出<分程点时的输出位号，输出位号2是回路输出>分程点时的输出位号。如果不加分程控制，则只需填写输出位号1。

资源3.15
分程控制

跟踪位号用于当该回路外接硬手操器时，为了实现从外部硬手动到自动的无扰动切换，必须将硬手动阀位输出值作为计算机控制的输入值，跟踪位号就用来记录此硬手动阀位值。

（五）操作站组态信息

在系统组态中，操作站组态用于对系统监控画面和监控操作进行组态，包括操作小组、数据组（区）、光字牌、标准画面（总貌画面、趋势画面、分组画面、一览画面）、自定义键、流程图、报表等组态。

在操作站设置中，必须先进行操作小组设置，才能在已设置好的操作小组上完成其他功能组态。

1. 操作小组设置

设置操作小组的意义在于不同的操作小组可观察、设置、修改不同的标准画面、流程图、报表、自定义键等。所有这些操作站组态内容并不是每个操作站都需要查看，在组态时选定操作小组后，在各操作站组态画面中设定该操作站关心的内容，这些内容可以在不同的操作小组中重复选择。

在图3-18系统组态界面，点击工具栏的"操作小组"图标，或者选择菜单的"操作站"—"操作小组设置"命令,也可以在组态树窗口左侧导航栏中双击"操作小组"图标,在弹出的"操作小组设置"界面的右侧点击"增加"按钮,如图3-40所示。

图3-40中,序号是操作小组设置时的序号,不可修改,根据操作小组数量顺次增加;名称是操作小组的名称,名称以字符串形式,长度不超过32字节;监控启动画面指的是该操作小组在进入实时监控系统时的启动的监控画面,可选择总貌画面、分组画面、一览画面、趋势画面和流程图画面五种类型的一张画面作为监控启动画面。

操作小组具体组态内容根据组态任务单自行添加、编辑完成。

一般设置一个操作小组,包含所有操作小组的组态内容。当其中有一个操作站出现故障时,可以运行此操作小组,查看出现故障的操作小组的运行内容,以免时间耽搁而造成损失。

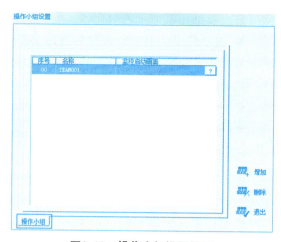

图3-40 操作小组设置界面

> **想一想** 操作小组组态完成后,要完善前面组态的哪些内容?

2. 数据组(区)组态

数据分组分区是为了方便数据的管理和监控。当数据组与操作小组绑定后,只有绑定的操作小组可以监控该数据组的数据。

数据组(区)在"区域设置"中进行组态。区域设置是对系统进行区域划分,将其划分为组和区。包括创建、删除分组分区以及修改分组描述与分区名称缩写。其中0组及各组的0区不能被删除,删除数据组的同时将删除其下属的数据分区。

▶ 资源3.16 ◀
角色操作小组权限设置

数据分区包含一部分相关数据的共有特性,如该分区所有数据的报警、可操可见等特性相同。

在图3-18系统组态界面,点击工具栏的"区域设置"图标,进入如图3-41所示的数据组(区)组态界面。

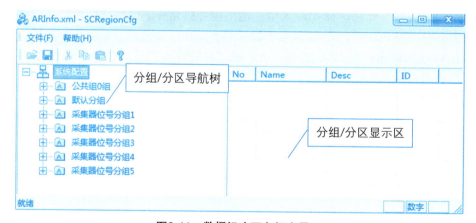

图3-41 数据组(区)组态界面

在图3-41中,系统默认已经添加了公共组0组、默认分组(所有新增位号添加到该默认分组及其默认分区)和采集器位号分组1~5。在组态时,"公共组0组"不可修改和删除,"采集器位号分组1~5"不可删除。

(1)数据分组

在保持图3-41所有默认分组分区的基础上,可根据具体项目要求,新建数据分组对数据进行分组管理。在图3-42分组/分区导航树的任一分组节点，右键单击，弹出菜单中选择"创建"，即增加一个"数据分组"，右键单击"修改"可以修改新建数据分组的名称，如"蒸汽机组"等，如图3-43所示。

图3-42　数据组组态界面　　　　图3-43　数据分区组态界面

（2）数据分区

分区的添加与分组的添加过程相同。在新建的数据分组中，进行分区配置，如"蒸汽机组"的分区。点击"蒸汽机组"前面的"+"，打开蒸汽机组，该目录树下已经有一个"数据分区"，右键单击"数据分区"，如图3-43所示。若点击"创建"项菜单，"数据分区"添加成功；若选择"修改"菜单，则对"数据分区"的名称进行修改；若选择"删除"菜单项可以将选中数据分区删除。

添加完所有的信息，对分组分区的信息进行保存、对SCKey进行保存。

（3）位号分组分区

位号区域划分用于将所有组态位号（包括自定义变量）进行IO数据的逻辑区域划分。在数据分组和数据分区完成后，方可进行位号分组分区组态，常用两种组态方法。

一种方法是在I/O组态（或自定义变量组态）界面完成，如在图3-18系统组态界面，点击工具栏的"I/O"图标，并点击"I/O点"标签，选中需要进行分组分区的位号，点击"区域"按钮，弹出"分组分区设置"，选择数据分组和数据分区，如图3-44所示。

图3-44　I/O位号分组分区

另一种方法是在图3-18系统组态界面，点击菜单栏的"位号"命令，弹出位号区域设置界面如图3-45所示，在此界面中对位号的分组、分区进行组态。其中：

通过选中某一控制站标签页，列出该控制站所有位号列表，方便对需要进行分组分区的位号进行选择，也可通过"描述查询"或"名称查询"确定目标位号的信息，查找结果在控制站标签列的"查找结果"中显示。

在左侧列表选中需要组态的位号（可选择多个位号或单个位号），在右侧的数据分组分区中选中下方的数据组标签，如"蒸汽机组"，再在上方的数据区选择数

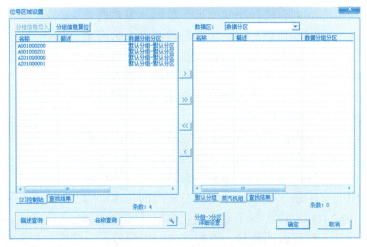

图3-45　位号区域设置界面

据区，点击中间区域的">"将其添加至指定的数据分组—数据分区内，也可将左侧列表中某控制站的全部位号通过点击中间的">>"添加至指定的数据分组—数据分区。当然，也可将已添加到指定数据分组-数据分区的位号或全部位号通过点击中间的"<"或"<<"进行删除。

3. 光字牌组态

光字牌用于显示光字牌所表示的数据区的报警信息。根据数据位号分区情况，在实时监控画面中将同一数据分区内的位号所产生的报警集中显示。通过闪烁的方式及时提醒操作人员某个区域发生报警。

在图3-18系统组态界面，点击工具栏的"光字牌"图标，弹出"光字牌组态"对话框，如图3-46所示，包括行列设置、光字牌按钮和操作小组标签三个区域。

图3-46 光字牌组态界面

在组态时，首先需要确定光字牌显示的操作小组，并根据光字牌的显示数量对行列进行设置，一个操作小组最多可设置32个光字牌（行0~3，列1~32）；其次需要对具体的光字牌进行组态，如图3-46所示的"TEAM001"操作小组的第1个光字牌，左键双击该光字牌，弹出"光字牌分区选择"，编辑光字牌名称、对光字牌所表示的数据分组的具体数据分区进行选择，建立该光字牌与对应数据分区的连接关系，也可添加指定页面，当该数据分区中有位号发生报警时，在实时监控界面，该光字牌闪烁提示该数据分区发生报警事件，如果添加了指定页面，实时监控界面会自动调整到该页面进行显示。

4. 标准画面组态

标准画面一般包括总貌画面、趋势画面、分组画面和一览画面四种类型。

（1）总貌画面

每页总貌画面可同时显示32个位号的数据和描述，也可作为总貌画面页、分组画面页、趋势曲线页、流程图画面页、数据一览画面页等的索引。在图3-18系统组态界面上，单击菜单栏的"总貌画面"图标或在菜单栏中选择—操作站—总貌画面，弹出总貌画面组态界面，并点击"增加"按钮将自动添加一页新的总貌画面，如图3-47所示。

总貌画面组态内容主要包括当前组态总貌画面所在的操作小组、总貌画面的页码（每个页码对应一幅总貌画面）、对该页内容进行说明的页标题、显示块（每页总貌画面包含8×4共32个显示块，每个显示块包含描述和内容两行，上行写说明注释，下行填入引用位号，一旁的"?"按钮提供位号查询服务）。

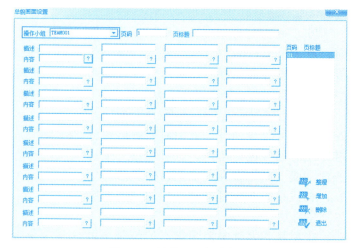

图3-47 总貌画面组态界面

在组态操作时，首先选择该画面归属的操作小组，编辑页标题，点击显示块的"?"，出现"请选择位号"对话框,当总貌画面作为"索引"画面时,点击如图3-48(b)所示的"操作画面",当总貌画面作为普通画面时,点击如图3-48(a)所示的"控制位号"。

在图3-48(a)中,"控制主机"对列出的控制站进行选择,"位号类型"对支持的位号类型进行选择,如模入量、开入量、开出量、回路等,在位号较多的系统,可以通过位号过滤与描述过滤实现对位号的精准选择等。在图3-48(b)中,"操作画面"对列出的画面类型,如总貌画面、分组画面、一览画面、趋势画面、流程图画面等进行选择。

在图3-48所示显示块"?"链接的"操作画面"或"控制位号"组态时,可单个添加,也可多个添加,但总貌画面作为"索引"画面组态时,其组态需在画面组态完成后方可实施。

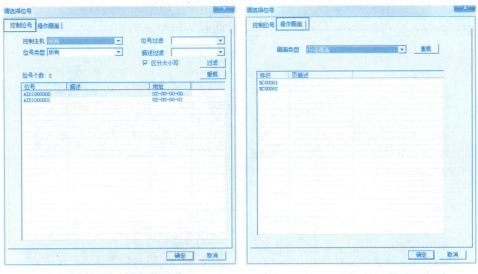

(a)总貌-普通画面组态界面　　　　(b)总貌-索引画面组态界面

图3-48　总貌组态界面

> **一句话问答** 总貌画面的普通画面与索引画面的功能一样吗?

(2)趋势画面

趋势画面组态用于完成实时监控趋势画面的设置。在图3-18系统组态界面上,单击菜单栏的"趋势画面"图标或在菜单栏中选择—操作站—趋势画面,弹出趋势画面组态界面,并点击"增加"按钮将自动添加一页新的趋势画面,如图3-49所示。

图3-49　趋势画面组态界面

趋势画面组态包括趋势页设置、页标题、趋势布局、趋势设置等几个部分。在组态时，在"趋势页设置"下拉菜单中选择该趋势画面所属的操作小组，并选择趋势布局方式，在当前趋势下完成趋势位号组态。

趋势布局方式共有1*1、1*2、2*1、2*2四种，如图3-50所示。如选择趋势布局为1*1，当前趋势仅有趋势0可以选择，且最多对8个普通趋势位号进行趋势画面组态；如选择趋势布局为1*2或2*1，一页趋势画面被分为左右/上下两个区域，分别是趋势0和趋势1，当前趋势选择"趋势0"，对左边/上边区域进行趋势画面组态，最多8个普通趋势位号，当前趋势选择"趋势1"，对右边/下边区域进行趋势画面组态，最多8个普通趋势位号，因此趋势布局为1*2或2*1，一页趋势画面最多可对16个普通趋势位号进行组态；如选择趋势布局为2*2，一页趋势画面被分为四个区域，分别是趋势0、趋势1、趋势2和趋势3，每个区域通过当前趋势进行选择，一页趋势画面最多可对32个普通趋势位号进行组态。

图3-50　趋势画面布局

选择好当前趋势后，在趋势设置中对趋势位号进行组态，每个趋势控件画面至多包含8条趋势曲线，每条曲线通过位号引用来实现。点击普通趋势位号右边的"？"，选择"IO数据"，弹出如图3-51所示的趋势位号选择对话框。

在图3-51中，"控制主机"进行已组态控制站的选择，"位号类型"对模入量、开入量、开出量、回路等进行选择（趋势位号类型不包括模出量），"趋势记录"对进入趋势库或未进入趋势库的位号进行筛选，而"位号过滤"和"描述过滤"可以通过输入位号名或位号描述搜索IO数据位号。

 若某系统需要在一页趋势页面上显示28个位号的趋势曲线，选择哪种趋势布局方式？

（3）分组画面

分组画面组态是对实时监控状态下分组画面里的仪表盘的位号进行设置。在图3-18系统组态界面上，单击菜单栏的"分组画面"图标或在菜单栏中选择—操作站—分组画面，弹出分组画面组态界面，并点击"增加"按钮将自动添加一页新的分组画面，如图3-52所示。

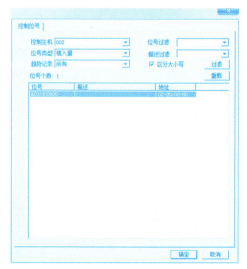

图3-51　趋势位号组态界面

分组画面组态包括操作小组、页码、页标题、仪表组位号几个部分。组态时，在"操作小组"下拉菜单中选择该分组画面所属的操作小组，编辑页标题等。

在分组画面中，每页仪表分组画面至多包括八个仪表盘，每个仪表通过位号（不含模出量）来引用，点击"？"链接相应位号。

（4）一览画面

一览画面在实时监控状态下可以同时显示多个位号的实时值及描述。在图3-18系统组态界面上，单击菜单栏的"一览画面"图标或在菜单栏中选择—操作站—一览画面，弹出一览画面组态界面，并点击"增加"按钮将自动添加一页新的一览画面，如图3-53所示。

图3-52　分组画面组态界面

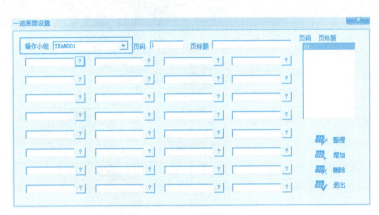

图3-53　一览画面设置对话框

5. 自定义键组态

自定义键组态用于设置操作员键盘上24个自定义键的功能，以OP032操作员键盘为例，如图3-54所示。

在图3-18系统组态界面上，单击菜单栏的"自定义键"图标或在菜单栏中选择—操作站—自定义键，弹出自定义键组态界面，并点击"增加"按钮将自动添加1个自定义键画面，如图3-55所示。

自定义键组态包括操作小组、键号、键描述、键定义语句几个部分。组态时，在图3-55的"操作小组"下拉菜单中选择该自定义键所属的操作小组，即该自定义键对指定的操作小组在实施监控软件运行时生效，以其他操作小组启动监控软件时，该定义无效。

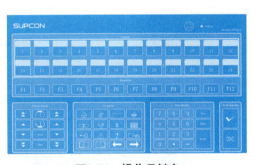

图3-54　操作员键盘

组态时，在"键号"处选定对哪一个键进行组态，编辑当前自定义键的"键描述"（字符数不超过32个），并通过"键定义语句"组态，对当前自定义键进行定义。完成自定义键组态后，可点击"检查"按钮对键定义语句的语法进行检测，如发生错误，检查结果显示在"错误信息"框中。

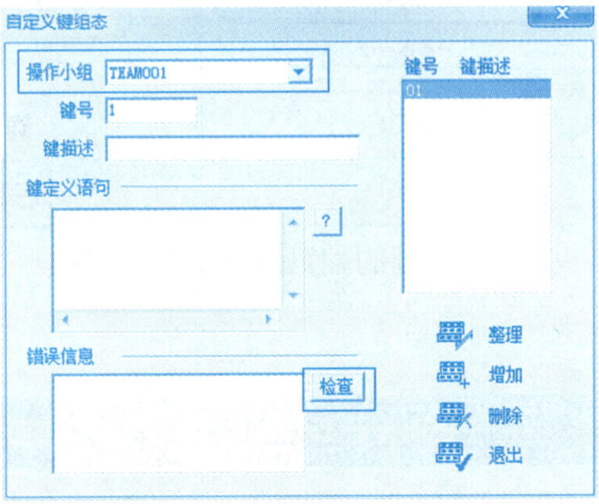

自定义键的语句类型包括按键（KEY）、翻页（PAGE）、位号赋值（TAG）3种，键定义语句格式主要包括：

图3-55　自定义键组态界面

- KEY语句格式：（键名）
- PAGE语句格式：（PAGE）（页面类型代码）[页码]
- TAG语句格式：（{位号}[.成员变量]）（=）（数值）

（）中的内容表示必须部分；[]中的内容表示可选部分。在位号赋值语句中，如果有成员变量，位号与成员变量间不可有间隔符（包括空格键、TAB键），除上述三类语句格式，注释符";"表示本行自此以后为注释，编译时将略过。

 当翻页中设置的页码数大于已存在页码，运行时将翻到哪一页？

自定义键的按键语句可设置键名见表3-21。

表3-21 自定义键可设置键名列表

键名	说明	键名	说明
AL	报警一览	DUP	开关上
OV	系统总貌	DDN	开关下
CG	控制分组	QINC	快增
TN	调整画面	INC	增加
TG	趋势图	DEC	减小
GR	流程图	QDEC	快减
DV	数据一览	F1	
PSWD	口令	F2	
PGUP	前翻	F3	
PGDN	后翻	F4	
COPY	屏幕拷贝	F5	
AUT	自动	F6	功能键
SLNC	消音	F7	
CUP	上	F8	
CDN	下	F9	
CLEFT	左	F10	
CRGT	右	F11	
ACC	确认	F12	
MAN	手动		

自定义键的翻页语句中可设置的页面类型见表3-22。

表3-22 页面类型列表

页面类型代码	页面类型	页面类型代码	页面类型
OV	系统总貌	GR	流程画面

续表

页面类型代码	页面类型	页面类型代码	页面类型
CG	控制分组	TN	调整画面（无页码值）
TG	趋势画面	AL	报警一览（无页码值）
DV	数据一览		

自定义键的位号赋值语句中可赋值的位号类型见表3-23。

表3-23 位号类型列表

位号	说明	位号扩展名	说明
DO	开出位号	.MV	阀位值位号（浮点0-100百分量）
SA	自定义模拟量位号	.SV	回路的设定值位号（浮点）
SD	自定义开关量位号（布尔值ON/OFF）	.AUT	手/自动开关位号（布尔值）

举例3-1：某工程项目需要定义的自定义键要求如下：

当TEAM001操作小组进行监控时，

① 1号键—控制分组键；

② 2号键—翻到趋势画面第2页；

③ 3号键—将S0_001回路阀位调到50%；

④ 4号键—打开K01电机。

根据自定义键的语句格式分析，1号键为按键KEY语句，2号键为翻页PAGE语句，而3号键和4号键均为位号赋值TAG语句。查表3-21获得控制分组的键名为"CG"、查表3-22获得趋势画面的键名为"TG"、查表3-23获得阀位值位号的位号扩展名为.MV，分别定义自定义键语句主要有：

● 1号键控制分组键：CG
● 2号键翻到趋势画面第2页键：PAGE TG 2
● 3号键将S0_001回路阀位调到50%键：{S0_001}.MV = 50
● 4号键打开K01电机键：{K01} = ON

该工程项目自定义键组态结果如图3-56所示。

图3-56 自定义键组态示例

动手试一试 完成举例3-1，归纳总结遇到的问题。

▶资源3.17◀
举例 3-1 操作

键定义语句必须在英文状态下输入，否则容易出错。举例3-1的3号键和4号键等这类TAG语句中的一对花括号如果在中文状态下输入，点击"检查"按键时，会显示出错信息"第一行键名错误!"，这种错误较难发现。

6. 报表组态

在工业控制系统中，报表是一种十分重要且常用的数据记录工具。它一般用来记录重要的系统数据和现场数据，以供工程技术人员进行系统状态检查或工艺分析。

基于AdvanTro-Pro软件包的SCFormEx报表制作软件是全中文界面的制表工具软件，是AdvanTro-Pro软件包的重要组成部分之一，具有全中文化、视窗化的图形用户操作界面。在图3-18系统组态界面上，单击菜单栏的"报表"图标或在菜单栏中选择—操作站—报表，弹出报表组态界面，并点击"增加"按钮将自动添加1张报表，如图3-57所示。

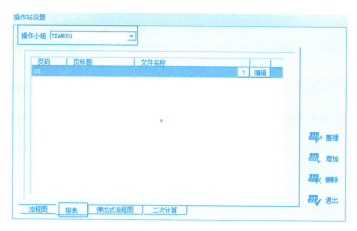

图3-57 报表组态界面

报表组态主要包括创建报表文件、编辑报表文本、报表数据组态等几个部分。

资源3.18 创建报表

（1）创建报表文件

在图3-57中，可直接编辑"页标题"，但对报表文件名的直接定义是没有意义的。制作完成的报表文件应保存在系统组态文件夹下的Report子文件夹中。如：D:\演示工程\Report*.cel。

直接点击"编辑"按钮进入相应的报表制作界面，打开一张空报表，如图3-58所示，再点击该报表的"保存"按钮，弹出"另存为"的对话框，将该报表保存在系统组态文件夹下的Report子文件夹中，并定义该张报表的文件名。

退出该报表，回到图3-57所示的报表组态界面，点击"？"选择刚刚编辑好的报表文件链接，完成一张新报表的创建，如图3-59所示。

图3-58 报表创建及文件名称定义界面　　图3-59 报表文件链接界面

（2）编辑报表文本

报表编辑，即制作报表格式。可以通过报表软件提供的各种表格制作工具、文字工具和图形工具等共同完成，达到报表的实用和美观效果。

在图3-58打开的空报表中，"标题栏"显示报表文件的名称信息，尚未命名或保存时，该窗口被命名为"未命名-SCFormEx"，已经命名或保存后，窗口将被命名为***-SCFormEx。其中"***"表示正在进行编辑操作的报表文件名。"菜单栏"显示经过归纳分类后的菜单项，包括文件、编辑、插入、格式、数据、帮助等六项，鼠标左键单击某一项将自动打开其下拉菜单。"工具栏"共包括32个快捷图标，是各菜单项中部分命令和一些补充命令的图形化表示，方便用户操作。在"输入栏"中，输入相应的文字内容，单击"＝"键将输入的文字转换到左边位置信息对应的单元格中（在右边空格中输入文字完毕后，必须单击"＝"键，否则文字输入无效）。"制表区"是报表组态的工作区域，所有的报表制作操作都体现在此制表区中，该区域的内容将被保存到相应的报表文件中。"状态栏"位于报表制作软件界面的最底部，显示当前的操作信息。

完成如图3-59所示的报表文件链接后，点击"编辑"进入已经创建好的报表进行报表编辑。主要根据报表样例完成报表的行列、文本、绘图等组态。

① **报表行列编辑**

在报表的行列组态中，系统提供了合并选中的单元格、拆除合并单元格、插入单元格和删除单元格、在表格尾部追加行（列）和设置边框格式等工具按钮，如图3-60所示。其中：

图3-60　报表行列编辑工具

"合并单元格"命令将制表区选中的连续的基础单元格合并成为一个组合单元。"拆除合并单元格"命令将选定的组合单元格拆分为基础单元格。

"插入单元格"在当前选定位置处添加单元格，共有活动单元格右移、下移、插入整行、插入整列四种插入方式。使用"插入单元格"，选择"活动单元格右移/下移"方式，如果在右移/下移的过程中遇到组合单元格就将其拆散（系统提示）；右移/下移时在列边界（最后一列/最后一行）上的单元格将被挤出表格。

"删除单元格"用于删除当前选定单元格，共有右侧单元格左移、下方单元格上移、删除整行、删除整列四种删除方式。使用"删除单元格"，选择"右侧单元格左移/下方单元格上移"方式，如果在左移/上移的过程中遇到组合单元格阻碍左移/上移的就将其拆散（系统提示）；左移/上移以后最后一列/最后一行的单元格将被填入缺省格式。

"在表格尾部追加行（列）"用于在最后一列或最后一行之后增加一定数目（1～99）的列或行。若需要追加的行或列数目大于99，则可以分几次追加。

"设置边框格式"用于对选中的单元格进行格式设置，如图3-61所示。

边框格式设置主要包括选定单元格的内外边框、斜线，以及线性样式和颜色。在组态时，如需要设置对外边框、内部边框、上/下/左/右格线、左/右斜线，则先选择线型样式、颜色，再点击需要的边框，边框设置样例如图3-62所示。

资源3.19
报表边框设置

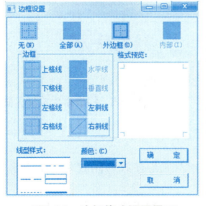

图3-61　边框格式设置界面

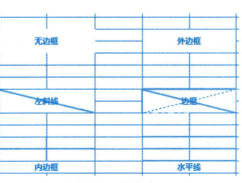

图3-62　边框设置样例

② 报表文本编辑

报表文本编辑主要包括字体格式的设置（字体、加黑、斜体、下划线、删除线）、字体颜色设置和对齐设置（靠左、靠右、水平居中、垂直居中、局上、局下）等。其中：字体颜色设置时，前景色用于设置单元格内部文本的颜色，而背景色用于设置选定单元格内部填充颜色。

③ 报表绘图

在报表中，常用绘图工具按钮包括绘制直线、矩形、圆角矩形、椭圆图形和文字，如图3-63所示。

图3-63 绘图工具栏

如需进行报表绘图操作，点击图3-63的"打开/关闭绘图功能"按钮，使其处于被选中状态（点击绘图工具栏中其他图标的同时，打开绘图功能图标也会同时被选中），将报表由"文本编辑"状态切换至"图形编辑状态"。当报表绘图结束后，需要返回至报表文本编辑，则必须点击图3-63的"打开/关闭绘图功能"按钮，使其处于被取消状态。

 报表进行文本编辑时，切换至报表绘图。

▶ 资源3.20 ◀
文本绘图切换

绘制文字时，可配合字体格式的设置对文字进行编辑。绘制直线、矩形、圆角矩形、椭圆图形、文字的样例如图3-64所示。

（3）报表数据组态

报表数据组态主要通过报表制作界面的"数据"菜单及填充功能来完成。组态包括事件定义、时间引用、位号引用、报表输出、填充五项，主要是通过对报表事件的组态，将报表与SCKey组态的I/O位号、二次变量以及监控软件AdvanTrol等相关联，使报表充分适应现代工业生产的实时控制需要。

① 事件定义

事件定义用于设置数据记录、报表产生的条件，系统一旦发现事件信息被满足，即记录数据或触发产生报表。事件定义中可以组态多达64个事件，每个事件都有确定的编号，事件的编号从1开始到64，依次记为Event[1]、Event[2]、Event[3]……Event[64]等。

在图3-58中点击菜单命令"数据"—"事件定义"，将弹出事件组态对话框，如图3-65所示。

图3-64 绘制操作样例

☞ **事件定义**的组态包括事件名、表达式、事件死区和说明四个部分。其中：

事件定义的"表达式"是由操作符、函数、数据等标识符合法组合而成的，表达式所表达的事件结果必须为布尔值。在表达式编辑完成后，需回车确认，如表达式正确，则在状态栏中提示"表达式正确！"

事件的"说明"是用户对事件的文字或符号注释，退出事件定义窗口，再次从菜单中打开事件定义时，可以看到事件"说明"一栏中为空白，原先输入的事件说明已经被自动加到事件组态下部的事件状态显示框中（软件运行时，并不对说明内容进行处理）。

图3-65 报表事件定义界面

事件的"死区"单位是秒。在图3-65中，事件2（Event[2]）是秒数为偶数时的触发事件，事件死区为4秒。

事件组态完成后，就可以在相关的时间组态、位号组态以及输出组态中被引用了。

一句话问答 报表组态必须进行事件定义吗?

如需进行事件定义,就需要用到报表函数。

☞**报表函数**可分为事件函数和表格函数两种,其中,需要在报表事件定义的事件表达式中填写的是事件函数,而在报表单元格中填写的以":="方式开头的函数为表格函数。

资源3.21
事件定义

事件定义中使用事件函数用于设置数据记录条件或设置报表产生及打印的条件,系统一旦发现组态信息被满足,即触发数据记录或产生并且打印报表。表达式所表达的事件结果必须为布尔值。用户填写好表达式后,回车予以确认。事件定义中可以使用的操作符及其功能说明,如表3-24所示。

表3-24 事件定义操作符及功能说明

序号	操作符	功能说明	序号	操作符	功能说明
1	(	左括号	11	=	等于
2	)	右括号	12	<	小于
3	,	函数参数间隔号	13	>=	大于或等于
4	+	正号	14	<>	不等于
5	−	负号	15	<=	小于或等于
6	+	加法	16	Mod	取余
7	−	减法	17	Not	非
8	*	乘法	18	And	并且
9	/	除法	19	Or	或
10	>	大于	20	Xor	异或

事件定义中的函数定义(函数名不区分大小写),如表3-25所示。

表3-25 事件函数定义

序号	函数名	参数个数	函数说明	功能
1	Abs	1	输入为INT型,输出为INT型	求整数绝对值
2	Fabs	1	输入为FLOAT型,输出为FLOAT型	求浮点绝对值
3	Sqrt	1	输入为FLOAT型,输出为FLOAT型	开方
4	Exp	1	输入为FLOAT型,输出为FLOAT型	自然对数的幂次方
5	Pow	2	输入为FLOAT型,输出为FLOAT型	求幂
6	Ln	1	输入为FLOAT型,输出为FLOAT型	自然对数为底对数
7	Log	1	输入为FLOAT型,输出为FLOAT型	取对数
8	Sin	1	输入为FLOAT型,输出为FLOAT型	正弦

续表

序号	函数名	参数个数	函数说明	功能
9	Cos	1	输入为FLOAT型，输出为FLOAT型	余弦
10	Tan	1	输入为FLOAT型，输出为FLOAT型	正切
11	GETCURTIME		输出为TIME_TIME型	当前时间
12	GETCURHOUR		无输入，输出为INTEGER型	当前小时
13	GETCURMIN		无输入，输出为INTEGER型	当前分
14	GETCURSEC		无输入，输出为INTEGER型	当前秒
15	GETCURDATE		无输入，输出为TIME_DATE型	当前日期
16	GETCURDAY-OFWEEK		无输入，输出为TIME_WEEK型	当前星期
17	ISJMPH	1	输入为BOOL型，一般为位号，输出为BOOL型	位号是否为高跳变
18	ISJMPL	1	输入为BOOL型，一般为位号，输出为BOOL型	位号是否为低跳变
19	GetCurOpr		无输入，输出为字符串	当前的操作人员名

报表表格函数含位号运算、表格运算及统计函数功能：即一个单元格中可以显示任意位号在任意记录时刻值的运算结果；可以对其他单元格的值进行调用计算；可以对一个选定区域中所有单元格的值进行求和或求平均值的运算。报表打印时该单元格能正确显示运算后的值。对单元格的调用计算主要有以下十几种操作符和函数，如表3-26。

表3-26 组合运算中用到的各种操作符和函数

序号	类型	函数/操作符	函数中操作符个数	功能说明
1	操作符	+		加法
2	操作符	−		减法
3	操作符	*		乘法
4	操作符	/		除法
5	操作符	Mod		取余
6	函数	Abs	1	求绝对值
7	函数	Fabs	1	求浮点绝对值
8	函数	Sqrt	1	开方
9	函数	Exp	1	自然对数的幂次方
10	函数	Pow	2	求幂
11	函数	Ln	1	自然对数为底的对数
12	函数	Log	1	取10为底的对数
13	函数	Sin	1	正弦
14	函数	Cos	1	余弦

续表

序号	类型	函数/操作符	函数中操作符个数	功能说明
15	函数	Tan	1	正切
16	函数	Min	2	求最小值
17	函数	Max	2	求最大值
18	函数	GetCurOp（使用方法：= getcuropr()）	无输入，输出为字符串	当前的操作人员名

报表软件有2个统计函数：SUM和AVE，可以对选定区域进行求和或者求平均值的运算，其函数说明如表3-27所示。

表3-27 报表统计函数

函数名	表达式	说明
SUM	SUM(R行号1C列号1，R行号2C列号2)	对以（行号1列号1，行号2列号2）为顶点所构成的矩形区域进行求和运算
AVE	AVE(R行号1C列号1，R行号2C列号2)	对以（行号1列号1，行号2列号2）为顶点所构成的矩形区域进行求平均值运算

表达式以"：＝计算式"的形式定义，计算式可由多个字符串、多个位号（在引用位号前，此位号必须已经在SCKey组态中定义）、多个单元格、多种函数和操作符组合而成。通过R行号C列号的方式来实现对其他单元格的调用，例如：在报表中一个单元格要调用15行第D列（第4列）单元格，则在调用单元格中填写被调用单元格的行列号"：＝R15C4"。对于组合单元格，以组合单元格左上角所在的基础单元格为准，例如：一个组合单元格所占的基础单元格为第9行第3列、第9行第4列、第10行第3列、第10行第4列，组合单元格左上角所在的基础单元格为第9行第3列，当另一个单元格要调用此组合单元格时，就在此单元格中填写"：＝R9C3"即可。任何操作（如：右移、上移等）将引起表达式所在位置改动时，都会有相应提示，当前操作将被取消。如果需要移动表达式，只有先将表达式删除，然后在需要的位置重新填写该表达式。调用单元格过程中发现有递归调用时，当前操作将被取消。例如：在第1行第A列中要调用第5行第C列单元格填写：＝R5C3，而第5行第C列又要调用第1行第A列单元格填写"：＝R1C1"，则会提示"表达式中发现递归，请重新输入！"，当前的填写操作被取消。

② 时间引用

时间引用用于设置一定事件发生时的时间信息。时间量记录了某事件发生的时刻，在进行各种相关位号状态、数值等记录时，时间量是重要的辅助信息。

在图3-58中点击菜单命令"数据"—"时间引用"，将弹出时间引用对话框，如图3-66所示。

时间量组态包括时间量、引用事件、时间格式和说明四个部分。其中：

在SCFormEx报表制作中最多可对64个时间量（Timer1~Timer64）进行组态，可在报表编辑中对已组态的时间量进行引用。

引用事件主要包括已在"事件定义"中组态好的所有事件，另加一个No Event。如"Timer1"时间量引用已组态好的事件Event[1]，即Timer1代表Event[1]为真时的时间；如引用No Event，一是时间量的记录将不受任何事件的约束，二是根据记录精度进行时间量的记录，按照记录周期在报表中显示记录时间。无论作何选择，组态完引用事件需要按下回车键确认。

时间格式主要包括年月日时分秒、月日时分秒、日时分秒、周时分秒、年月日、月日、日、周、时分秒、时分、分秒等11种类型，根据工程需要进行选择，选择合适的时间格式，并按下回车键确认。

③ 位号引用

在位号引用中，用户必须对报表中需要引用的位号进行组态，以便能在事件发生时记录各个位号的状态和数值。

在图3-58中点击菜单命令"数据"—"位号引用",将弹出位号量组态对话框,如图3-67所示。

图3-66 时间量组态界面

图3-67 位号量组态界面

位号量组态主要包括位号名、引用事件、模拟量小数位数和说明四个部分。其中:

在SCFormEx报表制作中最多可对64个位号量(1~64)进行组态,可在报表编辑中对已组态的位号名进行引用。

位号名组态,双击"1"后面的位号名条便可以直接输入位号名,或者通过点击"…"选择I/O位号和二次计算变量,分别将弹出对应的位号选择对话框,根据需要选择,并按回车键确认。

位号量组态时,引用事件的方法与时间量组态的方法相同。模拟量小数位数即需要显示的小数位数,双击对应的文本框,输入相应数字并回车确认即可,如果不需要引用时间(No Event),则位号信息完全按照输出组态中的设置进行记录,而不受任何事件条件的制约。说明即注释文本,可直接输入,按下回车键确认。

在进行位号组态时,小数位数的显示范围在0到7之间。默认的应用事件为No Event,默认的模拟量小数位数是2位。

在位号引用中,当引用事件不是No Event时,如Event[1],且模拟量小数位数为2,表示当Event[1]为真时,系统按照报表输出组态记录该位号的数值,在报表中该位号的数值将显示到小数点后第2位。当引用事件是No Event时,表示该位号完全按照输出组态中的设置进行记录,而不受任何事件条件的约束。

④ **报表输出**

报表输出用于定义报表输出的周期、精度以及记录方式和输出条件等。主要包括记录设置和输出设置两个部分。

在图3-58中点击菜单命令"数据"—"报表输出",弹出报表输出定义对话框,如图3-68所示。

☞ **记录周期**是对报表中组态完成的位号及时间量进行数据采集的周期设置。当输入的周期值超过范围则输入被系统视为无效,不能写入对话框。记录周期必须小于输出周期,输出周期除以记录周期必须小于5000。记录周期的时间单位有:日、小时、分、秒4种,对应的周期值范围如表3-28所示。

图3-68 报表输出界面

表3-28 报表输出周期、记录周期列表

	时间单位	周期范围
输出周期	月	1
	星期	1～4
	日	1～40
	小时	1～720
	分	1～43200
	秒	1～2592000
记录周期	日	1
	小时	1～24
	分	1～1440
	秒	1～86400

在记录周期组态中，"纯事件记录"如被选中，系统开始运行后，没有事件为真，则不对相关的任何时间变量或位号量进行数据记录，直到某个与添加变量相关的事件为真时，才进行数据记录。其中，引用的触发事件为真的时间变量或位号量的真实值将被记录，引用的触发事件不为真的时间变量或位号量将在本次记录中被记下一个无效值。如未被选中，相关时间变量或位号量的真实值将根据记录周期值、时间单位的要求进行记录。

☞ **数据记录方式**确定了数据记录是循环记录还是重置记录。循环记录是指在输出条件满足前，系统循环记录一个周期的数据，即系统在时间超过一个周期后，报表数据记录头与数据记录尾的时间值向前推移，保证在报表满足输出条件输出时，输出的报表是一个完整的周期数据记录，且报表尾为当前时间值；如果事件输出条件满足时，未满一个周期，则输出当前周期的数据记录。重置记录是指如果报表在未满一个周期时满足输出条件，输出当前周期数据记录，如果系统已记录了一个周期数据，而输出条件尚未满足，则系统将当前数据记录清除，重新开始新一个周期的数据记录。

周期方式下输出的总是一个完整周期的数据记录，而重置周期方式下则不一定。重置周期方式下，报表输出记录头是周期的整数倍时间值；而循环周期方式下，记录头可以为任何时间值。

报表保留数的限制设定是为了防止产生大量的历史报表而导致硬盘空间不足。报表保留数范围为1～10000，可根据实际需要进行设定。

☞ **输出周期**是对报表输出的周期及其条件进行组态。当报表输出事件为No Event时，按照输出周期输出。若输出周期为1天，则当AdvanTrol启动后，每天将产生一张报表；当报表定义了输出事件时，则由事件触发来决定报表的输出，输出事件只是为报表输出提供一个触发信号，在报表已经开始输出后，即使触发事件为假也不会影响报表的继续输出。在报表输出定义中，输出周期的时间单位有：月、星期、日、小时、分、秒6种，输出周期与记录周期范围如表3-28所示。

☞ **报表输出条件**可使用在事件组态中定义的事件作为输出条件。在此定义的输出事件条件优先于系统缺省条件下的一个周期的输出条件，亦即当定义的输出事件未发生时，即使时间已达到或超过一个周期了，仍然不输出报表；相反，如果定义的输出事件发生，即使时间上尚未达到一个周期，仍然要输出一份报表。报表输出死区的单位是秒。当报表输出条件中输出事件定义为No Event时，历史报表即按照输出周期打印，与死区无关。当报表输出条件中输出事件不是No Event时，历史报表的生成时间与输出事件和死区有关，当该事件发生并输出报表后，在死区时间内，即使该事件再次发生，也不输出报表。如图3-69所示，输出事件为秒数等于0（即为整数分钟）时为真，打印死区为90秒，则每隔2分钟生成一张历史报表，以此类推。

图3-69 死区原理图

注意： 应避免在短时间内（10秒）同时生成2张以上的报表，尽可能通过合理的组态将多张报表的产生时间合理错开。

（4）报表填充

填充是用来产生一串相关联的数据，如位号、数值、日期等。一般包括位号填充、时间对象填充等。

在报表编辑界面，选中单元格（一列/一行的多个连续单元格），选择菜单命令"编辑—填充"/或拖动鼠标左键选择多个连续单元格—点击右键的右键菜单中选择"填充"命令，弹出如图3-70所示的填充序列对话框。

填充序列主要包括单位、步长值和起始值组态。其中：单位是填充到单元格的对象，包括位号、数值、时间对象、工作日、日期和自动；步长值是两个相邻序列元素或者序号的差值；起始值是序列中第一个元素的值或者序号，它被填充到所选单元格列表的第一个。

在图3-70中，若选择步长有效，则所有选定单元格填充的值按设定的步长值增加，否则所有选定单元格中填充的值都为起始值。

在"单位"组态中，当选择填充单位为工作日时，步长值默认为一个工作日。填入的起始值必须为"星期*"样式的字符串（*表示一、二、三、四、五、六、日）。无需点击起始值旁的"？"按钮进行起始值设置；当选择填充单位为数值时，直接填入起始值和步长值，无需点击起始值旁的"？"按钮进行起始值设置；当选择填充单位为日期时，步长值默认为一日。输入的起始值月份不超过12，日子不超过31，无需点击起始值旁的"？"按钮进行起始值设置；填充单位为"自动"项的功能暂不可用。

图3-70 填充序列组态窗口

 如选择单位填充为"工作日"，不选择步长有效，组态效果？

在报表填充中，比较复杂的是位号填充和时间对象填充。

☞**位号填充组态**，在选中单元格中填充位号。图3-70中"起始值"后面带有"？"的按钮，点击"IO数据"，如图3-71所示。打开图3-72所示的"控制位号"界面，进行位号选择。二次计算变量选择相似。

1. 将步长设置为2。
2. 如果步长为2，对演示工程位号AI01000000进行填充。

▶资源3.22◀
步长与位号填充

☞**时间填充组态**，在选中单元格中填充时间变量（这里指的是"数据—时间引用"的"时间量"Timer1~Timer64）。选中图3-73的"时间对象"，步长值为1且有效，打开如图3-73所示的时间填充界面，在起始值部分可以对时间变量进行修改，也可对起始值的序号进行修改，如Timer3[5]。

1. 将步长设置为3。
2. 如果步长为3，对Timer1进行时间填充。

▶资源3.23◀
步长与时间填充

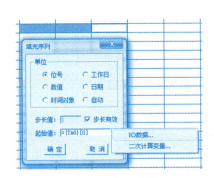
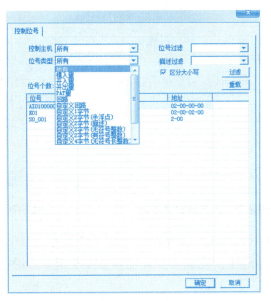

图3-71 位号填充　　　　　　图3-72 位号选择　　　　　　图3-73 时间填充

7. 流程图组态

流程图是控制系统中最重要的监控操作界面，用于显示被控设备对象的整体流程和工作状况，并操作相关数据量。因此，控制系统的流程图应具有较强的图形显示（包括静态和动态）和数据处理功能。

基于AdvanTro-Pro软件包的流程图制作软件SCDrawEx为用户提供了一个功能完备且简便易用的流程图制作环境。

流程图分为普通流程图（流程图F，Flow）和弹出式流程图（流程图P，FlowPup）两种。两种流程图的保存路径不同，流程图F文件保存在系统

图3-74 流程图组态界面

组态文件夹下的Flow子文件夹中；流程图P文件保存在系统组态文件夹下的FlowPopup子文件夹中。两种流程图的画面大小不同，流程图F是整幅画面、固定式，流程图P是局部画面、浮动式，常在Flow中调用FlowPopup，在监控画面内最多同时可显示9幅弹出式画面。

在本项目中，主要学习流程图F的组态方法。

在图3-18系统组态界面上，单击菜单栏的"流程图"图标或在菜单栏中选择—操作站—流程图，弹出流程图组态界面，选择操作小组，并点击"增加"按钮将自动添加一张流程图，如图3-74所示。

流程图组态主要包括创建流程图文件、画面属性设置、静态图形组态、动态图形组态等几部分。

（1）创建流程图文件

流程图文件的创建要求与报表类似。

在图3-74中，可直接编辑"页标题"，但对流程图文件名称直接定义是没有意义的。制作完成的流程图F文件应保存在系统组态文件夹下的Flow子文件夹中。如：D:\演示工程 \Flow*.dsg。

直接点击"编辑"按钮进入相应的流程图制作界面，打开一张空流程图，如图3-75所示，再点击该流程图的"保存"按钮，弹出"另存为"的对话框，将该流程图保存在系统组态文件夹下的Flow子文件夹中，并定义该张流程图的文件名。

▶ 资源3.24 ◀
创建流程图

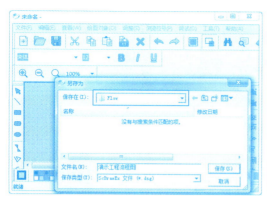
图3-75　流程图创建及文件名称定义界面

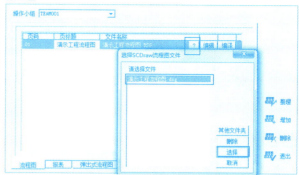
图3-76　流程图文件链接界面

退出该报表，回到图3-74所示的流程图组态界面，点击"？"选择刚刚编辑好的流程图文件链接，完成一张新流程图的创建，如图3-76所示。

（2）流程图属性设置

在流程图制作界面，点击菜单栏"工具—画面属性"，弹出图3-77所示对话框，对该张流程图窗口属性、背景图片、格线设置、提示设置、运行和仿真等进行组态。

窗口属性设置的主要内容包括：对象默认颜色是指在绘制图形前，若未选择前/背景色，绘制好的图形边框/文本颜色将为系统设置的默认颜色；而流程图背景色是指背景画布的颜色。窗口尺寸用于设置窗口的宽、高、显示器尺寸以及流程图背景色；对象选中方式设置包括相交选

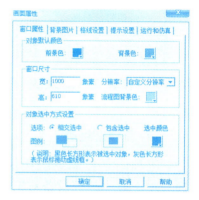
图3-77　画面属性设置对话框

中和包含选中两项，选择相交选中则在选中多个对象时，选择框所接触的（不必完全包含）图形对象全部被选中，而选择包含选中时，则需要图形对象全部包含在选择框中，才会被选中。

背景图片窗口从其他文件夹中导入图片，格线设置窗口用于设置格线的间隔和颜色，提示设置窗口是对信息提示框各项属性的设置和更改（指动态特性浮动提示显示的文字颜色和提示框的背景颜色。因此只有在图形对象设置了动态特性以后，当鼠标移动到该图形对象的选区内才会有浮动提示）。

如图3-78所示：1. 若对象默认的前景色颜色为（R153，G000，B000），背景色颜色为（R153，G255，B055），流程图背景色颜色为（R000，G051，B053）。在流程图画面上画一个直角矩形，观察该图形颜色，并观察流程图背景色。

2. 为流程图画面设置一副背景图片，放置方式一居中，并设置背景图案有效。

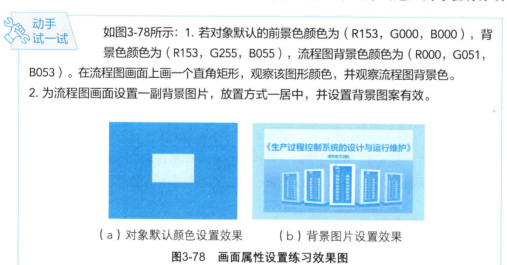

资源3.25
画面属性设置

（a）对象默认颜色设置效果　　（b）背景图片设置效果
图3-78　画面属性设置练习效果图

运行和仿真窗口显示了系统自动的32个仿真位号的信息，每一个具体的数据都可以进行修改。如，变量_VAL1，量程20～80，步长（指位号值在每个画面刷新间隔内所增长的幅度）为2，样式为振荡（指位号值的变化方式，包括循环和振荡，振荡是指位号变化到上限时按变化规律开始减小到下限值，循环是指位号变化到上限值后又从下限值开始变化），如图3-79所示。该窗口组态一般在系统仿真调试时使用。

(3) 流程图静态图形绘制

① **对象工具的使用（静态）**

在静态图形绘制时，常用到对象工具条。对象工具条提供绘制流程图的基本图形和部分动态控件，如图3-80所示。可通过选择"查看—工具条/对象工具条"来显示或隐藏此工具条。包括静态对象工具（选取、直线、直角矩形、圆角矩形、椭圆图形、多边形、折线、曲线、扇形、弦形、弧形、管道、文字和模板窗口）和动态对象工具（时间对象、日期对象、动态数据、开关量、命令按钮、位图对象、Gif对象、Flash动画对象、报警记录、历史趋势、精灵管理器）。

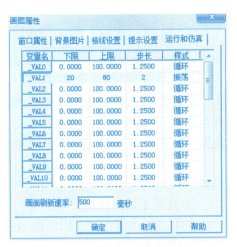

图3-79 运行和仿真窗口

图3-80 对象工具条

对静态对象的操作可以立即在当前作图区看到效果；而引用动态对象时，必须进入仿真运行界面或在监控软件中查看其运行情况。

对于直角矩形、圆角矩形、椭圆、扇形、弦形、弧形、管道、时间对象和日期对象，单击工具栏上的图标（此时，光标呈十字形），再将光标移到绘图区的适当位置，单击鼠标即完成了图形对象的绘制。绘制完成后，可通过使用软件中的各种工具对图形进行设置，以达到理想的效果。要绘制多个对象，可重复以上操作。

模板窗口用于存放和导出模板，使用户能够方便地将需要保存的图形对象分类集中存放，并可以随时导出到流程图中。在图3-80对象工具条上点击"模板窗口"，出现如图3-81所示的对话框。

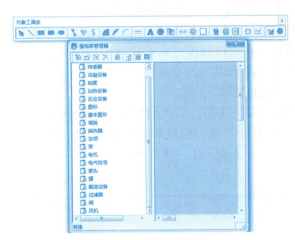

图3-81 模板库管理器对话框

模板文件默认存放的主路径是"C:\AdvanTrol-Pro(V2.80)\SCDrawExSrc\"，可以通过图3-81所示模板库对话框的工具栏新建模板文件、对选中的模板进行更名、删除模板、导出模板到流程图、刷新模板，选择同一文件夹下的所有模板为大尺寸或小尺寸等。

② **调整工具的使用**

调整工具用于设置多个图形的组合/分解、对齐（左、右、上、下、居中对齐）、等间距排列（水平方向等间距、垂直方向等间距）、尺寸一致（高度一致、宽度一致、大小一致）以及置前置后显示（最上层、最下层等）和多种旋转方式的操作，如图3-82所示。

图3-82　调整工具条

需要注意的是，在进行对齐/尺寸一致操作前，必须先选定其中一个图形作为基准。具体操作时只要在选中需要对齐/尺寸一致的图形对象后，再点击作为基准的图形对象即可（如果没有设定基准图形，系统默认所有要对齐/尺寸一致的图形中最后一个插入制作画面的图形为基准）。

在置前置后组态中，到达最上层或最底层之前，可连续点击提前显示和置后显示按钮，以达到提前或置后几层的效果。

③ **其他工具的使用**

在静态图形组态中，图形的颜色、线型等根据需要可以进行设置。主要使用图3-83所示的调色板、线型工具和填充工具等。

图3-83　其他工具条

调色板共有二十八个不同颜色的色块。先选中需要设置颜色的图形对象，鼠标左键单击某一色块，则选择该色块为当前对象的内部填充颜色（当为格纹填充时即为格线颜色）；鼠标右键点击某一色块，则选择该色块为当前对象的边框/文本颜色。当图形为线形和文本对象时，鼠标左键选择色块无效（因为不存在内部填充颜色），只有鼠标右键选择色块才有效。当完成颜色选择后，可立即在当前界面中观察到所选择的效果。

在调色板中，最左端的回形框是当前颜色示意块，其中：外围颜色表示当前对象的内部填充颜色，内部颜色表示当前对象的边框颜色。双击回形框的颜色显示状态将弹出对象颜色对话框，通过"背景色"设置图形的填充颜色，通过"前景色"设置图形的边框颜色。

线型工具用于设置边框和线形对象的线条形式，从左至右依次为无线型、虚线、点线、点划线、双点划线、实线和五种形式的线宽。在选择线型之前需先选中要设置的图形对象，否则线型工具条处于灰掉状态。对于矩形、圆形等图形对象来说，改变线型指的是改变该对象的边框线型。对于直线和文本对象来说，改变线型就是改变该对象的线型。

填充工具用于设置图形对象内部格纹和过渡色的填充，包含8种格纹样式和14种过渡填充方式，如图3-84。选中任一图形对象（组合图形不可进行格纹和过渡色的填充操作），在流程图页面底部的状态提示栏中将显示操作信息，通过鼠标左键选择任意一种填充方式。

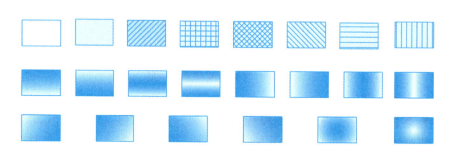

图3-84　填充工具使用效果

具体操作时，可以将填充工具条和调色板结合使用，通过多次观察修改，达到理想的组态效果。

资源3.26
静态图形绘制

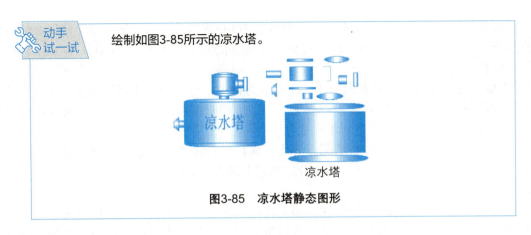

图3-85 凉水塔静态图形

（4）流程图动态图形组态

① 动态数据组态

图3-86 对象工具条

在图3-86所示的对象工具条，其动态对象工具主要包括时间对象、日期对象、动态数据、开关量、命令按钮、位图对象、Gif对象、Flash动画对象、报警记录、历史趋势、精灵管理器。这里重点介绍"动态数据"工具的组态方法。

动态数据"0.0"用于显示动态位号的实时数值。具体操作时点击此按钮，在需要插入动态数据的位置（也可在插入后通过拖动选中框移动到合适的位置）单击，出现如图3-87所示的动态数据框。

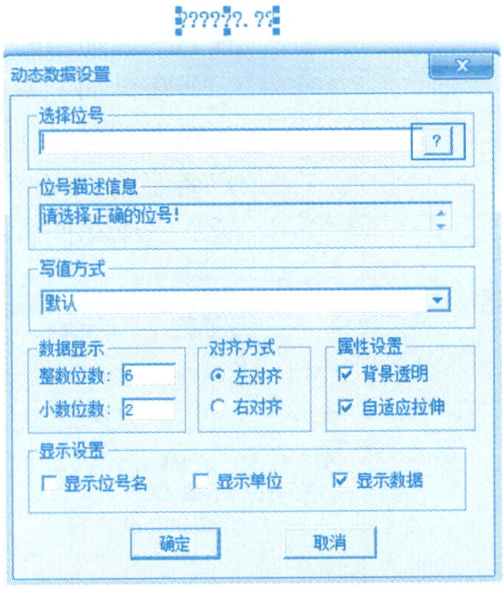

主要包括选择位号、写值方式、数据显示等。其中：选择位号用于设置所要显示数值的位号；写值方式用于设置动态数据的写值方式"默认"表示根据配置文件来确定动态数据的写值方式，"只读"指在流程图监控画面中只可观察不能弹出相应的仪表画面，"仪表面板"指在流程图监控画面中通过动态数据的面板来对其写值，"直接编辑"指在流程图监控画面中可以直接编辑该动态数据的值；数据显示的整数位数设置范围为0～100，小数位数设置范围为0～4等。

在进行动态数据组态时，常在其后使用"A"文字工具输入其单位，如，？？.？cm。

图3-87 动态数据组态界面

② 动态特性组态

动态特性选项用于设置图形的动态属性，即将图形与动态位号相连接，使图形随着位号的数值变化进行相应的动态变化。选中图形对象，点击右键—动态特性，弹出动画属性对话框（以直角矩形为例）如图3-88所示。动态数据的动态特性包括常规、前/背景色、显示/隐藏、水平移动、垂直移动、闪烁、渐变换色、旋转、缩放、比例填充等。

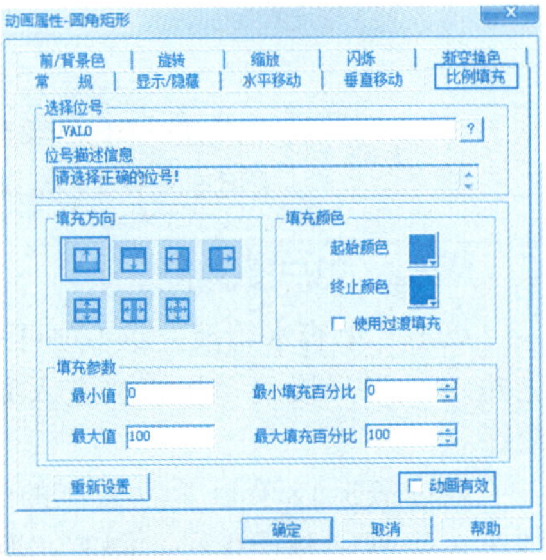

这里以"比例填充"为例介绍组态方法。**比例填充**用于设置图形在位号数值变化过程中的比例填充属性，主要包括选择位号、填充方向、填充颜色、填充参数等组态内容。

图3-88 动画属性组态界面

选择位号时，可直接编辑位号名，也可通过单击按钮来选择I/O数据或二次计算变量（建议在流程图与控制站无连接的情况下，直接使用图3-79运行和仿真窗口提供的32个仿真位号_VAL0、_VAL1……_VAL31，方便仿真测试）。

填充方向共7种类型，选择需要的填充方向按钮，图标变为粉色；可选择所要填充的起始颜色，若选中"使用过渡填充"前的复选框则终止色有效，否则无效。即运行时图形的动态特性随着所选位号的数值变化，按给定的填充方向、设置的颜色进行填充变化。

填充参数的位号最小值在运行时对应最小填充百分比，而位号最大值对应最大填充百分比。即位号数值从所设置的最小值变化到最大值，比例从最小百分比填充至最大百分比。

最后需要选择"动画有效"。

设置了某位号的比例填充，在运行时，图形默认颜色将逐渐被起始色覆盖（按照比例大小将从多边形的不同位置开始变化），当选择过渡填充时，默认颜色将被起始色和终止色以及它们之间的各种过渡颜色所覆盖。最小填充百分比表示将从设置的最小百分比开始填充，最大填充百分比表示填充到设置值为止。

任务2 实施

环节1 创建组态文件

创建项目三学习案例的组态文件，文件名为"单容水箱液位DCS项目"，存放路径为工程师站的F\个人\生产过程控制系统的设计与运行维护教材（第二版）\。

在桌面上双击图标"系统组态"，弹出SCKey文件操作界面，方式选择"直接载入组态（默认）"，点击"新建组态"按钮，进入图3-16所示的用户登录对话框，用户名使用"admin"，密码是"supcondcs"。登录成功后，为新组态文件选择保存位置，完成文件名及路径设置。如图3-89所示。

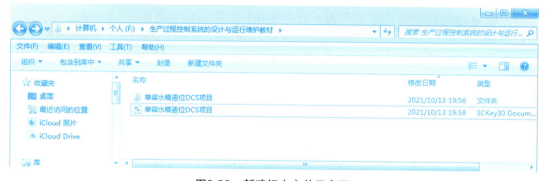

图3-89 新建组态文件示意图

> **小贴士** 当新建一个*.sck组态文件时，系统会在相同路径下，自动创建一个同名文件夹，该文件夹保存系统组态的所有文档资料，必须一起使用。

环节2 用户授权组态

双击"单容水箱液位DCS项目.sck"工程文件，进入系统组态界面，点击工具条左上角的"用户授权"按钮，进入如图3-90所示的用户授权组态界面，进行用户授权组态。

识读表3-18项目学习案例的组态任务单，用户授权有四种角色：特权、工程师+、工程师和操作员。图3-90所示的用户授权组态界面，系统默认的用户角色有"工程师"和"操作员"，因此，本项目需要在此基础上增加"特权"和"工程师+"两种用户角色。

在图3-90所示的用户授权组态界面中，按照表3-18组态任务单的用户授权组态要求，为系统维护、设

▶ 资源3.27 ◀
用户授权组态

计工程师、维护工程师和监测操作员四个用户进行用户名、角色、密码、功能权限和操作小组权限的组态。

图3-90　用户授权组态界面

为了方便快捷地进行用户授权组态，这里采用"向导"进行组态。在图3-90用户授权组态界面，单击工具栏—删除按钮，如图3-91所示，删除默认的"NewUser"用户。

图3-91　默认用户删除界面

单击工具栏—向导，弹出图3-92所示的"增加用户"对话框。

图3-92　增加用户组态界面

创建第一个用户"系统维护"，添加新角色为"特权"（角色名称为"特权"，等级为"特权"），并设置密码为"SUPCONDCS"，"系统维护"用户组态如图3-93所示。

图3-93　系统维护用户组态界面1

> **小提醒**　用户名必须由数字、字母或下划线组成，而且唯一；用户密码是长度范围小于64个字符的字符串。

下面为该用户的角色"特权"进行功能权限组态（操作权限因操作站组态还未开始，需要在操作站组态完成后返回用户授权组态继续完成）。

在图3-94所示界面上，单击"特权"前面的"＋"目录树，点击"功能权限"，查看如图3-94所示的"特权"角色的权限列表，标识"√"的为该角色默认具备的功能权限。本项目组态任务单中，功能权限全部采用默认设置，因此，组态中该项内容可忽略，使用默认设置即可。

重复图3-92、图3-93和图3-94的用户授权组态过程，完成其它三个用户组态，点击"保存"按钮，将新的用户设置保存到系统中，并进行编译，编译结果如图3-95所示。

图3-94　系统维护用户组态界面2

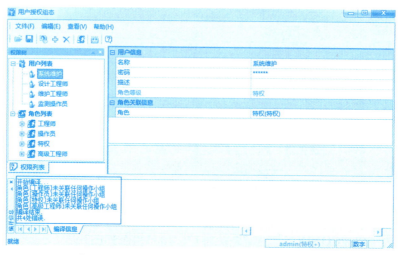

图3-95　用户授权组态编译界面

从编译结果可以看出，编译信息提示"出现4处错误"：角色"工程师""操作员""工程师1"及"特权"未关联任何操作小组。

本案例中，共有四个用户，分别拥有四种角色，在系统实时监控时，使用不同的功能权限、操作小组权限等完成具体操作任务。

退出用户授权组态、关闭SCKey组态软件后，重新登录SCKey组态软件。此时，在用户登录界面的用户不仅有admin，还有系统维护、设计工程师、维护工程师三个用户，如图3-96所示。

图3-96　用户登录界面

 想一想｜用户登录界面为什么缺少了监测操作员？

 想一想｜如需要对已有用户的密码或角色等进行修改，如何进行组态？

环节3｜总体信息组态

识读表3-18项目学习案例的组态任务单，查阅（1）系统配置栏目可知，系统总体信息组态的主机设置，包括1个过程控制站PCS、1个工程师站和1个操作站。

对本项目学习案例进行总体信息组态，即主机设置如下。

总体信息组态（主机设置），包括主控制卡组态和操作站组态。在如图3-97主机设置界面点击"主控制卡"或"操作站"标签完成该环节的组态任务。

资源3.28
登录与修改

资源3.29
总体信息组态

1. 主控制卡组态

在图3-97主机组态界面点击"增加"按钮，打开如图3-97所示的主控制卡组态界面。基于表3-29组态任务单-系统配置的信息，确定"主控制卡"的具体组态信息为：

主控制卡注释-控制站、IP地址-128.128.1.2、类型-控制站（过程控制站PCS）、主控制卡型号-XP243X、主控制卡冗余配置、过程控制网络冗余配置，其余设置采用默认选择。

主控制卡组态如图3-97所示。

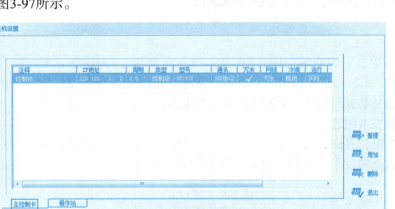

图3-97　主控制卡组态界面

表3-29　系统配置

类型	数量	IP地址	备注
过程控制站PCS	1	02	主控卡和数据转发卡均冗余配置 主控卡注释：控制站 数据站发卡注释：数据转发卡
工程师站	1	130	注释：工程师站130
操作站	1	131	注释：操作员站131

想一想 | 本项目主控制卡的网络地址是？

2. 操作站组态

在图3-97主机组态界面点击"操作站"标签，在打开的操作站组态界面点击"增加"，如图3-98所示。基于表3-29组态任务单-系统配置的信息，确定本项目"操作站"的具体组态信息为：

① 工程师站的注释-工程师站130、IP地址-128.128.1.130、类型-工程师站、不冗余配置，其余设置采用默认选择。

② 操作站的注释-操作员站131、IP地址-128.128.1.131、类型-操作站、不冗余配置，其余设置采用默认选择。

操作站组态界面如图3-98所示。

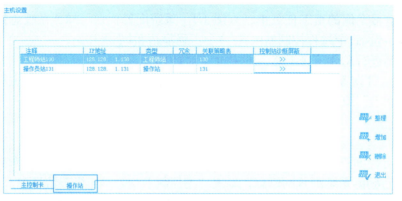

图3-98 操作站组态界面

 想一想 | 本项目工程师站和操作站的网络地址是什么？

环节4 | 控制站组态

查阅表3-18项目学习案例的组态任务单（3）测点清单和（4）控制方案，结合图3-9的I/O卡件布置图、图3-10整体框架图和表3-17系统配置清册，对本项目学习案例的控制站进行组态，包括数据转发卡、I/O卡件和I/O点组态。

步骤一：数据转发卡组态

在图3-18的系统组态界面，点击工具栏"I/O"图标，打开如图3-99所示的"I/O输入"界面，选择"数据转发卡"标签，点击"增加"命令按钮。

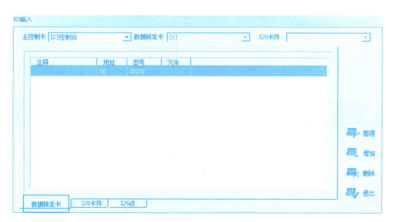

图3-99 数据转发卡组态界面1

根据任务1单容水箱液位DCS的工程设计文档和识读表3-18组态任务单，本项目共配置卡件机笼1个，且数据转发卡冗余配置，因此在图3-99中只需增加一个行（代表一个卡件机笼），具体组态信息为：选择主控制卡为[2]控制站、注释-数据转发卡、地址00、型号XP233、数据转发卡冗余配置，如图3-100所示。

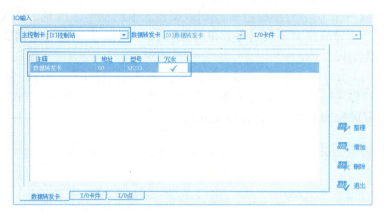

图3-100　数据转发卡组态界面2

 1. 本项目数据转发卡地址可以配置为其他地址吗？
2. 本项目冗余的数据转发卡的地址是什么？

步骤二：I/O卡组态

根据任务1单容水箱液位DCS的工程设计文档，本项目需为[2]主控制卡所在控制站的[0]数据转发卡所在卡件机笼配置6路电流信号卡XP313（I）和4路模拟信号输出卡XP322各1块。具体组态信息为：

① 输入卡件：注释-XP313（I）、地址00、型号XP313（I）6路电流信号输入卡，不冗余配置。

② 输出卡件：注释-XP322、地址02、型号XP322 4路模拟信号输出卡，不冗余配置。

在图3-99的数据转发卡组态界面I，选择"I/O卡件"标签，点击"增加"命令按钮，增加两块卡件，按具体组态信息完成组态，如图3-101所示。

图3-101　I/O卡件组态界面

 本项目模拟信号输出卡XP322为什么配置在地址为02的槽位上？

步骤三：I/O点组态

查阅表3-18组态任务单的（3）测点清单和表3-16 I/O卡件测点通道连接表，测点LI101信号连接在图3-101所示的XP313（I）卡件的第一个通道上，而测点LV101信号连接在图3-101所示的XP322卡件的第一个通道上。识读I/O点具体组态信息为：

资源3.33
I/O 点组态

① 输入测点：选择[2]主控制卡所在控制站、[0]数据转发卡所在卡件机笼、[0]XP313（Ⅰ）卡件，在其地址为"00"的通道上，为上水箱液位组态：位号-LI101、注释-上水箱液位、类型AI（模拟量输入）、量程0～38、单位cm、配电、信号类型4～20mA，数值35cm高限报警，数值5cm低限报警，允许趋势组态、记录周期1秒、采用低精度压缩方式、需要记录统计数据，其余选择默认配置。

② 输出测点：选择[2]主控制卡所在控制站、[0]数据转发卡所在卡件机笼、[2]XP322卡件，在其地址为"00"的通道上，为上水箱液位调节阀组态：位号-LV101、注释-上水箱液位调节、正输出特性、Ⅲ型信号类型，其余选择默认配置。

在图3-101的I/O卡件组态界面，选择"I/O点"标签，选择[2]主控制卡所在控制站、[0]数据转发卡所在卡件机笼，选择[0]XP313（Ⅰ）卡件，点击右侧"增加"按钮，在该卡件的"00"地址上，按照识读的上水箱液位组态信息，完成如图3-102所示的I/O点组态。

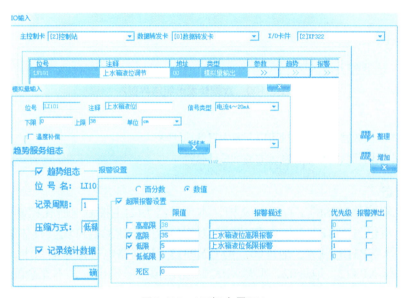

图3-102　I/O组态界面1

在图3-101的I/O卡件组态界面，选择"I/O点"标签，选择[2]主控制卡所在控制站、[0]数据转发卡所在卡件机笼，选择[2]XP322卡件，点击右侧"增加"按钮，在该卡件的"00"地址上，按照识读的上水箱液位调节阀组态信息，完成如图3-103所示的I/O点组态。

图3-103　I/O组态界面2

以上已经按照任务单要求完成了数据转发卡、I/O卡件和I/O点的组态。但在实际应用中，常对系统运行中未使用的I/O点进行备份组态，方便后续系统扩展和升级使用。备用通道的位号命名及注释须遵守该规定，例：位号名-NAI2000005，注释-备用，其中2表示主控制卡地址、00表示数据转发卡地址、00表示卡件地址、05表示通道地址，备用通道的趋势、报警、区域组态必须取消。因此，对本项目未使用的I/O点进行备份组态，如图3-104所示。

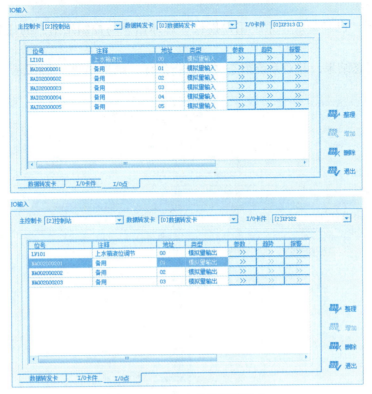

图3-104　I/O点备用通道组态

一句话问答　XP322模拟信号输出卡的备用通道的位号命名为什么是NAO***？

步骤四：控制方案组态

查阅表3-18组态任务单（4）控制方案，本项目采用常规控制方案，识读控制方案具体组态信息为：回路存放地址/回路号-00、控制方案注释-上水箱液位控制、控制方案-单回路、回路位号-LIC101、回路注释-上水箱液位控制、回路输入-LI101、输出位号-LV101，并对回路测量值LIC101.PV、输出值LIC101.MV、设定值LIC101.SV均需进行趋势组态。

资源3.34
控制方案组态

在图3-18的系统组态界面，点击工具栏"常规"图标，打开常规回路组界面。根据图3-12单容水箱液位DCS方框图可知，该控制方案仅一个回路，即单回路控制，因此在"回路参数"中，仅组态回路1位号、回路1输入和输出位号1。按识读的控制方案组态信息完成具体组态。如图3-105所示。

在图3-105基础上，对回路1的测量值、输出值及设定值进行趋势组态和记录统计数据，如图3-106所示。

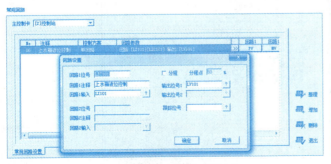

图3-105　常规控制回路组态I

图3-106　回路分量的趋势组态界面

一句话问答 为什么需要对回路1的测量值、输出值和设定值进行趋势组态和记录统计数据？

步骤五：系统编译

经过以上四个步骤，已经完成了系统用户授权、总体信息与控制站组态的任务内容，系统组态整体界面如图3-107所示。

保存以上环节的组态结果，并对系统组态文件进行编译，结果如图3-108所示。

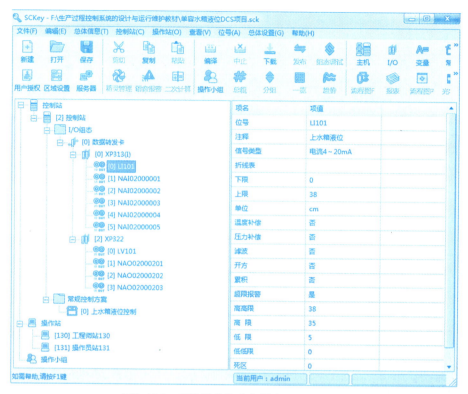

图3-107 系统总体信息与控制站组态成效

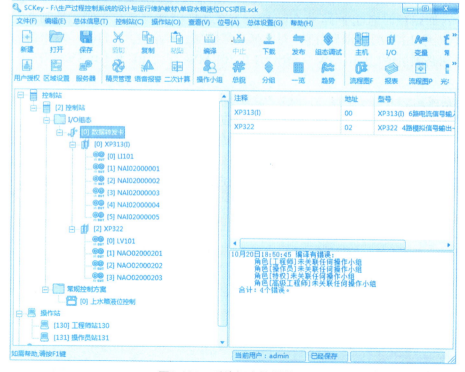

图3-108 系统组态编译结果

从图3-108可以看出，本项目有4个编译错误，均来自用户授权的组态问题，即四个角色未关联操作小组。这个问题将在下一个环节得到解决。

环节5 操作站组态

查阅表3-18项目学习案例的组态任务单（5）~（10），对操作站进行组态，包括操作小组与数据分组分区配置、操作画面组态、自定义键组态、报表画面组态等。

步骤一：操作小组与数据分组分区组态

识读组态任务单（5）操作站配置，对操作小组、数据分组分区与位号区域划分、光字牌等进行组态。

（1）操作小组组态

识读任务单共有工程师组和监控操作组两个操作小组，在图3-40操作小组设置界面，点击"增加"命令按钮，增加两个操作小组，按具体组态信息完成组态，如图3-109所示。

本项目没有为操作小组设置监控启动画面。

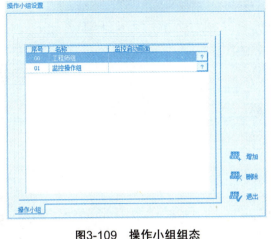

图3-109 操作小组组态

（2）数据分组分区与位号区域划分

进一步识读组态任务单（6）数据分组分区配置，识读具体信息为：有工程师和监控操作两个数据组，工程师数据组包括了液位、温度和流量三个数据分区，其中液位数据分区中划分了位号LI101。

任务实施时，在"区域设置"中先进行数据分组，再进行数据分区，如图3-110所示；最后在"位号-位号区域设置"进行位号区域划分。在图3-18系统组态界面，点击"I/O-数据转发卡-I/O卡件XP313I-I/O点LI101-区域"，LI101上水箱液位已经正确分配至工程师数据组的液位分区中，如图3-111所示。

▶资源3.35◀
数据分组分区组态

图3-110 数据分组分区　　图3-111 位号区域划分

（3）光字牌组态

识读组态任务单（5）操作小组配置，光字牌设置在工程师组操作小组，且仅有一个"液位"光字牌，对应工程师数据组的液位分区。

单击工具栏的"光字牌"图标，设置行为1，列为1，即1*1的光字牌布局。如图3-112所示。

▶资源3.36◀
光字牌组态

图3-112 光字牌组态

（4）完善用户授权组态

在图3-108系统组态编译结果显示本项目有4个编译错误，均来自用户授权的组态问题，即四个角色未关联操作小组。因此需要根据表3-18组态任务单（2）用户授权—操作小组权限要求，将角色与该步骤完成的操作小组进行一一关联。

进入"用户授权"组态窗口，打开"角色列表"，为特权、工程师+角色的操作小组权限关联工程师组和监控操作组，为工程师角色的操作小组权限关联工程师组，为操作员角色的操作权限关联监控操作组，用户授权保存并编译，结果正确即可，如图3-113所示。

▶ 资源3.37 ◀
操作小组权限

图3-113 角色操作小组权限与操作小组关联组态

步骤二：标准画面组态

根据组态任务单（6）和（7）操作画面组态要求，识读工程师组监控时可操作总貌画面、趋势画面、分组画面和一览画面；监控操作组监控时可操作分组画面和一览画面。

① 工程师组总貌画面组态：第一页索引画面，其索引内容均未进行组态，放在操作站组态最后完成；第二页液位信号，是普通总貌画面，只有一个位号LI101需要显示。总貌画面组态如图3-114所示。

▶ 资源3.38 ◀
基本画面组态

图3-114 总貌画面组态

② 工程师组趋势画面组态：第一页上水箱液位曲线，仅有一个位号LI101趋势曲线需要进行组态；第二页上水箱液位调节曲线，对回路LIC101的三个分量LIC101.SV、LIC101.PV和LIC101.MV进行趋势组态。对第一页趋势页和第二页趋势页均选择趋势布局为1*1，趋势画面组态如图3-115所示。

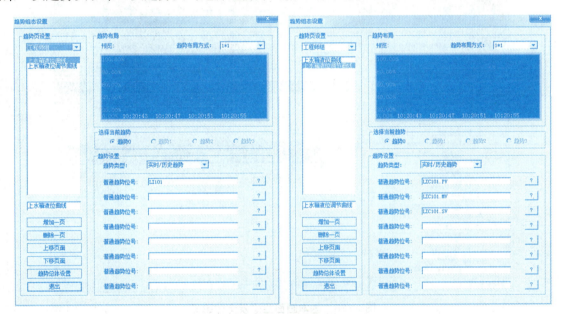

图3-115 趋势画面组态

③ 工程师组分组画面组态：第一页常规回路，LIC101仪表盘位号进行组态，第二页液位，LI101仪表盘位号进行组态，分组画面组态如图3-116所示。

④ 工程师组一览画面组态：仅有一页，即上水箱液位信息一览，在实时监控状态下，显示LI101位号的实时值和描述，一览画面组态如图3-117所示。

图3-116 分组画面组态

图3-117　一览画面组态

⑤监控操作组分组画面、一览画面组态内容与工程师组相同。

基本画面组态完成后，保存系统组态工程文件，点击系统组态界面的"编译"—"全体编译"，对工程文件进行编译，并打开组态树目录，组态完成效果如图3-118所示。

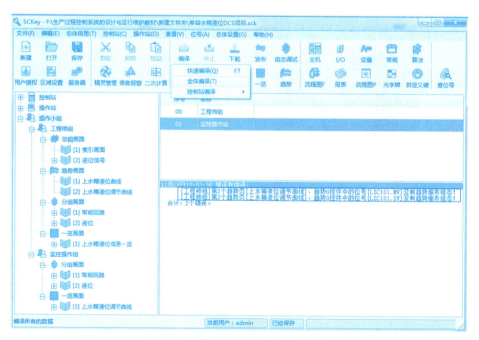

图3-118　基本画面组态及全体编译

 想一想　图3-118编译错误原因分析，试一试解决该问题。

步骤三：自定义键组态

根据组态任务单（9）自定义键组态要求，识读自定义键是在工程师组进行监控时。

① 键号"1"设置自定义键，键描述"系统总貌"，根据任务学习知识积累，该键定义的语句类型选择"按键"（KEY）语句，即直接给出"键名"。查阅表3-21自定义键可设置键名列表，"系统总貌"的键名为"OV"。

② 键号"2"设置自定义键，键描述"翻到分组画面第2页"，根据任务学习知识积累，该键定义的语句类型选择"翻页"（PAGE）语句，即："PAGE（分组画面页面类型代码）2"直接给出键名。查阅表3-22页面类型列表，"分组画面"的页面类型为"CG"，即该自定义键的键定义语句为"PAGE CG 2"。

本项目自定义键组态如图3-119所示。

▶ 资源3.39 ◀
编译错误分析

▶ 资源3.40 ◀
自定义键组态

图3-119　自定义键组态

步骤四：报表画面组态

根据组态任务单（10）报表画面组态要求，识读报表是在工程师组进行监控时。

1. 创建报表文件

报表名称及页标题均为"上水箱液位（班报表）"，在图3-18所示的系统组态界面中，点击菜单栏的"报表"图标，打开"操作站设置-报表"，选择操作小组为"工程师组"，增加一张报表，页标题输入"上水箱液位（班报表）"，编辑报表文件名称为"上水箱液位（班报表）"的空报表，保存至F\个人\生产过程控制系统的设计与运行维护教材（第二版）\单容水箱液位DCS项目\Report\，将该报表文件与系统组态文件进行链接。报表文件创建如图3-120所示。

资源3.41
创建报表与编辑

图3-120　报表文件创建

2. 编辑报表

组态任务单（10）报表样例共5行10列，其中：第一行和第二行合并为一个单元格，第三行的第1列和第2列合并为一个单元格，第四行的第3列到第10列合并为一个单元格。按照任务学习积累完成报表文本编辑。如图3-121所示。

图3-121　报表编辑

3. 报表数据组态

报表要求每小时记录一次LI101数据，即报表记录时间为"1小时"；每天0点、8点、16点输出报表，每天输出三张报表，即报表输出时间为每天00：00：00或8：00：00或16：00：00；记录LI101数据，保留两位小数，时间格式为××：××（时：分）。

☞ **报表事件定义**

报表记录时间的周期值为1，时间单位为小时，可在图3-68报表输出界面上直接设置，即记录时间不需要定义事件。

报表输出时间为每天00：00：00或8：00：00或16：00：00，图3-68报表输出周期无法满足该时间要求，因此，必须为报表输出定义事件，即定义报表输出事件。

为报表输出事件定义事件名Event1，事件的表达式需查表3-25的事件定义函数，获取当前时间的函数getcurtime()，其输出操作员站/工程师站运行时的当前时间（时：分：秒）。

▶ 资源3.42 ◀
报表数据组态

报表输出有三个时间，三者之间为"或"的关系，查表3-24事件定义操作符，三个时间函数之间的使用"or（或）"进行连接。即输出事件可定义为：getcurtime() = 00：00：00or getcurtime() = 08：00:00or getcurtime() = 16：00：00这一较复杂的表达式。

这里不设置事件死区，对Event[1]进行注释，说明为"报表输出事件"。事件定义如图3-122所示。

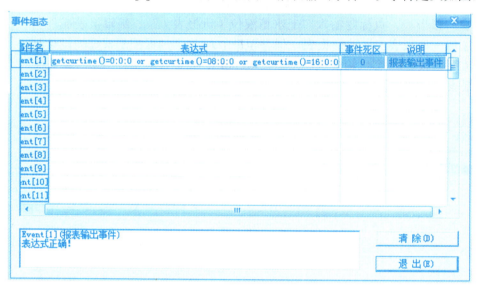

图3-122　报表事件定义

☞ **报表输出定义**

首先是记录设置，记录周期值为1，时间单位为小时，可直接设置，不定义报表记录事件，即不使用"纯事件记录"的条件，系统运行时，LI101位号的真实值将根据记录每小时的要求进行记录。

其次是数据记录方式设置，常选择循环记录（输出一个完整周期的数据记录），报表保留份数10份。

最后是输出设置，本项目的报表定义了输出事件，即报表输出事件选择Event[1]，输出死区为0。输出周期默认状态下选择1月。

在此，需要计算输出周期/记录周期 = 记录的最大点数，本项目设置的记录最大点数为24*30/1小时 = 720点 < 5000，在允许范围内。

报表输出定义如图3-123所示。

图3-123　报表输出定义

☞ **报表时间引用**

在本项目中,时间量组态主要是对记录数据的时间进行组态。记录LI101位号的时间量选用Timer1,是记录时间,其未定义事件,因此时间量Timer1的引用事件为No Event,时间格式报表要求为××:××(时:分);时间量编辑说明为"数据记录时间"。时间引用如图3-124所示。

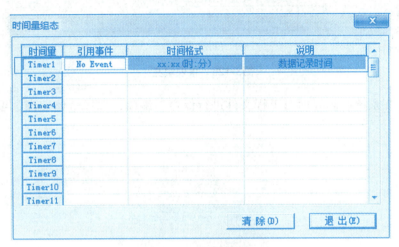

图3-124 报表时间引用

☞ **报表位号引用**

本项目报表要求记录LI101位号的状态和数值,该数据的记录时间未定义事件,模拟量小数位要求记录到其真实值后面两位小时,位号编辑说明为"记录时间发生时记录的位号",位号引用如图3-125所示。

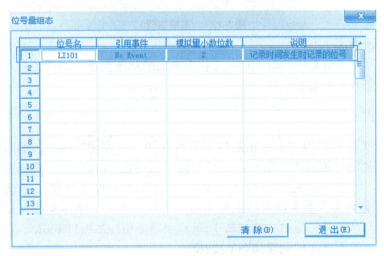

图3-125 报表位号引用

4. 报表填充

查看表3-18任务单(10)报表样板,需要对时间和位号进行填充,即对图3-124时间引用组态的"Timer1"和图3-125位号引用组态的"LI101"在报表编辑界面进行填充。

样表显示时间和位号填充的"步长"均为1,起始值如无特殊说明,一般从时间或位号的第一个变量开始。报表填充如图3-126所示。

资源3.43
报表填充

图3-126 报表填充

报表保存退出，在系统组态界面对工程文件进行保存、编译，选择全体编译，编译结果正确，如图3-127所示。

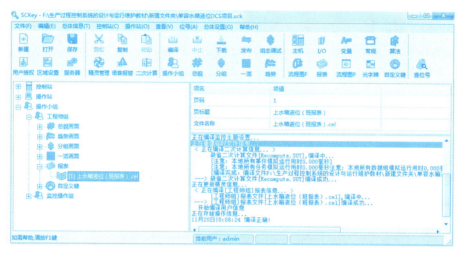

图3-127 系统编译

步骤五：流程图画面组态

根据表3-18项目学习案例组态任务单（11）流程图画面的组态要求，识读流程图组态是在工程师组进行组态和实时监控。

1. 创建流程图文件

▶ 资源3.44 ◀
流程图创建与画面属性设置

流程图画面名称及页标题均为"上水箱液位工艺流程图"，在图3-18所示的系统组态界面中，点击菜单栏的"流程图"图标，打开"操作站设置-流程图"，选择操作小组为"工程师组"，增加一张流程图画面，页标题输入"上水箱液位工艺流程图"，编辑流程图文件名称为"上水箱液位工艺流程图"的空画面，保存至F\个人\生产过程控制系统的设计与运行维护教材（第二版）\单容水箱液位DCS项目\Flow\，将该流程图画面文件与系统组态文件进行链接。流程图文件创建如图3-128所示。

图3-128 流程图文件创建

2. 流程图属性设置

在流程图画面属性设置中，为了方便图形的选择和修改等，将窗口属性-对象选中方式常使用"包含选中"；为了对LI101位号和回路输出LIC101.MV进行仿真，使用变量_VAL0，其量程为0～38cm，步长为1，样式为振荡；使用变量_VAL1，其量程为0～100，步长2，样式为循环，其余属性采用默认设置。流程图画面属性设置如图3-129所示。

图3-129　流程图画面属性设置

3. 流程图静态图形绘制

根据表3-18项目学习案例的组态任务单（11）流程图画面样图，本项目的生产设备及工艺流程，除文字标注外，静态图形有管道、阀1、阀2、阀4、阀7、阀9、泵M101、电动调节阀、带液位变化标尺的上水箱、蓄水箱等。其中：上水箱、蓄水箱通过图3-86对象工具条的直角矩形进行绘制，阀1、阀2、阀4、阀7、阀9通过对象工具条-模板窗口-阀-阀03进行编辑、调整绘制，电动调节阀选用模板窗口-阀-阀03，泵M101选用模板窗口-泵-泵03进行调整绘制，管道采用对象工具条的管道绘制，流程图中的文字通过对象工具条的A文字进行编辑。流程图静态图形绘制如图3-130所示。

▶资源3.45◀
静态图形绘制

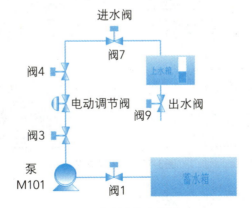

图3-130　流程图静态图形

4. 流程图动态图形组态

根据组态任务单（11）流程图样图，本项目的动态图形组态主要有动态数据、比例填充两个要求。其中：

动态位号的实时数值有两个,一个是上水箱液位LI101,量程0~38、保留两位小数、单位cm,一个是电动调节阀的回路输出,位号LIC101.MV,量程0~100、保留两位小数、单位%。动态数据通过图3-86对象工具条的"0.0"工具进行组态,如图3-131所示。

▶ 资源3.46 ◀
动态属性设置

图3-131 动态数据

上水箱液位上升下降变化状态要通过上水箱上的标尺进行动态显示,即对上水箱液位LI101位号进行比例填充。当液位为0~38cm时,标尺从0~100%进行自动填充,填充色蓝色,填充方向自下往上。如图3-132所示。

图3-132 比例填充

5. 流程图仿真调试

在流程图动态图形组态中,使用图3-79流程图画面属性-运行和仿真的_VAL0代替图3-131动态数据LI101位号,_VAL1代替LIC101.MV进行仿真。仿真测试效果如图3-133所示,可以看出上水箱液位LI101真实值与标尺填充一致,且电动调节阀显示阀门输出开度。

流程图调试完成后,退出仿真运行界面,保存系统组态工程文件,并进行总体编译,如图3-134所示。

简单集散控制系统组态与仿真运行 | 项目三

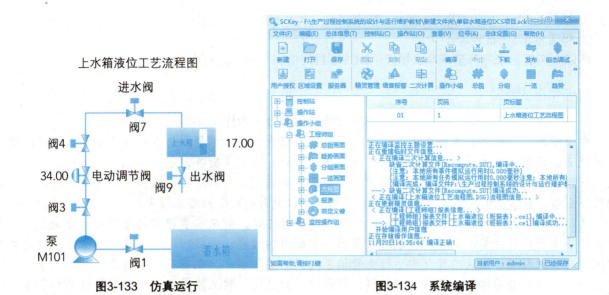

图3-133 仿真运行　　　　　　图3-134 系统编译

步骤六：查漏补缺

在步骤二标准画面组态—总貌画面—索引画面任务实施时，其需索引的画面并没有完成组态，因此在组态最后需要对未完成的任务进行完善。

根据表3-18项目学习案例的组态任务单（7）操作画面组态要求，总貌画面第一页索引画面需索引工程师组所有流程图、分组画面、趋势画面和一览画面。本项目工程师组有流程图画面1页、分组画面2页、趋势画面2页和一览画面1页，即索引画面共需要索引6个画面。打开总貌画面第一页，为索引画面进行关联组态。在选择位号时，与普通总貌画面不同，需选择"操作画面"标签。如图3-135所示。

至此，任务2单容水箱液位DCS的系统组态就全部完成了。对工程文件进行保存，编译结果正确。

图3-135 总貌画面-索引画面组态

任务2 拓展

在表3-18组态任务单（3）的测点清单中，修改LI101的报警要求是90%高限报警，10%低限报警。

在表3-18组态任务单（10）的报表画面组态中，修改2个组态要求：

① 每天的0点、2点、4点、6点……22点记录一次数据；
② 每天输出1张报表。
将以上拓展要求完善至单容水箱液位DCS项目的组态与仿真运行中。

素质拓展阅读

不同操作小组的分工合作

在操作站组态时，基本画面组态、流程图组态、报表组态等都需要先选择操作小组，不同的操作小组可观察、设置、修改不同的标准画面、流程图、报表、自定义键等，各司其职，专注提升效率，同时又建议设置一个操作小组，它包含所有操作小组的组态内容，当其中有一操作站出现故障时，可以运行此操作小组，查看出现故障的操作小组的运行内容，以免时间耽搁而造成损失。

《西游记》是我国古代浪漫主义文学作品中的巅峰之作，如果从管理学的角度看，这是关于一个团队为了一个宏伟的目标，克服种种艰难险阻而不懈努力的过程，师徒四个人组成了一个相对稳定的西行团队，这个过程对于团队的建设和运行有着借鉴意义。成忆君先生在《孙悟空是个好员工》中，将师徒四人的人格特征分为四类，唐僧是完美型，孙悟空是力量型，猪八戒是活泼型，沙僧则是和平型。根据每个人的个性，分配了不同的任务：唐僧表面上看起来很懦弱，可实际上意志最坚定的就是他；孙悟空在这个团队里无所不能，办事雷厉风行，典型的业务骨干和精英，但容易冲动；随和的沙僧从中斡旋，协调他们之间的关系，就像是一个和事佬，而且关注细节，踏实勤劳；猪八戒就像组织中的开心果，而且也具有相当的业务技能，对保持团队的持续高效地运转不可或缺。可见专业的人做专业事，才能更好地发挥每个人的能力。

无论是在学习、工作还是生活中，处处可见分工合作的例子，可以大至整个国家，也可小至一个小组。分工合作虽然只是一个简单的动作，却能创造出无限的力量，因此同学们一定要养成团队合作的好习惯，发挥团队精神，发挥各自所长，创造更大价值！

● 任务3　单容水箱液位DCS监控操作与仿真测试 ●

任务3　说明

在工程师站完成DCS系统组态，编译正确后，在离线状态下，启动实时监控软件（AdvanTro）进行系统仿真测试，通过监控画面监视工艺对象的数据变化情况，发出各种操作指令来干预生产过程，保证生产系统正常运行。

本任务的主要内容是熟悉监控操作，完成系统仿真测试。

任务3　要求

① 正确登录实时监控系统；
② 熟练进行实时监控操作；
③ 完成系统仿真测试。

任务3　学习

1. 启动实时监控的方法

实时监控系统启动常用两种方法，一是通过"实时监控"快捷图标登录进入或开始—程序—AdvanTrol-Pro—实时监控，直接启动监控，二是在SCKey组态界面，系统编译正确后，点击"组态调试"按钮进入。实时监控界面如图3-136所示。

图3-136　实时监控界面

2. 登录实时监控系统的方法

在图3-136实时监控界面，点击如图3-137所示的"登录"按钮，打开用户登录窗口，基于任务2用户授权信息，选择用户、操作小组登录。

图3-137　登录实时监控系统

> 💡 **想一想**　登录实时监控系统为什么要选择操作小组？

3. 实时监控主界面功能

（1）实时监控主界面主菜单的使用

主菜单包括的控件主要有系统介绍、弹出式报警、控制分组（分组画面）、调整画面、报表、总貌（画面）、打印、系统设置、登录和退出功能。

其中：系统设置如图3-138所示。常用"打开系统服务"功能，在打开的窗口中，选择设置—启动选项，可以设置实施监控软件开机自动运行、系统组态工程文件仿真运行等。

▶资源3.47◀
仿真运行设置

图3-138 系统服务启动设置

（2）工具栏的使用

实施监控主界面工表具栏的控件图标主要包括流程图画面、趋势画面、一览画面、目录按钮及翻页按钮、操作记录画面、查找I/O位号等。具体功能如表3-30所示。

表3-30 工具栏的使用说明

序号	控件图标	功能说明
1		流程图画面
2		趋势画面
3		一览画面
4		目录按钮及翻页按钮
5		操作记录画面
6		查找I/O位号
7		前翻/后翻画面

（3）其他

在实施监控主界面上端中间位置，从上向下依次是报警栏和光字牌。报警栏滚动显示最近产生的正在报警的信息，其中依次最多显示6条，其余的可以通过窗口右边的滚动条来查阅；光字牌显示所表示的数据区所有位号的报警状态，还有诊断工具栏、信息栏、弹出式报警等。

任务3 实施

本项目在运行测试时可基于离线仿真运行，跳过环节1的下载与发布、环节3的控制性能指标，基于环节2进行仿真测试。

环节1 系统组态下载与发布

步骤一：组态下载

组态下载是在工程师站的组态内容编译正确，如图3-139所示，才允许下载到主控制卡；或在修改与控制站有关的组态信息（主控制卡配置、I/O卡件设置、信号点组态、常规控制方案组态、程序语言组态等）后，重新下载组态信息。

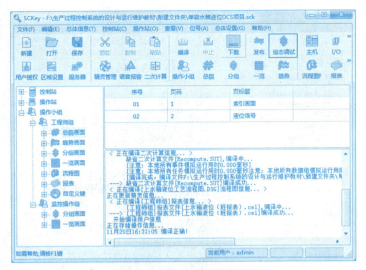

图3-139 系统编译正确

如果修改操作站的组态信息则不需下载组态信息。点击图3-18系统组态界面工具栏的"下载"按钮，如图3-140所示。

图3-140 工程文件下载

 组态修改后保存，点击下载是否有效？

步骤二：组态发布

为保证上位机组态的一致性，上位机组态由工程师站统一发布。即所有操作站的组态都必须以发布后的组态为准。组态发布前，网络文件传输模块必须已处于运行状态。

组态编译成功后即可执行发布。在图3-18所示的系统组态界面工具栏点击"发布"按钮，打开组态发布对话框，点击下端的"发布组态"按钮，则向所有操作站发布组态。发布成功后，"发布组态"按钮显示为灰色，进入通知更新阶段。在列表中选择需要通知更新的操作站或工程师站，再点击"通知更新"按钮，则被选中的操作站或工程师站的组态会被更新，更新完成后监控被重启。当发布的内容不变时对方的计算机在更新完成后不会重启监控。

环节2 系统仿真测试

在图3-138的系统服务启动设置启动选项为"仿真运行"，图3-141系统编译正确，在系统组态界面上点击"组态调试"，系统自动打开如图3-139的实时监控界面，以admin用户，输入supcondcs密码，如图3-142所示。

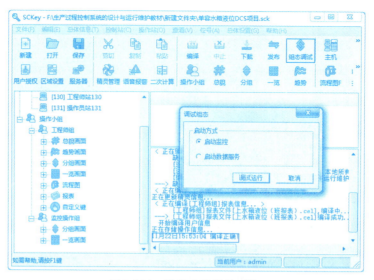

图3-141 登录实施监控系统

选择工程师组登录实时监控系统,如图3-143所示。

图3-142 实时监控系统

在图3-142实时监控系统中,当工程师组进行监控时,操作站实时监控测试任务如下。

1. 总貌画面监控

点击图3-142实时监控系统主菜单"总貌",对系统总貌进行监控,第一页索引画面和第二页液位信号画面如图3-143所示。

资源3.48
基本画面监控

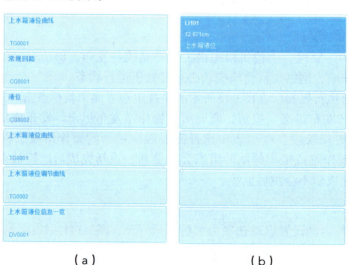

(a)　　　　　　　　　　(b)

图3-143 总貌画面监控

在图3-143（a）索引画面中，任一单击功能块，即可跳转到对应的画面页。在图3-143（b）液位信号总貌画面中，显示了LI101位号的数值信息等。

2. 趋势画面监控

点击图3-142实时监控系统工具栏"趋势画面"，对趋势画面进行监控，第一页上水箱液位曲线，第二页上水箱液位调节曲线，如图3-144所示。

在图3-144趋势画面中，可通过左下角的"趋势设置"对位号数值坐标、趋势布局和曲线图的颜色等进行详细设置。

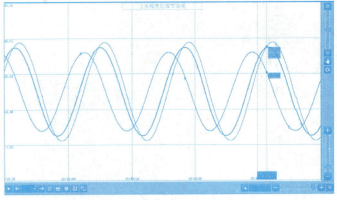

图3-144　趋势画面监控（第二页）

3. 一览画面监控

点击图3-142实时监控系统工具栏"一览画面"，对一览画面进行监控，即上水箱液位信息一览，如图3-145所示。

序号	位号	描述	数值	单位
1	LI101	上水箱液位	31.755	cm
2				
3				
4				

图3-145　一览画面监控

在一览画面中，显示LI101位号的描述、数值及单位。点击位号，可直接打开该位号关联的调整画面，显示该位号仪表的所有参数和调整趋势图，如图3-146所示。

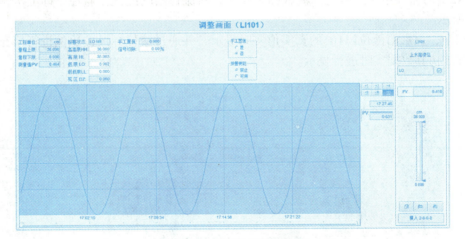

图3-146　LI101的调整画面

4. 分组画面监控（控制分组画面）监控

点击图3-142实时监控系统主菜单"控制分组"，对分组画面进行监控，第一页常规回路分组画面、第二页液位分组画面，如图3-147所示。

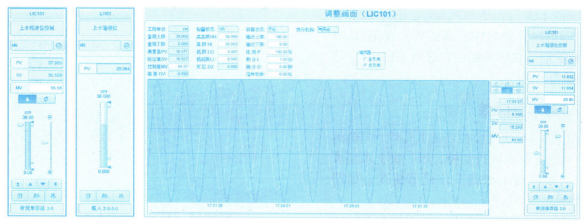

图3-147　分组画面监控及LIC101调整画面

分组画面显示内部仪表、监测点等。在分组画面点击位号，可直接打开该位号关联的调整画面。

5. 报表输出监控

点击图3-142实时监控系统主菜单"报表"，对报表进行监控，监控系统运行时间15：01：34，报表输出时间是16：0：0，每10分钟记录一组数据，共记录了7组数据，如图3-148所示。

▶资源3.49◀
报表与流程图
画面监控

图3-148　报表输出监控

6. 流程图监控

点击图3-142实时监控系统工具栏"流程图画面"，对流程图画面进行监控，即上水箱液位工艺流程图，如图3-149所示。

在实时监控中，上水箱液位LI101的真实值实时显示，并通过液位标尺按比例进行填充，同时电动调节阀的开度也按照仿真数据实时进行显示。

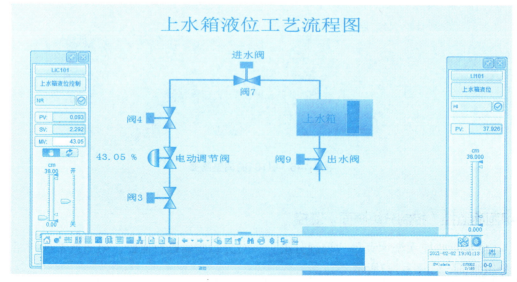

图3-149　流程图画面监控

在流程图画面监控中，点击动态数据可调出该位号的控制分组仪表。

任务3　拓展

在具备AE2000A过程装置设备、配置了JX-300XP DCS控制站的基础上，拓展完成学习案例项目的过渡过程曲线调试，进行性能指标分析。

📖 素质拓展阅读

监控操作发现的故障警示

案例1：某化工生产车间，1#域1#服务器维护后1小时，操作员发现5#塔DCS画面无显示，而下层主控运行正常。

案例2：某热电厂车间，给水泵在正常运行中突然跳闸，运行切换另一台泵不久又跳闸，且DCS画面其他监控参数也出现错误。

案例3：某热电厂车间，#6机组计算机DCS所有画面变紫，该机组无法利用DCS进行操作，机组运行集控市区控制等。

……

事故的原因有下层修改数据点名后，没有对服务器进行编译下载，有设备接线处短路，有温度过高致使模块不能正常工作等原因，造成了产品质量不合格、生产停滞等严重后果。

这也警示我们，在工程设计、调试及运行的全过程，每一步要做到一丝不苟，要时刻牢记安全操作规范与要求，紧绷安全之弦，做到安全第一，预防为主。

项目三　自测评估

精馏塔DCS项目

精馏是化工、石油化工、炼油生产过程中应用极为广泛的传质传热过程，精馏的目的是根据溶液中各组分挥发度（或沸点）的差异，使各组分得以分离并达到规定的纯度要求。

精馏塔DCS项目的组态任务单见表3-31所示。

表3-31　精馏塔DCS项目组态任务单

（1）系统配置

类型	数量	IP地址	备注
控制站	1	04	主控卡和数据转发卡均冗余配置 主控卡注释：1#控制站 数据站发卡注释：1#数据转发卡、2#数据转发卡等
工程师站	1	135	注释：工程师站135
操作站	2	133　134	注释：操作员站133、操作员站134

注：其它未作说明的均采用默认设置。

（2）用户授权

角色	用户名	用户密码	相应权限	操作小组权限
特权	系统维护	SUPCONDCS	全部	操作员甲小组、操作员乙小组
工程师+	工程师	1111	全部	操作员甲小组、操作员乙小组

续表

角色	用户名	用户密码	相应权限	操作小组权限
操作员	操作员甲	2222	全部	操作员甲小组
操作员	操作员乙	3333	全部	操作员乙小组

注：其它未作说明的均采用默认设置。

（3）测点清单

序号	位号	描述	I/O	类型	量程/ON描述	单位/OFF描述	报警要求	周期（秒）	压缩方式和统计数据
1	FI201	低沸点塔进料流量	AI		0~100	m³/h	跟踪值50，高偏10	1	高精度并记录
2	FI202	低沸点塔冷却水流量	AI		0~100	m³/h	高报：70	1	高精度并记录
3	FI203	低沸点塔蒸汽流量	AI		0~100	m³/h	上升速度10%/秒报警	1	高精度并记录
4	FI204	低沸点塔回流流量	AI		0~100	m³/h	70%高报	1	高精度并记录
5	LI201	低沸点塔塔釜液位	AI		0~100	%	90%高报，30%低报	1	高精度并记录
6	LI202	塔顶凝液罐液位	AI		0~100	%	80%高报，30%低报	1	高精度并记录
7	PI201	低沸点塔塔顶压力	AI	不配电4~20mA	0~1	MPa	90%高报	2	低精度并记录
8	PI202	低沸点塔塔釜压力	AI		4~20mA	MPa	70%高报	2	低精度并记录
9	PI203	低沸点塔回流罐压力	AI		0~16	MPa	70%高报	2	低精度并记录
10	FI301	高沸点塔进料流量	AI		0~100	m³/h	跟踪值50，高偏10	1	高精度并记录
11	FI302	高沸点塔冷却水流量	AI		0~600	m³/h	高报：70	1	高精度并记录
12	FI303	高沸点塔蒸汽流量	AI		0~400	m³/h	上升速度10%/秒报警	1	高精度并记录
13	FI304	高沸点塔回流流量	AI		0~400	m³/h	70%高报	1	高精度并记录
14	LI301	高沸点塔塔釜液位	AI		0~100	%	90%高报，30%低报	1	高精度并记录
15	LI302	高塔塔顶凝液罐液位	AI		0~100	%	80%高报，30%低报	1	高精度并记录
16	PI301	高沸点塔塔顶压力	AI		0~1	kPa	90%高报	2	低精度并记录
17	PI302	高沸点塔塔釜压力	AI		0~16	kPa	70%高报	2	低精度并记录

续表

序号	位号	描述	I/O	类型	量程/ON 描述	单位/OFF 描述	报警要求	周期（秒）	压缩方式和统计数据
18	PI303	高沸点塔回流罐压力	AI	不配电 4~20mA	0~16	kPa	70%高报	2	低精度并记录
19	TI201	低沸点塔塔釜温度	RTD		0~100	℃	90%高报，10%低报	2	低精度并记录
20	TI202	低沸点塔塔顶温度	RTD		0~200	℃	10%低报	2	低精度并记录
21	TI203	第三块塔板温度	RTD		0~100	℃	上升速度10%/秒报警	2	低精度并记录
22	TI204	第四块塔板温度	RTD		0~100	℃	上升速度10%/秒报警	2	低精度并记录
23	TI205	第五块塔板温度	RTD		0~100	℃	10%低报	2	低精度并记录
24	TI206	第六块塔板温度	RTD		0~100	℃	10%低报	2	低精度并记录
25	TI207	第七块塔板温度	RTD		0~100	℃	10%低报	2	低精度并记录
26	TI208	第八块塔板温度	RTD		0~100	℃	10%低报	2	低精度并记录
27	TI209	第九块塔板温度	RTD		0~100	℃	10%低报	2	低精度并记录
28	TI210	第十块塔板温度	RTD	PT100	0~100	℃	10%低报	2	低精度并记录
29	TI211	第十一块塔板温度	RTD		0~100	℃	10%低报	2	低精度并记录
30	TI213	第十三块塔板温度	RTD		0~100	℃	10%低报	2	低精度并记录
31	TI214	第十四块塔板温度	RTD		0~100	℃	10%低报	2	低精度并记录
32	TI215	冷却水入口温度	RTD		0~100	℃	70%高报	2	低精度并记录
33	TI216	冷却水出口温度	RTD		0~100	℃	80%高报	2	低精度并记录
34	TI217	低沸点塔进料温度	RTD		0~100	℃	90%高高报	1	低精度并记录
35	TI301	高沸点塔塔釜温度	RTD		0~100	℃	90%高报，10%低报	2	低精度并记录
36	TI302	高沸点塔提馏段温度	RTD		0~100	℃	90%高报，10%低报	2	低精度并记录
37	TI303	高塔第三块塔板温度	RTD		0~100	℃	上升速度10%/秒报警	2	低精度并记录

续表

序号	位号	描述	I/O	类型	量程/ON描述	单位/OFF描述	报警要求	周期（秒）	压缩方式和统计数据
38	TI304	高塔第四块塔板温度	RTD		0~100	℃	上升速度10%/秒报警	2	低精度并记录
39	TI305	高塔第五块塔板温度	RTD		0~100	℃	10%低报	2	低精度并记录
40	TI306	高塔第六块塔板温度	RTD		0~100	℃	10%低报	2	低精度并记录
41	TI307	高塔第七块塔板温度	RTD		0~100	℃	10%低报	2	低精度并记录
42	TI308	高塔第八块塔板温度	RTD		0~100	℃	10%低报	2	低精度并记录
43	TI309	高塔第九块塔板温度	RTD		0~100	℃	10%低报	2	低精度并记录
44	TI310	高塔第十块塔板温度	RTD	PT100	0~100	℃	10%低报	2	低精度并记录
45	TI311	高塔第十一块塔板温度	RTD		0~100	℃	10%低报	2	低精度并记录
46	TI313	高塔第十三块塔板温度	RTD		0~100	℃	10%低报	2	低精度并记录
47	TI314	高塔第十四块塔板温度	RTD		0~100	℃	10%低报	2	低精度并记录
48	TI315	高塔冷却水入口温度	RTD		0~100	℃	70%高报	2	低精度并记录
49	TI316	高塔冷却水出口温度	RTD		0~100	℃	80%高报	2	低精度并记录
50	TI317	高沸点塔进料温度	RTD		0~100	℃	90%高报	1	低精度并记录
51	LV201	低沸点塔塔釜液位调节	AO						
52	PV201	低沸点塔塔顶压力调节	AO						
53	TV201	低沸点塔冷凝温度调节	AO	Ⅲ型正输出					
54	LV301	高沸点塔塔釜液位调节	AO						
55	PV301	高沸点塔塔顶压力调节	AO						
56	TV301	高沸点塔冷凝温度调节	AO						
57	FV303	高沸点塔蒸汽流量调节	AO						

续表

序号	位号	描述	I/O	类型	量程/ON描述	单位/OFF描述	报警要求	周期（秒）	压缩方式和统计数据
58	KI201	泵开关指示	DI		开	关		1	低精度并记录
59	KI202	泵开关指示	DI		开	关		1	低精度并记录
60	KI203	阀开关指示	DI		开	关		1	低精度并记录
61	KI301	高沸点塔泵开关指示	DI		开	关		1	低精度并记录
62	KI302	高沸点塔泵开关指示	DI	NC触点型	开	关		1	低精度并记录
63	KO201	泵开关操作	DO		开	关		1	低精度并记录
64	KO202	泵开关操作	DO		开	关		1	低精度并记录
65	KO203	阀开关操作	DO		开	关		1	低精度并记录
66	KO301	高沸点塔泵开关操作	DO		开	关		1	低精度并记录
67	KO302	高沸点塔泵开关操作	DO		开	关		1	低精度并记录

说明：组态时卡件注释应写成所选卡件的名称，例：XP313I；组态时报警描述应写成位号名称加报警类型，例：进炉区燃料油压力指示高限报警；如若组态时用到备用通道，位号的命名及注释必须遵守该规定，备用通道的趋势、报警、区域组态必须取消。

（4）控制方案

序号	控制方案注释、回路注释		回路位号	控制方案	PV	MV
00	低沸点塔液位控制		LRC201	单回路	LI201	LV201
01	高沸点塔温度控制	提馏段蒸汽流量控制	FRC303	串级内环	FI303	FV303
		提馏段温度控制	TICA302	串级外环	TI302	

（5）操作站设置

①操作小组配置

操作小组名称	切换等级	光字牌名称及对应分区
操作员甲小组	操作员	温度：对应温度数据分区 压力：对应压力数据分区 流量：对应流量数据分区 液位：对应液位数据分区
操作员乙小组	操作员	
工程师小组	工程师	

续表

② 数据分组分区

数据分组	数据分区	位号
低沸点塔	温度	TI201、TI202、TI203、TI204、TI215、TI216、TI217
	压力	PI201、PI202、PI203
	流量	FI201、FI202、FI203、FI204
	液位	LI201、LI202
高沸点塔		
工程师数据组		

（6）操作画面组态（当操作员甲进行监控时）

● 可浏览总貌画面：

页码	页标题	内容
1	索引画面	索引：操作员甲小组所有流程图、所有分组画面、所有趋势画面、所有一览画面
2	低沸点塔参数	所有低沸点塔相关I/O数据实时状态

● 可浏览分组画面：

页码	页标题	内容
1	常规回路	LRC201、FRC303、TICA302
2	开关量	KI301、KI302、KO301、KO302

● 可浏览一览画面：

页码	页标题	内容
1	低沸点塔压力	PI201、PI202、PI203
2	高沸点塔压力	PI301、PI302、PI303

● 可浏览趋势画面：

页码	页标题	内容
1	温度	TI201、TI202、TI203、TI204
2	流量	FI201、FI202、FI203、FI204

● 可浏览流程图画面：

页码	页标题及文件名称	内容
1	PVC精馏生产过程流程	

绘制如图3-150的流程画面。

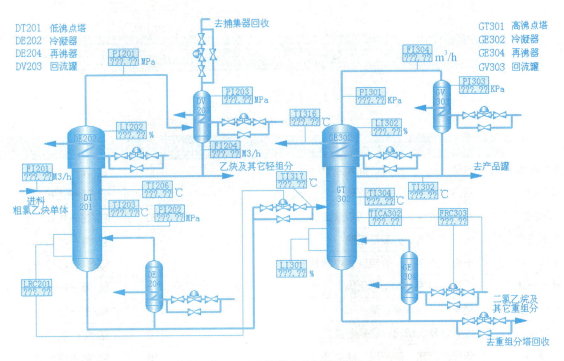

图3-150　PVC精馏生产过程流程图

（7）自定义键组态（当操作员甲进行监控时）

　　1号键定义为报警一览键

　　2号键翻到控制分组第3页

　　3号键将KO201关闭

（8）报表组态（当操作员甲进行监控时）

　　要求：每整点记录一次数据，记录数据为FI201、FI202、FI203、FI204，报表中的数据记录到其真实值后面两位小数，时间格式为××：××：××（时：分：秒），每天8点输出报表。报表样板：报表名称及页标题均为班报表。

班报表						
___班___组　组长_____　记录员_____				___年___月___日		
时间						
内容	描述	数据				
FI201	####					
FI202	####					
FI203	####					
FI204	####					

注：定义事件时不允许使用死区。

本项目拟基于浙江中控JX-300XP进行DCS系统组态，要求按照组态任务单，完成：
① 精馏塔DCS项目组态；
② 精馏塔DCS项目仿真测试。

项目三 评估标准

项目三学习评估标准

评估点	精度要求	配分	评分标准	评分
系统配置	数量、地址、注释、冗余正确	5	错/漏一处扣1分	
用户授权	用户、角色、权限等正确	8	错/漏一处扣1分	
IO组态	数据转发卡、I/O卡、I/O点正确	20	错/漏一处扣1分	
控制方案	位号、方案、分量等正确	8	错/漏一项扣1分	
操作小组	小组、光字牌、分组区、位号划分正确	8	错/漏一项扣2分	
基本画面	位号、数量、类型等正确	12	错/漏一项扣2分	
自定义键	键语句、注释等正确	4	错/漏一项扣2分	
报表	报表创建、编辑、数据配置、输出正确	10	错/漏一项扣2分	
流程图	流程图创建、静态图、动态图正确	10	错/漏一项扣2分	
编译测试	编译正确，仿真测试正确	5	错/漏一处扣3分	
自主学习		5		
创新成果		5		

项目三 学习分析与总结

自我分析与总结

项目四

复杂集散控制系统组态与仿真运行

学习目标

知识目标

① 能识记报警级别及组态方法；
② 能简述变量类型及范围；
③ 能识记报表事件定义函数及操作符；
④ 能简述图形编程的基本模块功能；
⑤ 能简述常用功能块组态方法。

技能目标

① 会识读复杂DCS系统任务单；
② 会复杂DCS工程设计；
③ 会变量选择和变量定义；
④ 会弹出式流程图组态；
⑤ 会FBD复杂算法组态；
⑥ 会复杂动态特性设置；
⑦ 会引入事件定义进行报表组态；
⑧ 会系统仿真测。

素质目标

① 具有精益求精、一丝不苟的工匠精神；
② 具有发现问题、分析问题与解决问题的求知精神；
③ 具有举一反三、求真务实的创新精神。

项目四　学习案例描述　碱洗塔DCS项目

在项目三的基础上，根据复杂过程装置/系统的控制要求，通过自定义变量、自定义算法、弹出式流程图与流程图的链接设计等，基于浙江中控SUPCON JX-300XP，完成碱洗塔复杂集散控制系统组态与仿真测试。

本项目以碱洗塔的流量补偿、累积计算、液位控制和机泵控制等为主要内容，引入变量组态、算法组态、动态图形组态等新的知识与操作技能，并增加了对逻辑控制设计方法的学习。分解项目工作过程为基本信息组态、控制算法组态、报表和流程图组态与仿真测试三个工作任务。

碱洗塔DCS项目的工艺要求、控制要求及组态要求体现在任务单中，通过识读表4-1任务单，基于JX-300XP完成DCS组态及仿真测试。

表4-1　碱洗塔DCS项目组态任务单

新建组态工程，工程文件名为"碱洗塔DCS项目"。

（1）主机配置

类型	数量	IP地址	备注
控制站（过程控制站）	1	2	主控卡和数据转发卡均冗余配置 主控卡注释：控制站 数据站发卡注释：数据转发卡
工程师站	1	140	注释：工程师站140
操作站	1	139	注释：操作员站139

注：其他未作说明的均采用默认设置。

（2）用户授权

角色	用户名	用户密码	操作小组权限
特权	系统维护	SUPCONDCS	碱洗塔工程师小组 碱洗塔操作员小组
工程师+	设计工程师	1111	碱洗塔工程师小组 碱洗塔操作员小组
工程师	碱洗塔工程师	2222	碱洗塔工程师小组
操作员	碱洗塔操作员	3333	碱洗塔操作员小组

注：其他未作说明的均采用默认设置。

（3）测点清单

序号	点名	汉字说明	量程下限	量程上限	数据单位	信号类型	趋势（记录统计数据）
AI（模拟量输入点）
1	FT_51501	碱洗塔塔顶气流量	0	18000	kg/h	4~20mA	低精度1s，记录
2	FT_51503	碱洗塔循环碱液流量	0	24000	Nm^3/h	4~20mA	
3	PT_51501	碱洗塔塔顶压力	0	0.9	MPa	4~20mA	低精度1s，记录
4	PT_51502	碱洗塔塔底压力	0	0.9	MPa	4~20mA	

续表

序号	点名	汉字说明	量程下限	量程上限	数据单位	信号类型	趋势（记录统计数据）
5	LT_51501	碱洗塔塔底液位	0	100	%	4~20mA	低精度1s，记录
6	LT_51502	碱洗塔集液器液位	0	100	%	4~20mA	
7	IT_51501	P5101电流指示	0	60	A	4~20mA	
8	TE_51501	碱洗塔顶部出口温度	0	300	℃	4~20mA	低精度1s，记录
9	TE_51502	碱洗塔中部出口温度	0	300	℃	4~20mA	
10	TE_51503	碱洗塔底部出口温度	0	300	℃	4~20mA	
AO（模拟量输出点）							
1	FV_51503	碱洗塔循环碱液流量调节阀	0	100	%	4~20mA	
DI（开关量输入点）							
1	EL_P5101	P5101运行状态				DI	
2	EA_P5101	P5101电机故障				DI	
3	EY_P5101	P5101远程/就地				DI	
4	XZO_51501	进料阀开到位				DI	
5	XZC_51501	进料阀关到位				DI	
6	LSHI_51501	塔底液位高I值				DI	
7	LSHII_51501	塔底液位高II值				DI	
DO（开关量输出点）							
1	EST_P5101	P5101启动指令				DO	
2	ESP_P5101	P5101停止指令				DO	
3	XSOV_51501	进料阀开指令				DO	
4	XSCV_51501	进料阀关指令				DO	

说明：组态时卡件注释应写成所选卡件的名称，例：XP313（I）；

组态时报警描述应写成位号名称加报警类型，例：进炉区燃料油压力指示高限报警；

备用通道位号：N＋I/O类型（AI/AO/DI/DO）＋主控卡地址＋数据转发卡地址＋卡件地址＋通道地址，注释为"备用"。例：NAI02000305，备用，其中AI表示I/O类型，02表示主控卡地址、00表示数据转发卡地址、03表示卡件地址、05表示通道地址；备用通道的趋势、报警、区域组态必须取消。

模拟量信号输入高报值为量程的90%，低报值为量程的10%，定义高报报警级别为1级，报警颜色红色，定义低报报警级别为2级，报警颜色为黄色。

续表

（4）操作站设置——操作小组配置

操作小组名称	监控启动画面
碱洗塔工程师操作小组	碱洗塔流程图
碱洗塔操作员操作小组	/

注：其他未作说明的均采用默认设置。

（5）趋势画面组态（当碱洗塔工程师小组进行监控时）

页码	页标题	内容
1	碱洗塔塔底液位控制	LIC_51501.SV
		LIC_51501.PV
		LIC_51501.MV

注：其他未作说明的均采用默认设置。

（6）自定义键组态（当碱洗塔工程师小组进行监控时）

序号	键定义
1	回路仪表（位号为LIC_51501）改手动
2	回路控制输出阀位调整到50%
3	出料泵的机泵启动/打开

注：其他未作说明的均采用默认设置。

（7）控制方案（使用图形编程-FBD功能块编辑器）

1）**补偿公式组态：** 自定义算法段落文件名为Gongshi，自定义变量FI_51501，变量命名"流量补偿数据"，单位kg/h，根据以下给出的计算公式，完成逻辑搭建。

FI_51501 = FT_51501*{[(250 + 273)*(PT_51501 + 101)]/[(1.08 + 101)*(TE_51501 + 273)]}

FI_51501上传至画面显示，具体位置参考碱洗塔流程图画面。

2）**流量累积组态：** 碱洗塔塔顶流量FT_51501累积计算组态：自定义算法段落文件名为Accumc，使用累积流量功能块进行搭建，可以手动复位，当流量累积达到10000T后自动复位。累积值变量"FIQ_51501"，命名为"流量累积"，单位为t，流量累积变量FIQ_51501及手动复位按钮上传至画面显示，具体位置参考碱洗塔流程图画面。

3）**PID自动调节组态：** 自定义算法段落文件名为PIDc，完成碱洗塔塔底液位单回路自动控制，LT_51501为测量端，FV_51503为控制端，回路位号为LIC_51501，控制量程为0~100，单位为%。

4）**机泵控制组态：** 碱洗塔出料泵的机泵控制组态，自定义算法段落文件名为Logic，要求：当联锁投入时塔底液位大于等于设定值A（设定值为液位上限的75%，延时5s）机泵自启；当联锁投入时塔底液位小于等于设定值B（设定值为量程上限的15%时，延时5s）机泵自停。同时，机泵可以手动启动或停止，即机泵具有手/自动启停控制功能。联锁按钮自定义变量为：MAN_LSTR，变量上传至碱洗塔流程图画面。

（8）报表画面组态（当碱洗塔工程师小组进行监控时）

要求：记录LT_51501、FT_51501、PT_51501和TE_51501数据，20分钟采集记录一次数据，并计算1小时碱洗塔塔底液位平均值，报表中的数据记录到其真实值后面两位小数，时间格式为××：××（时：分），每天10点输出报表。见样表：

续表

			碱洗塔班报表				
		___班___组	组长_____	记录员_____		___年___月___日	
时间		Timer1[0]	Timer1[3]	Timer1[6]	Timer1[9]	Timer1[12]	Timer1[15]
内容	描述	数据					
LT_51501	碱洗塔塔底液位						
FT_51501	碱洗塔塔顶气流量						
PT_51501	碱洗塔塔顶压力						
TE_51501	碱洗塔顶部出口温度						
碱洗塔塔底液位平均值	/						

注：报表名称及页标题均为"碱洗塔班报表"，定义事件时不允许使用死区。

(9) 流程图画面组态（当碱洗塔工程师小组进行监控时）

1）普通流程图

页码	页标题及文件名称	内容
1	碱洗塔流程图	绘制如图4-1所示的流程图画面

注：其他未作说明的均采用默认设置。

组态要求：

◇ 以棒图形式显示塔底和集液器液位

◇ 显示碱洗塔塔底液位LT_51501、集液器液位LT_51502，出口温度TE_51501、TE_51502、TE_51503，压力PT_51501、PT_51502，流量FT_51503、FT_51502，调节阀FV_51503所在控制回路输出，P5101泵电流指示IT_5101等测量值及工程单位

◇ 显示碱洗塔塔底液位高I值LSHI_51501和高II值LSHII_51501的状态

◇ 显示流量补偿数据变量FI_51501、流量累积变量FIQ_51501的值，设置清零按钮，具体位置见图4-1。

◇ 在P5101泵的位置，设置开关对象，弹出图4-2所示的P5101泵流程图，弹出位置X = 800，Y = 400。

◇ 在P5101泵左侧，设置联锁按钮，根据联锁状态显示联锁投入或联锁解除。

碱洗塔流程图的样图如4-1所示。

续表

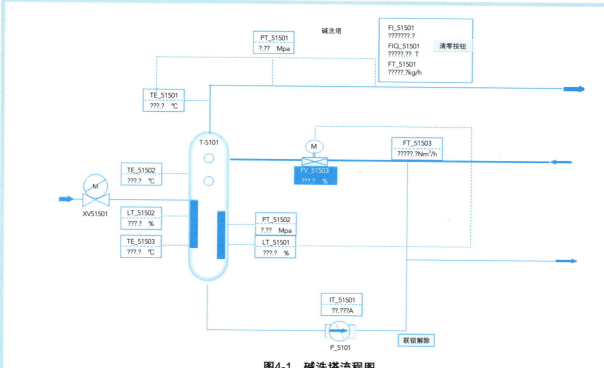

图4-1 碱洗塔流程图

2）弹出式流程图

页码	页标题及文件名称	内容
1	P5101泵流程图	绘制如图4-2所示的流程图画面

注：其他未作说明的均采用默认设置。

组态要求：
◇ 画面大小宽220像素，高150像素
◇ 显示P5101泵的运行、故障和远程状态
◇ 设置启动按钮和停止按钮，实现P5101泵手动启停控制

P5101泵流程图的样图如4-2所示。

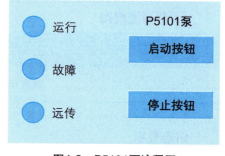

图4-2 P5101泵流程图

项目四　学习脉络

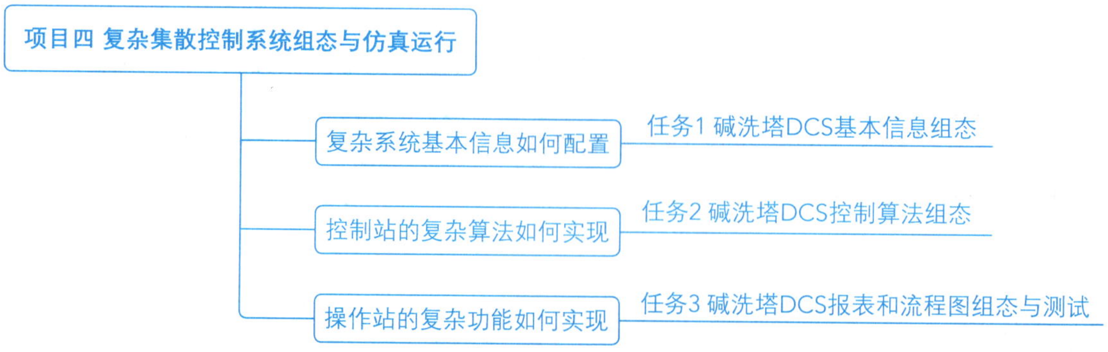

```
项目四 复杂集散控制系统组态与仿真运行
    ├── 复杂系统基本信息如何配置 ── 任务1 碱洗塔DCS基本信息组态
    ├── 控制站的复杂算法如何实现 ── 任务2 碱洗塔DCS控制算法组态
    └── 操作站的复杂功能如何实现 ── 任务3 碱洗塔DCS报表和流程图组态与测试
```

图4-3　项目四学习脉络图

项目四 知识链接

一、自定义变量组态

自定义变量的作用是在上下位机之间建立交流的途径，上下位机均可读可写，表示一些内部变量。计算机所有的数据都由二进制表示，自定义变量也是一样的。

JX-300XP DCS系统由于流程图（或弹出式流程图）、自定义控制方案、报表等组态需求，需要自定义变量，一般有五种类型，分别是1字节变量、2字节变量、4字节变量、8字节变量和自定义回路。

（一）1字节变量

1字节变量的数据类型常为布尔量（BOOL），即开关量（ON/OFF），占1个字节，零（OFF）表示FALSE，非零（ON）表示TRUE，每个控制站支持4096个自定义1字节变量，组态界面如图4-4所示。

图4-4　1字节变量组态界面

1. 组态地址

"No"是自定义1字节变量的存放地址，组态时如"No"栏的某一地址（00～4095）中不需存放变量时，此地址仍然存在。

2. 操作等级

操作等级共有"数据只读、操作员等级、工程师等级和特权等级"四种。

① 数据只读操作等级，即1字节变量处于不可修改状态。

② 操作员/工程师/特权等级，只有其对应的角色列表中"数据权限"项中的位号操作等级为操作员/工程师/特权等级以上的等级才可以修改该位号。

 想一想 ｜ 角色列表的"数据权限"项中位号操作等级在哪里？

3. 显示方式

目前仅有一种"普通按钮"的显示方式。

4. 其他组态

在1字节变量组态时，位号命名、注释、ON/OFF描述及颜色、趋势、报警、区域、语音等与I/O点组态中对应项的要求相同。

（二）2字节变量

2字节变量的数据长度是2个字节，即16位，共有无符号整数、有符号整数、描述字符串和半浮点数。自定义2字节变量的数据类型信息如表4-2所示。

表4-2 自定义2字节变量数据类型信息表

序号	数据类型	关键字	数据长度（字节数）	数据范围	符号位
1	无符号整数	UNIT	2	0~65535	无符号
2	有符号整数	INT	2	-32768~32767	最高位是符号位 0表示整数，1表示负数
3	描述字符串	WORD	2	0~65535	无符号
4	半浮点数	SFLOAT	2	-7.9998~7.9998	定点法（小数点位置固定）

半浮点数SFLOAT常用定点法表示，其小数点位置通常是固定不变的。小数点可以固定在数值位之前，也可以固定在数值位之后。前者称为定点小数表示法，后者称为定点整数表示法。SFLOAT定点数N的一般表示形式为：

15	14	13	12	11	10	9	8	7	6	5	4	3	2	1	0
符号位	整数位（占三位）			尾数（占十二位）											

其中，符号位占一位（0为正数，1为负数），三位整数、十二位小数，小数点位于第12位和11位之间。

> 💡 想一想 | 模拟量的测量值都是半浮点数据类型SFLOAT，这样设置的优点是什么？

每个控制站支持2048个自定义的2字节变量，组态界面如图4-5所示。

图4-5 2字节变量组态界面

资源4.1
SFLOAT

1. 上/下限组态

自定义2字节变量数据类型为半浮点数或整数（无符号整数和有符号整数）时，填写量程上限和下限。

2. 设置组态

"描述"用于间歇性流程，以字符串来显示整数，字符串与整数的对应在"设置"处进行设置。只有当数据类型栏选择描述类型时，设置栏按钮处于可用状态，单击此按钮，在弹出的对话框内填入字符串描述，运行时用字符串来替代此字符串前的整数序号。在"描述"数据类型的"设置"组态的字符串描述中，允许使用汉字，描述字符串长度为40个字节。

2字节其他组态内容及要求与1字节变量、I/O点位号组态相同。

(三)4字节变量

4字节变量的数据长度是4个字节,即64位,共有无符号长整数、有符号长整数和浮点数三种数据类型。自定义4字节变量的数据类型信息如表4-3所示。

表4-3 自定义4字节变量数据类型信息表

序号	数据类型	关键字	数据长度(字节数)	数据范围	符号位
1	无符号长整数	ULONG	4	0～4294967295	无符号
2	有符号长整数	LONG	4	−2147483648～2147483647	最高位是符号位 0表示整数,1表示负数
3	浮点数	FLOAT	4	1.175490351E−38～3.402E+38	符点法(小数点位置浮动)

浮点数FLOAT常用符点法表示,其小数点位置是浮动的、不固定的。通常任何一个二进制都可以写成:$N = 2^P * S$(S为二进制数N的尾数,代表了N的实际有效值;P为N的阶码,可决定小数点的具体位置)。因此,任何一个符点数N都由阶码和尾数两部分组成。

每个控制站支持512个自定义的4字节变量,其组态界面如图4-6所示。

4字节变量组态内容及要求与2字节变量组态相同。

图4-6　4字节变量组态界面

(四)8字节变量

8字节变量的数据长度是8个字节,即128位,数据类型仅有累积量structAccum一种,常用于流量累积。累积量定义为:高2字节为空+4字节长整数部分+2字节半浮点数作为小数部分。

每个控制站支持256个自定义8字节变量,其组态界面如图4-7所示。

8字节变量组态中,系数指的是,控制站送到操作站的数(需要累积的量)乘以量程除以系数后显示。8字节变量组态其余内容及要求与2字节变量组态相同。

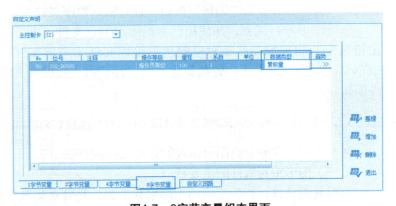

图4-7　8字节变量组态界面

(五)自定义回路

在自定义控制方案的编程过程,若用到回路调节运算模块BSC和BSCX,则要在自定义声明中先对回路进行定义。每个控制站支持128个自定义回路,其组态界面如图4-8所示。

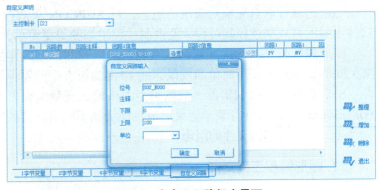

图4-8　自定义回路组态界面

自定义回路组态需要注意：

① No表示自定义回路号，回路数可选择单回路或双回路，根据回路数进行回路1或（回路1和回路2）的组态，当回路为双回路时，回路2表示外环，回路1表示内环。

② 回路1/回路2的设置中，上/下限及单位为当前自定义回路反馈量的限幅值及单位，需要与设定的量程和单位一致。

回路测量值PV、回路阀位值MV、回路设定值SV的趋势组态与I/O点趋势组态相同，回路数据分组分区设置与I/O点分组分区设置相同。

二、自定义控制算法组态

常规控制回路的输入和输出只允许AI和AO，对一些有特殊要求的控制，必须根据实际需要自己定义控制方案。自定义控制方案可通过**SCX语言编程（N系列主控制卡不支持SCX语言）**和**图形编程**两种方式实现。

单击工具栏"算法"图标，选择菜单"控制站—自定义控制方案"命令，进入自定义控制算法设置对话框，如图4-9所示。

一个控制站（即主控制卡）对应一个代码文件，其中：主控制卡指定当前是对哪一个控制站（即主控制卡）进行自定义控制方案组态。

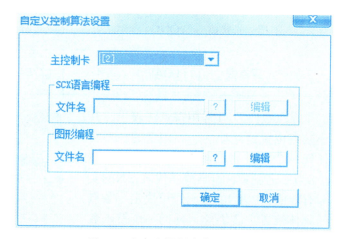

图4-9　自定义控制方案组态界面

选择SCX语言进行编程，如使用已有的SCX程序文件，点击SCX语言编程—文件名后的文件查询功能"？"按钮，可选定与当前控制站相对应的SCX语言源代码文件（自定义控制方案的SCX语言源代码存放在组态文件夹下LANG子文件夹中一个以.SCL为扩展名的文件中）；如新建SCX程序文件，直接输入文件名，点击"编辑"按钮，打开SCX程序文件编辑修改。

选择图形进行编程，如使用已有的图形编程文件，点击图形编程—文件名后的文件查询功能"？"按钮选定与当前控制站相对应的图形编程文件（图形文件以.PRJ为扩展名，存放在组态文件夹下的CONTROL子文件夹）；若是新建程序文件，可直接输入文件名，点击"编辑"按钮，打开图形编程文件编辑修改。

> 想一想　图4-9所示的SCX语言编程方式是灰色的（不可使用状态），为什么？

在本书中，主要介绍图形编程的自定义控制算法组态。

（一）图形编程软件的主要特点

图形编程软件，作为集成的图形编程工具，是针对集散控制系统所开发的全中文界面的DCS组态与控制工具，是SUPCON系列DCS的控制方案组态工具，依据IEC61131-3标准，提供高效的组态环境，与系统组态软件联合完成对系统的组态，是SUPCON集散控制系统软件的重要组成部分之一。图形编程软件用图形方式描述控制过程，使控制过程组态变得更简单，也使控制工程师可以专注于控制方案。

图形编程提供灵活的在线调试功能，可以观测程序的详细运行情况；提供了详细的在线帮助，上下文关联的联机帮助使用简单的按鼠标或F1键为组态中的每种情况提供支持；集成了LD编辑器、FBD编辑器、SFC编辑器、ST编辑器、数据类型编辑器、变量编辑器及DFB编辑器，所有编辑器使用通用的标准File、Windows、Help等菜单。灵活地自动切换不同编辑器的特殊菜单和工具条。

（二）图形编程文件的组态

1. 图形编程工程文件

图形编程用一个工程（Project）描述一个控制站的所有程序。工程包含一个或多个段落（Section）。

每个工程对应唯一一个控制站，工程必须指定其对应的控制站地址。

用图形化语言编程时，其工程文件是后缀为"prj"的文件，图形编程通过工程管理多个段落文件，在工程文件中保存配置信息。

（1）新建工程

在如图4-9所示的界面，在图形编程文件名的文本框内输入新建工程的文件名，如"复杂DCS演示工程"，并点击"编辑"按钮，打开如图4-10所示的图形编程界面。

资源4.2
新建工程

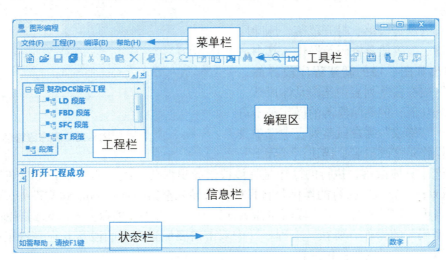

图4-10　图形编程界面

图形编程界面主要包括菜单栏、工具栏、状态栏、工程栏、编程区等。在图4-10所示界面，通过菜单栏的"文件"菜单，对图形编程工程文件进行新建、打开、关闭、保存、另存为等。

当新建工程完成后，在组态项目\control文件夹下，会自动创建该图形编程文件，如"复杂DCS演示工程.prj"，见图4-11所示。

（2）新建段落

段落是通常意义上的一个文档，是组成工程的基本单位。段落可通过菜单栏的"文件"—"新建程序段"，或工具栏的"新建程序段"，或在"工程栏"选中工程名、点击鼠标右键调出菜单—"新建段落"进行创建，新建程序段如图4-12所示。

程序类型主要有梯形图（LD段落）、顺控图（SFC段落）、功能块图（FBD段落）和ST段落四种类型；段类型的模块只支持梯形图、功能块图和ST段落，而程序只支持梯形图、顺控图和功能块图，两者的区别是创建的程序段模块可作为自定义模块在用户程序中调用；"段名""描述"文本框中输入新建程序或模块的名称、描述信息；最后单击"确定"保存当前配置。

本书主要学习程序类型是"功能块图"（FBD段落）。

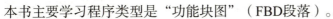

图4-11　图形编程文件保存路径

图4-12　新建程序段

（3）段落管理

段落管理主要包括新建段落、打开段落、导入导出段落等内容。

在图形编程软件菜单栏中选择"工程 > 段落管理"，或在"工程栏"选中工程名、点击鼠标右键调出菜单—"段落管理"，弹出段落管理对话框，如图4-13所示。

程序段管理具有新建段落、打开段落、删除段落、导入导出段落、配置段落密码等操作。其中：

"新建"弹出如图4-12的新建程序段界面；"打开""删除"需在段落列表中选中具体段落，再执行相应的管理功能，但删除段落的操作是不可逆的，不可恢复；"修改"需在段落列表中选中具体段落，执行的操作是修改段名、描述；"导出"

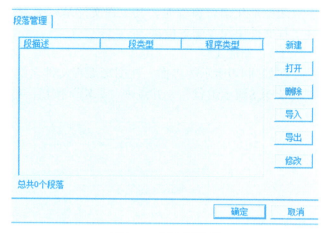

图4-13　程序段管理

需在段落列表中选中具体段落，执行的操作是将该段落导出保持至组态项目\control文件夹，段落导出文件名为*.exp或*.ext；"导入"执行的操作是将目标段落导入至组态项目\control文件夹，如导入的段名与当前工程内的段名重名，需要对待导入段落重命名才能导入，否则以覆盖方式添加到当前工程内。

"配置段落密码"的操作，要在"工程栏"中双击需要配置密码的段落并在右键菜单中选择"修改密码"，可对具体段落进行密码保护配置。

（4）变量管理

变量包括用于在段落中间、段落之间的指定名称的数据，以及操作站和控制站进行数据交换的位号。变量按作用关系分为全局变量、私有变量和输入输出变量。

◇ 全局变量是指在段落之间共享的变量。全局变量在图4-10所示界面的菜单栏"工程"—"变量编辑器"中进行定义，所有段落都可以访问，被分配有固定的控制站地址，存放在系统数据区中。

◇ 私有变量是在段落中使用的变量。私有变量在图4-10所示界面的菜单栏"对象"—"变量定义"中进行定义，分配有固定的控制站地址，存放在系统数据区中，仅定义的段落能够存取，其他段落对此变量不可见，变量的作用范围被限制在当前段落中。

◇ 输入输出变量仅面向段落程序属性为"模块"的段落，在图4-10所示界面的菜单栏"对象"—"变量定义"中进行定义，系统不分配控制站内存。

2. 功能块图（FBD）编程

FBD编辑器将基本的功能/功能块（EFB）和信号（变量、位号）组成功能块图（FBD）。EFB和变量可以加注释，图形内可以自由放置基本元素和文本，部分EFB的输入可以扩展方便使用。

图形编程提供了部分预定义的EFB模块库，包含近200个基本模块，并且库中的模块被组织成不同的组，主要包括：

IEC模块库，包括在IEC61131-3（是由国际电工委员会IEC于1993年12月所制定IEC61131标准的第3部分，用于规范可编程逻辑控制器PLC、DCS、IPC、CNC和SCADA的编程系统的标准）中定义的功能块，如算术运算、比较运算、逻辑运算、转换、选择、触发器、计数器、定时器等类型；

辅助模块库，包括控制模块、通讯辅助函数、累积函数、输入处理、辅助计算等；附加库，包括特殊模块、锅炉模块、造气模块、DEH模块、智能通讯卡模块等；

自定义模块库，可由用户自定义模块。

简言之，功能块指包含内部状态的程序块，分为基本功能块和自定义功能块。

本书以自定义功能块和使用基本功能块为例，分别进行编程说明。

（1）自定义功能块

自定义功能块的编程，首先新建FBD段落，并选择段类型为"模块"；其次定义该模块的输入输出变量，如果需要，可定义私有变量或全局变量等；接着根据工艺要求编写模块算法，可以选择适合的编程元素按算法要求组合在一起；最后，保存、编译段落，如编译成功，则回到组态软件进行联编，如果出错，查找错误、修改算法直至编译成功。

举例4-1：制作一个段名为"diandeng"的自定义功能块，描述为"点灯模块"，实现的具体功能为"当操作员按下按钮时以固定的时间间隔点亮4盏指示灯"。

◇ **新建程序段**

程序类型为"功能块"，段类型为"模块"，如图4-14所示。

图4-14　新建"diandeng"程序段

◇ **模块变量声明**

定义按钮启动"START"和间隔时间"TIME"两个输入变量，类型分别为BOOL和ULONG；定义五个指示灯输出变量"Q1-Q4"，如图4-15所示。

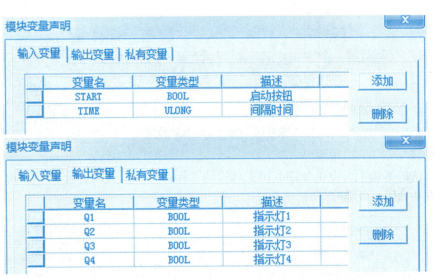

图4-15　模块变量声明组态

◇ **编写模块算法**

编程元素选用模块库—IEC模块库—定时器—TON定时器模块。TON定时器模块的功能是当输入信号IN从OFF跳变为ON时，其输出Q端将产生一个延时输出，延时输出的时间长短由另一个输入信号PT决定，定时时间到，Q端从OFF立即跳变为ON。该模块设置有EN和ENO使能端的附加参数，在算法编写中如不使用可隐藏，ET端作为输出是内部时钟。TON模块的参数描述见表4-4所示。

表4-4　TON定时器模块参数描述

参数	数据类型	含义
IN	BOOL	输入
PT	ULONG	预制延时时间（单位毫秒）
Q	BOOL	输出状态
ET	ULONG	内部时钟

如果IN变为ON，内部时钟 ET 启动，以（系统运行周期×任务运行周期数）为单位增加，延时开始。（例如：系统运行周期在SCKey中设定为500ms，SCControl的任务管理中选定占5个周期，那么延时就以2500ms为单位增加）。当内部时钟 ET 达到 PT 值时，Q变为ON，ET = PT。如果IN在 ET 达到 PT 值前变为OFF，则 Q = OFF，ET = 0。

在程序或模块算法编写中，编程元素使用的基本模块都可以通过双击模块—属性—帮助，查看基本模块的相关信息，以TON定时器模块为例进行说明。

按照"当操作员按下按钮时以固定的时间间隔点亮4盏指示灯"的功能要求，4盏指示灯点亮的时间间隔是相同的，4个定时器的定时输入皆为"TIME"；第1盏指示灯是在操作员按下按钮时启动点亮，这里用输入变量START由OFF到ON的信号变化，模拟按钮从未按下到按下的过程，作为第1盏指示灯的IN输入，启动点灯程序；当第1盏灯的TIME时间到、点亮Q1时（Q1从OFF到ON），立即启动第2盏灯的定时器模块开始计时，因此第2盏灯的输入IN连接在Q1，第3、4盏灯的点亮依次类推。编写模块算法如图4-16所示。

▶ 资源4.5 ◀
点灯算法

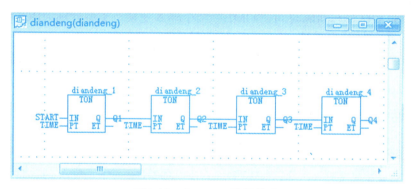

图4-16　diandeng模块算法

◇ **模块保存编译**

在编写模块算法的基础上，点击如图4-10工具栏的"保存""生成目标代码"，对"diandeng"段落进行编译，编译成功如图4-17所示。

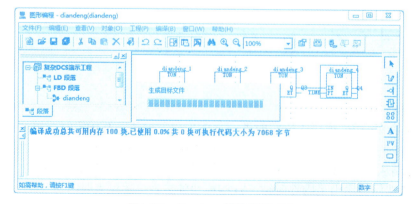

图4-17　diandeng模块编译成功

这样，在模块库—自定义模块库—自定义模块内，自动加入了"diandeng"模块，在后续段落算法组态中，可直接调用使用，如图4-18所示。

图4-18 自定义diandeng模块

 使用FBD编辑器自定义一个浮点数的加减乘除的模块。

（2）基本功能块

基本功能块包含在IEC模块库、辅助模块库、附加库等，自定义算法组态时，从对应的库中调出使用，其编程步骤与自定义模块类似。

举例4-2：求温度TI101（量程0~600℃）和TI102（量程0~600℃）的平均值，并将计算结果存放至自定义变量TT（量程0~700℃）中。

资源4.6
试一试讲解

◇ **编程分析**

TI101和TI102均为现场传递至DCS的模拟量，其数据类型为半浮点数，在计算时，需要转换为实际值，即实际值 = 表示值*量程（0~600℃，FLOAT），再进行平均值计算等。首先，将TI101和TI102由SFLOAT转换为FLOAT，选用IEC模块库—转换运算的SFLOAT_TO_FLOAT模块；其次，将转换后的FLOAT表示值乘以对应输入信号的量程，选用IEC模块库—算术运算的MUL_FLOAT浮点数乘法模块；将TI101和TI102分别处理为FLOAT数据类型的实际值，再进行平均值计算，选用IEC模块库—算术运算的AVE_FLOAT浮点数平均值计算模块。

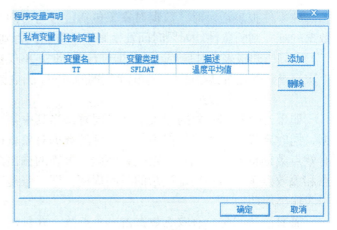

图4-19 自定义变量TT

TI101和TI102实际值的平均值为FLOAT浮点数据类型，根据要求保存在自定义变量TT（SFLOAT数据类型）中。因此，需要根据TT的量程（0~700℃）对平均值进行数据处理，将其转换为平均值的表示值，即SFLOAT数据类型的存储值。这里要做反向处理，选用IEC模块库—算术运算的DIV_FLOAT浮点数除法模块，平均值的实际值（FLOAT）除以TT的量程，得到表示值（FLOAT），再选用IEC模块库—转换的FLOAT_TO_SFLOAT模块，将平均值的表示值数据类型由FLOAT转换为SFLOAT，再将其保存至自定义变量TT中。

同时要注意的是，在编写算法之前，要先自定义变量TT，私有变量，如图4-19所示。

◇ 编写模块算法

主要选用了SFLOAT_TO_FLOAT模块、MUL_FLOAT模块、AVE_FLOAT模块、DIV_FLOAT模块和FLOAT_TO_SFLOAT模块，可双击模块—属性—帮助，查看模块的详细信息，举例4-2的算法见图4-19所示。

资源4.7
举例4-2算法

图4-20 举例4-2的算法实现

段落算法完成后，点击如图4-10所示界面工具栏的"保存""生成目标代码"，对段落进行编译。

1. 使用FBD编辑器，编写段落程序。要求当温度TI105（0~1000℃）超过600℃时打开电磁阀KO102。
2. 使用FBD编辑器，编写段落程序。某装置有3个温度测点，分别为TI101（0~600℃）、TI102（0~600℃）和TI103（0~600℃），要求将最高温度信号作为联锁程序的判断条件。当温度超过其量程的90%时打开电磁阀KO101。

资源4.8
试一试1讲解

三、复杂报表组态

1. 纯事件报表和非纯事件报表

纯事件报表记录时，数据对象（包括位号与时间）相关的事件是否发生，是记录数据的唯一判断条件。如果时间发生则记录数据，否则不记录数据。

非纯时间报表中对是否记录数据进行判断时，不仅要判断数据对象的相关事件是否发生，还要判断距离上次记录时间是否已经过了一个记录周期的时间。当数据对象没有相关事件时，后者是唯一的判断条件。

资源4.9
试一试2讲解

（1）纯事件报表

如果几个数据对象的相关事件不同时，当其中某个事件发生，与此相关的数据对象将记录有效点数据，同时定义了相关事件但不是该事件的数据对象就记录无效点数据；无相关事件的数据对象既不记录有效点数据也不记录无效点数据。因此，报表的输出周期和记录周期只决定记录的数据点数（包括有效点和无效点），而不决定记录的时间周期，即一张纯事件记录的报表的时间周期可以超出或小于定义的报表输出周期。

需要注意的是，有效点数据占一个点数，并且记录实际数据，无效点数据占一个点数，但不记录实际数据。

在报表中，所有数据对象相关事件发生次数的总和等于报表记录步数时，记录即完成一个周期（即某个数据对象有效点数据和无效点数据记录总和等于要求记录的数据点数）。所以纯事件报表记录的每个步之间不一定是均匀分布的，步长不一定相等。纯事件报表以点为记录周期的标识，达到一定的点数（包括有效点和无效点）来确定完成一个周期，而非记录实际的长短。

举例4-3：有位号TAG1（无相关事件）、PI101（相关事件Event1）、TI101（相关事件Event1）、DI101（相关事件Event2）；时间对象Timer1（无相关对象）、Timer2（相关事件Event1）；报表输出周期为1小时，记录周期为6分钟，则全部记录点为60分钟/6分钟=10，即要求任何一个数据对象有效点和无效点数据之和为10。当相关事件Event1发生，则PI101、TI101、Timer2记录有效数据；当相关时间Event2

发生，则DI101记录有效数据；当相关事件Event1和Event2累积发生10次时，这一个输出周期完成。数据记录示意列表如表4-5所示。

表4-5　数据记录示意列表

数据对象	相关事件	Event1发生	Event2发生
TAG1	无	不记录	不记录
Timer1	无	不记录	不记录
PI101	Event1	记录有效值	记录无效值
TI101	Event1	记录有效值	记录无效值
Timer2	Event1	记录有效值	记录无效值
DI101	Event2	记录无效值	记录有效值

（2）非纯事件报表

非纯事件报表的报表输出周期和记录周期据决定了记录的时间周期。由报表的输出周期除以记录周期决定报表的记录点数，包括两种情况。

✧ 当输出事件为No Event时，报表的记录和输出完全按照设置来进行，即在每个固定的记录点上记录有效数据，并在达到一个输出周期时输出一张完整的报表。

✧ 当输出事件不是No Event时，数据记录仍然在固定的各个记录点上，若事件在第一个输出周期内发生了，则输出报表，且循环和重置记录方式的效果相同；若在第一个输出周期内触发事件未发生，则即使达到了一个输出周期时也不输出报表，直到该输出时间发生，系统才输出报表。此时，在循环记录方式下，输出的报表为完整的一个输出周期的真实数据；在重置记录方式下，输出报表中的真实数据个数小于等于一个输出周期中的点数（因为到了一个输出周期时记录被清零）。因此，非纯事件报表记录的每个步之间一定是均匀分布的，步长一定相等，为记录周期。非纯事件报表以输出周期为记录周期的标识，达到一定的输出时间来确定完成一个周期，而非记录点数的多少。

硫酸日生产报表

............年........月........日　　　　备注：....................

项目	内容	数　据			
浓度（%）	93%酸	={YuanLAN}[0]	={YuanLAN}[3]	={YuanLAN}[6]	={YuanLAN}[9]
	98%酸	={YuanLBN}[0]	={YuanLBN}[3]	={YuanLBN}[6]	={YuanLBN}[9]
温度（℃）	93%酸	={YuanLAT}[0]	={YuanLAT}[3]	={YuanLAT}[6]	={YuanLAT}[9]
	98%酸	={YuanLBT}[0]	={YuanLBT}[3]	={YuanLBT}[6]	={YuanLBT}[9]
时间		=Timer1[0]	=Timer1[3]	=Timer1[6]	=Timer1[9]
总计	93%酸				
	98%酸				
耗用量合计	内容	93%酸	98%酸	总计	
	用量				

图4-21　硫酸日生产报表示例

2. 复杂报表组态举例

报表制作步骤主要包括：创建报表文件、编辑报表文本、事件定义、时间引用、位号引用、编辑报表内容、编辑报表格式、报表输出设置、保存及关联报表、系统联编等。

举例4-4：按照某工艺要求，创建一份报表文件，报表文件名和页标题均为“硫酸日生产报表”，报表示例如图4-21所示。每整15分钟记录一次数据，每天产生一份报表，在每天的8:00:00输出，报表中的数据记录到其真实值后面两位小数，对每天的耗用量进行统计，并核算出耗用总量。

（1）创建报表与报表编辑

基于项目三报表知识学习与任务实施，创建报表文件、编辑报表（报表整体格式及报表文本），完成的硫酸日生产报表编辑界面如图4-22所示。

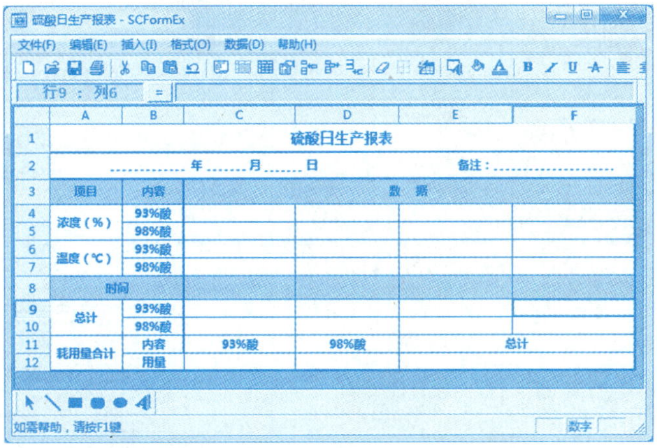

图4-22　硫酸日生产报表编辑界面

（2）事件组态

◇ **记录事件定义**：要求每整15分钟记录一次数据，定义事件名Event[1]为数据记录时间，表达式为"getcurmin() mod15 = 0and getcursec() = 0"或"getcurmin() mod15 = 0"，死区60s。

◇ **输出事件定义**：要求每天产生一份报表，每天的8:00:00输出，定义事件名Event[2]为报表产生时间，表达式为"getcurtime() = 8:00:00"。

以上两个事件在图4-22菜单栏"数据—事件定义"中进行定义，如图4-23所示。

图4-23　硫酸日生产报表事件定义

（3）时间量组态

对时间量的组态，使之与一定的事件相关联，实现条件记录，这里涉及两个时间量，一个是数据记录时间Timer1和报表产生时间Timer2，相关事件分别是Event[1]和Event[2]。时间量在图4-22菜单栏"数据-时间引用"中进行组态，如图4-24所示。

（4）位号量组态

位号量组态是在报表中对位号进行组态，使之与一定的事件相关联，实现条件记录。本例中，4个位号的相关事件均为记录时间触发事件Event[1]，在图4-22菜单栏"数据-时间引用"中进行组态，如图4-25所示。

图4-24　硫酸日生产报表时间量组态

（5）报表输出组态

报表输出组态主要包括记录设置和输出设置。本例中，记录周期设为1分钟，非纯事件记录，记录以事件为触发条件，与记录周期无关，但是记录周期仍要设置，它决定了记录的点数；输出周期设置为1日，报表输出条件的输出事件为Event2，输出死区为60s；数据记录方式为循环记录，报表保留50份。该报表记录的最大点数计算为输出周期/记录周期 = 24*60/1 = 1440点。报表输出组态如图4-26所示。

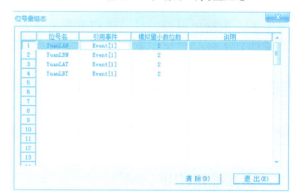

图4-25　硫酸日生产报表位号量组态

图4-26　硫酸日生产报表输出组态

(6) 报表填充组态

通过"填充"对报表记录内容进行组态，主要是位号量填充、时间量填充等，如图4-27所示。

图4-27 硫酸日生产报表填充

> **想一想** 如何将位号量与时间量填充的步长改为1，使填充从{0}按步长1逐步增加进行记录。

本例中，每个数据都是以3为步长在报表中显示，以R3C3单元格为例，其显示的是YuanLAN第一个记录的数据{YuanLAN}[0]，其与R8C3单元格的记录时间变量Timer，其显示的也是第一个记录的时间Timer[0]。

> **想一想** 时间量填充与位号量填充的步长可以不一致吗？

(7) 报表数据计算

根据报表制作要求，要对每天的耗用量进行统计，并核算出耗用总量。首先分别计算出93%酸和98%酸在3个记录时间点，即{0}~{2}、{3}~{5}、{6}~{8}和{9}~{11}的耗用量，再计算93%酸和98%酸从{0}~{11}的耗用量，最后计算两种酸的耗用总量。具体如图4-28所示。

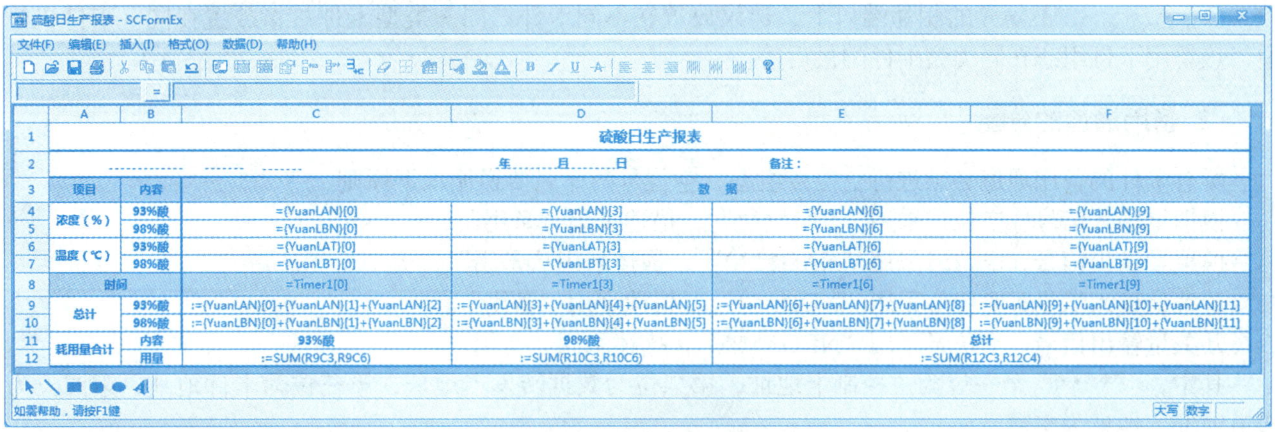

图4-28 相关计算组态

本例用到两个求和运算。一是位号记录数据的求和，根据位号的数据记录情况进行相加即可，如在单元格R9C3，需要输入":= {YuanLAN}[0] + {YuanLAN}[1] + {YuanLAN}[2]"，并按回车确认；一个是单元格数值的求和运算，要用到求和函数SUM()，对连续的单元格数值进行相加求和，如单元格R12C3，需要对93%酸的耗用量进行求和，在此输入:= SUM(R9C3,R9C6)。

完成以上报表组态后，对报表进行保存、退出，回到SCkey组态界面，全体编译正确后，在AdvanTro监控软件中观察报表运行情况、输出结果等。

项目四　主要内容

任务1　碱洗塔DCS基本信息组态

任务1　说明

表4-1碱洗塔DCS项目组态任务单提供了详细的《测点清单》和《控制方案》，本任务的主要内容是完善碱洗塔DCS工程设计文件，主要包括《系统配置清册》《I/O卡件布置图》和《系统框架图》（拓扑结构）；完成碱洗塔DCS基本信息组态、主机设置、用户授权、I/O组态、操作站组态等。

任务1　要求

① 准确分析《测点清单》，正确选择I/O卡类型及数量，绘制《I/O卡件布置图》；
② 识读组态任务单，正确设计《系统配置清册》；
③ 正确设计系统结构，绘制《系统框架图》（拓扑结构）；
④ 系统配置具有成本节约、安全意识。

任务1　学习

笔记

一、I/O配置规范

在I/O配置时，需要遵守相关规范要求。

1. 同一控制站测点的分配

模拟量输入信号（AI测点）按照测点类型顺序排布。要求在同一控制站测点的分布一般遵循温度（TI）-压力（PI）-流量（FI）-液位（LI）-其他AI信号-AO信号-DI信号-其他类型信号的顺序分配信号点；信号点按字母顺序从小到大排列，不同类型信号之间（温度、压力等）空余2～3个位置，填上空位号（备用）；宜在同一控制站中涉及的信号类型宜留有适当的余量，余量不宜低于5%；配电与不配电信号一般不设置到不隔离的相邻端口上，建议放置在不同卡件；同一类型卡件尽量放置在同一卡件机笼中，热备用卡件组态在同类型卡件的最后等。

2. 备用通道的分配

所有卡件的备用通道必须进行空位号组态，空位号的命名要遵循以下原则：
模拟量输入信号，空位号采用"NAI****"，描述采用"备用"；
模拟量输出信号，空位号采用"NAO****"，描述采用"备用"；
开关量输入信号，空位号采用"NDI****"，描述采用"备用"；
开关量输出信号，空位号采用"NDO****"，描述采用"备用"。
其中，"****"第一位为主控制卡地址，第二位为数据转发卡地址，第三位为卡件地址，第四位为通道地址，地址为整数。
例：NAI02000305，备用，其中AI表示I/O类型，02表示主控卡地址、00表示数据转发卡地址、03表示卡件地址、05表示通道地址。
备用通道的趋势、报警、区域组态必须取消。

一句话问答　某备用通道的位号是NDI02000305，其所在机笼的数据转发卡地址是什么？

二、I/O点报警级别设置

I/O点报警均可设置报警等级，等级分成0～9共10级，数字越小则报警等级越高。除了一个默认的分区（0组0区）外，系统支持最多32*32个报警分区，如果不做特殊设置，默认为0组0区的报警。

在二次计算软件中可对数据进行分组分区，数据组最多能组32个，数据组0为内置数据组，由系统自动生成，用户不可见，数据分区是数据组中数据的二次分配，共32个。

1. 报警类型

报警类型主要包括超限报警、偏差报警、变化率报警、状态报警、ON报警/OFF报警、频率报警，其支持的位号类型见表4-6所示。

表4-6 报警类型

报警类型	说明	支持位号类型
超限报警	高高限、高限、低限、低低限报警	AI，自定义变量，回路等
偏差报警	高偏、低偏	AI，自定义变量，回路等
变化率报警	上升、下降	AI，自定义变量，回路等
状态报警	/	DI，DO，自定义1字节变量
ON报警/OFF报警	/	DI，DO，自定义1字节变量
频率报警	/	DI，DO，自定义1字节变量

2. 报警颜色

报警颜色可配置方案包括报警一览控件、报警实时显示控件、光字牌等模块。主要实现的功能包括：支持实时报警按照等级配置颜色，从0级到9级可配置不同的颜色以区分报警；支持历史报警、可疑位号的报警以及报警列表背景色的配置；在组态中可配置需要的报警颜色，并通过网络发布实现全网统一，但不可实时修改。

进行报警颜色的配置，首先在SCKey软件的菜单栏中选择"总体设置—报警颜色设置"，弹出如图4-29所示的报警颜色配置对话框，可配置0～9级报警以及瞌睡报警的颜色。单击各个等级的报警颜色设置框右下角，弹出颜色设置面板，在其中为指定等级报警选择报警颜色。

配置"历史报警""位号可疑"及"背景"的颜色，方法与实时报警相同。设置历史报警颜色后，在"报警一览"等监控画面中的历史报警将根据该颜色显示，可疑的位号将根据该颜色在报警列表中显示。

图4-29 报警颜色配置

任务1 实施

环节1 识读任务单，完善工程设计文件

步骤一：设计《I/O卡件布置图》

1. 配置I/O卡件

考虑"信号点按字母顺序从小到大排列，不同类型信号之间（温度、压力等）空余2～3个位置，填上空位号（备用）"的规范要求，对2点电流型流量输入信号和2点

资源4.10
工程设计文件

电流型压力输入信号，选择1块6通道的电流型模拟量输入卡XP313（I）流量与压力信号之间填上2个空位号；对2点电流型液位输入信号和1点电流型电流信号，选择1块6通道的电流型模拟量输入卡XP313（I）、液位与电流之间填上2个空位号，电流信号点后再填入1个空位号，或液位与电流之间填上3个空位号；对3点电流型温度输入信号，选择1块6通道的电流型模拟量输入卡XP313（I）、填入3个空位号。对1点电流型模拟量输出信号（FV_51503）选择1块4通道模拟量输出卡XP322，填入3个空位号；对7个触点型DI信号选择1块8路触点型开关量输入卡XP363，填入1个空位号；对4个触点型DO信号选择1块8路晶体管触点开关量输出卡XP362，填入4个空位号，即本项目共需配置6块I/O卡。

考虑"宜在同一控制站中涉及的信号类型宜留有适当的余量，余量不宜低于5%"的相关要求，如经费预算允许，建议为电流型模拟量输入信号卡XP313（I）、电流型模拟量输出信号卡XP322、触点型开关量输入信号卡XP363和触点型开关量输出信号卡XP362分别配置XP313（I）、XP322、XP363和XP362各1块，作为余量预留，对其所有通道填上空位号。如此配置，本项目共需配置10块I/O卡。

2. 配置卡件机笼

一个卡件机笼最多可插放16块I/O卡件，因此本项目选择卡件机笼XP211共需1个，且该机笼为主控制机笼。根据项目组态任务单，主控制机笼的主控制卡XP243X和数据转发卡XP233需冗余配置，即各配置2块。

3. 设计《I/O卡件布置图》

主控制机笼配置有2块主控制卡XP243X、2块数据转发卡XP233、4块电流型输入卡XP313（I）、2块模拟量输出卡XP322、2块触点型开关量输入卡XP363和2块晶体管触点开关量输出卡XP362。

一个主控制机笼共20个槽位，主控制卡占用最左侧2个槽位，其次是2块数据转发卡的槽位，依次插放10块I/O卡，剩余的6个I/O槽位常配置扩展卡XP000，I/O卡件布置图如图4-30所示。

图4-30 I/O卡件布置图

步骤二：设计《系统配置清册》

结合I/O卡件配置，对机柜、控制站、操作站等主要设备进行配置。

1. 控制站配置

本项目配置了一个主控制卡机笼XP211，安装于机柜XP202。一个控制站最多负载的8个I/O卡机笼XP211，一般需要安装在两个XP202机柜中，因此需配置1个控制站。同时，碱洗塔DCS项目要求对塔底液位进行控制，输出I/O类型有AO和DO，配置控制站的类选择为过程控制站PCS。

对系统规模（22点）进行分析，机柜XP202安装1个XP251电源箱机笼，并配置2块XP251-1互为冗余的电源单体。

2. 操作站配置

根据表4-1所示的任务单，过程控制级配置1个操作站OS和1个工程师站ES，IP地址分别为139和140。

3. 设计《系统配置清册》

过程控制网络SCnet-II连接过程控制级设备和过程管理级设备，采用双网冗余配置，需配置2台以太网交换机SUP-2118M，以双工运行模式提高网络宽带。

系统配置清册如表4-7所示。

表4-7 系统配置清册

序号	名 称	型号	规模	序号	名 称	卡件号	规模
1	数据转发卡	XP233	2块	8	晶体管触点开关量输出卡	XP362	2块
2	主控制卡	XP243X	2块	9	主控制机笼	XP211	1个
3	电源箱机笼	XP251	1个	10	控制站机柜	XP202	1个
4	电源单体	XP251-1	2块	11	操作员站	计算机	1台
5	6路电流信号输入卡	XP313（I）	4块	12	工程师站	计算机	1台
6	4路模拟量输出卡	XP322	2块	13	扩展卡	XP000	6块
7	8路触点型开关量输入卡	XP363	2块	14	SCnet-II交换机	SUP-2118M	2台

步骤三：设计《整体框架图》

从功能实现、成本节约及项目发展考虑，设计项目体系为三级结构。设计思路与项目三相同。结合图4-30的I/O卡件布置图，绘制如图4-31所示的碱洗塔DCS具体架构图。

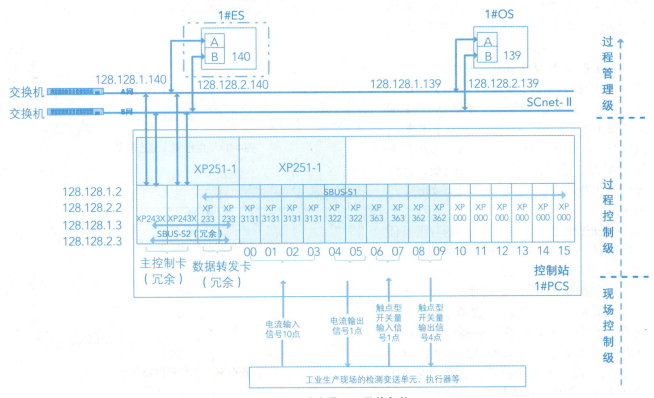

图4-31 碱洗塔DCS具体架构

环节2：控制站组态

1. 创建组态文件与用户授权

为项目四学习案例创建组态文件，文件名为"碱洗塔DCS项目"，选择合适的存放路径。

双击"碱洗塔DCS项目.sck"工程文件，进入系统组态界面，单击工具条左上角的"用户授权"按钮，进入用户授权组态界面，进行用户授权组态。

识读表4-1项目学习案例组态任务单，用户授权有特权、工程师和操作员，因此需在系统默认的"工程师"和"操作员"两个角色基础上，增加"特权"角色。按照表4-1用户授权组态要求，为设计工程师、碱洗塔工程师和碱洗塔操作员三个用户进行用户名、角色、密码、功能权限和操作小组权限的组态，并进行编译，如图4-32所示。

编译信息提示"出现4处错误"：角色"工程师""操作员""特权"和工程师加未关联任何操作小组。

图4-32 用户授权组态界面

 编译错误的原因是什么？

2. 总体信息组态

识读表4-1项目学习案例组态任务单，总体信息组态的主机设置，包括1个过程控制站PCS、1个工程师站和1个操作站。总体信息组态包括主控制卡组态和操作站组态。

对主控制卡进行组态。基于表4-1任务单-系统配置的信息，确定主控制卡的组态信息为：主控制卡注释-控制站、IP地址-128.128.1.2、类型-控制站（过程控制站PCS）、主控制卡型号-XP243X、主控制卡冗余配置、过程控制网络冗余配置，其余设置采用默认选择。主控制卡组态如图4-33所示。

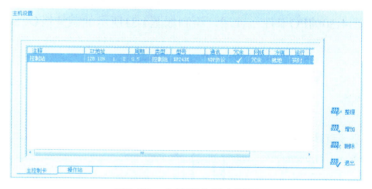

图4-33 主控制卡组态界面

对操作站进行组态。基于表4-1组态任务单-系统配置的信息，确定本项目"操作站"的具体组态信息为：

工程师站的注释-工程师站140、IP地址-128.128.1.140、类型-工程师站、不冗余配置，其余设置采用默认选择；操作站的注释-操作员站139、IP地址-128.128.1.139、类型-操作站、不冗余配置，其余设置采用默认选择。操作站组态如图4-34所示。

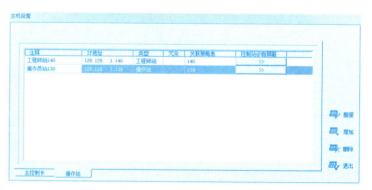

图4-34 操作站组态界面

3. 控制站组态

查阅表4-1项目学习案例的组态任务单（3）测点清单，结合图4-30的I/O卡件布置图、表4-7系统配置清册和图4-31整体框架图，对控制站进行组态，包括数据转发卡、I/O卡件和I/O点的组态。

（1）数据转发卡组态

识读表4-1任务单，共配置卡件机笼1个，且数据转发卡冗余配置，组态信息为：选择主控制卡为[2]控制站、注释-数据转发卡、地址00、型号XP233、数据转发卡冗余配置。

数据转发卡组态如图4-35所示。

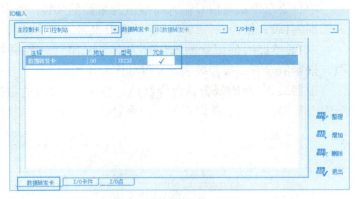

图4-35　数据转发卡组态

（2）I/O卡件组态

在图4-35所示的[0]数据转发卡管理的卡件机笼需组态10块I/O卡件，具体组态信息为：

注释-XP313（I）、地址00/01/02/03、型号XP313（I）6路电流信号输入卡，不冗余；注释-XP322、地址04/05、型号XP322 4路模拟信号输出卡，不冗余；注释-XP363、地址06/07、型号XP363 8路触点型开关量输入卡，不冗余；注释-XP362、地址08/09、型号XP362 8路晶体管触点开关量输出卡，不冗余。

I/O卡件组态如图4-36所示。

图4-36　I/O卡件组态

（3）I/O点组态

识读表4-1任务单（3）测点清单，顺次为AI、AO、DI和DO进行I/O点组态，需要对I/O卡件的空位号进行组态，I/O点组态如图4-37所示。

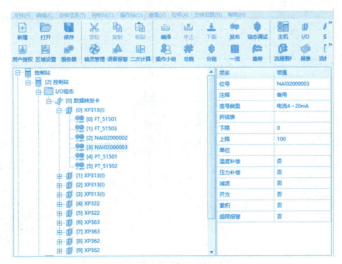

▶ 资源4.11 ◀
I/O 点组态

图4-37　I/O点组态

在图4-37的I/O点组态界面中，可通过左侧的目录结构查看I/O组态的详细信息。

项目要求模拟量信号输入高报值为量程的90%，低报值为量程的10%，定义高报报警级别为1级，报警颜色红色，定义低报报警级别为2级，报警颜色为黄色。

以TE_51501模拟量输入信号为例，采用百分数报警，组态时报警描述加报警类型，报警值设置、报警级别定义等如图4-38所示。

报警级别1级的报警颜色为红色，报警级别2级的报警颜色为黄色的组态，单击系统组态界面菜单"总体设置"—"报警颜色设置"，报警颜色设置如图4-39所示。

资源4.12
报警颜色

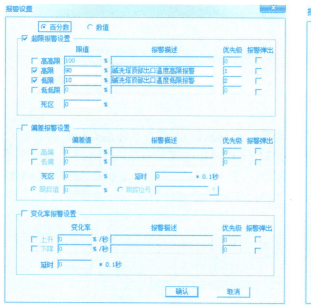

图4-38 报警设置　　　　　　　图4-39 报警颜色设置

环节3：操作站组态

查阅表4-1项目学习案例组态任务单（4）~（6），对操作站进行组态，包括操作小组配置、趋势画面组态和自定义键组态等。

步骤一：操作小组配置

根据表4-1任务单（4）操作站配置信息，项目共有碱洗塔工程师操作小组和碱洗塔操作员操作小组，**其中碱洗塔工程师操作小组的监控启动画面为碱洗塔流程图**，如图4-40所示。

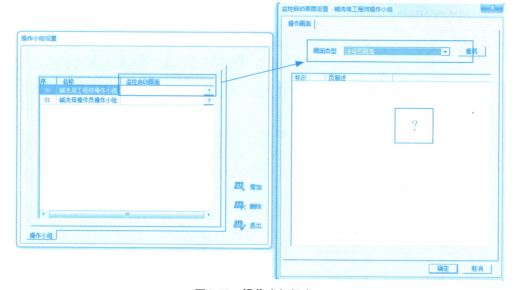

图4-40 操作小组组态

从图4-40可以看出，点击碱洗塔工程师操作小组的监控启动画面"？"，弹出的监控启动画面设置-流程图画面无"碱洗塔流程图"，这项工作将在任务3碱洗塔DCS报表、流程图的组态与仿真测试中继续完成。

步骤二：完善用户授权组态

在图4-32用户授权组态界面，编译信息提示"出现4处错误"：角色"工程师""操作员""特权""工程师+"未关联任何操作小组。此时，图4-41已经完成了两个操作小组的组态，这里可以按照表4-1任务单（2）用户授权-操作小组权限要求，将角色与该步骤完成的操作小组进行一一关联，即为特权角色的操作小组权限关联两个操作小组，为工程师角色的操作小组权限关联碱洗塔工程师小组，为操作员角色的操作权限关联碱洗塔操作员小组，用户授权保存并编译，结果正确即可，如图4-41所示。

步骤三：趋势画面组态

根据表4-1任务单（5）趋势画面组态要求，碱洗塔工程师小组可监控趋势画面，且趋势画面共有1页，页标题为碱洗塔塔底液位控制，趋势位号是LIC_51501回路的LIC_51501.SV、LIC_51501.PV和LIC_51501.MV三个分量。

选择趋势布局为1*1，趋势画面组态如图4-42所示。

图4-41　角色操作小组权限与操作小组关联

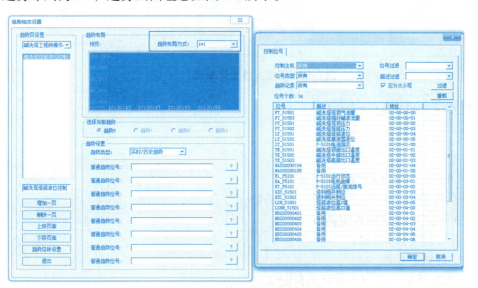

图4-42　趋势画面组态

在图4-42中，点击普通趋势位号"？"弹开的控制位号中，未见LIC_51501.SV、LIC_51501.PV和LIC_51501.MV三个位号，这部分内容将在任务2碱洗塔DCS控制算法的组态中继续学习，并完善趋势画面组态。

步骤四：自定义键组态

根据表4-1任务单（6）自定义键组态要求，识读自定义键是在碱洗塔工程师操作小组监控下，需要组态的自定义键共有3个，其中：

（1）键号"1"定义为"将回路仪表（位号为LIC_51501）改手动"，键定义语句类型需要选择"赋值"语句，查阅表3-23，键定义语句为{LIC_51501}.AUT＝OFF，即按下1号键，关闭LIC_51501回路的自动控制功能，切换为手动。

（2）键号"2"定义为"将回路控制输出阀位调整到50%"，键定义语句类型选择"赋值"语句，查阅表3-23，其键定义语句为{LIC_51501}.MV＝50，即按下2号键，

LIC_51501的阀位值为50%（阀开度为50%）。

（3）键号"3"定义为"将P5101机泵启动/打开"，查阅表4-1任务单（3）测点清单，P5101机泵启动指令位号为EST_P51501，键定义语句类型选择"赋值"语句，查阅表3-23，其键定义语句为"EST_P51501 = ON"，即按下3号键，将P5101机泵打开。

自定义键"1"号键和"2"号键，由于回路LIC_51501未定义，暂不能完成自定义键组态。这里先完成自定义"3"号键的组态，如图4-43所示。

以上组态完成后，保存系统组态工程文件，对工程文件进行全体编译，并打开组态树目录，组态完成效果如图4-44所示。

图4-43　自定义键组态

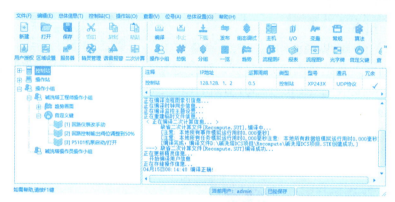

图4-44　工程文件全体编译

一句话问答 任务1未完成的组态有哪些？

任务1　拓展

在表4-1任务单（6）的自定义键组态中，拓展：
当碱洗塔工程师操作小组进行监控时，可操作的4～6号自定义键功能：
① 键号"4"——将回路的设定值设定为50%；
② 键号"5"——打开趋势图第1页；
③ 键号"6"——"确认"功能。
将以上拓展要求增加至碱洗塔DCS项目的自定义键组态中。

● 任务2　碱洗塔DCS控制算法组态 ●

任务2　说明

DCS项目组态对一些有特殊要求的控制，使用自定义控制算法，常用SCX语言编程和图形编程。图形编程相较于SCX语言编程基础要求低，更具直观性。本任务的主要内容是基于图形编程的功能块图（FBD），完成碱洗塔DCS控制算法组态。

任务2　要求

① 准确识读任务单；
② 补偿公式组态正确；
③ 流量累积计算组态正确；

④ PID自动调节组态正确；
⑤ 逻辑控制组态。

任务2 学习

一、IEC模块库的几类模块

项目知识链接介绍了功能块库，如IEC模块库、辅助模块库、自定义模块库、附加库等。本任务的学习重点介绍IEC模块库的算术运算、比较运算、逻辑运算、定时器和转换函数模块。

1. 算术运算模块

主要包括加法ADD（将输入值相加，并将结果赋给输出值）、减法SUB（将输入值相减，并将结果赋给输出值）、乘法MUL（将输入值相乘，并将结果赋给输出值）、除法DIV（将输入值相除，并将结果赋给输出值）、赋值MOVE（输入值赋给输出值）、平均值AVE（对输入值取平均值，并将结果赋给输出值）和取模MOD（将输入值相除，并将余数和商数赋给输出）七类。其中，每种算术运算模块针对不同的数据类型，模块名称不同。汇总如表4-8。

表4-8 算术运算模块功能

	ADD	SUB	MUL	DIV	AVE	MOD	MOVE
FLOAT	√	√	√	√	√	×	√
SFLOAT	√	√	√	√	√	×	√
INT	√	√	√	√	√	√	√
UINT	√	√	√	√	√	√	√
LONG	√	√	√	√	√	√	√
ULONG	√	√	√	√	√	√	√
BOOL	×	×	×	×	×	×	√
BYTE	×	×	×	×	×	×	√
WORD	×	×	×	×	×	×	√

2. 比较运算模块

主要包括不等于NE、大于GT、大于等于GE、等于EQ、小于LT和小于等于LE六类，其中GT、GE、LT和LE四类模块皆可对FLOAT、INT、LONG、SFLOAT、UINT和ULONG数据进行比较，但NE和GE除对以上数据进行比较外还可对BOOL、BYTE、WORD和DWORD数据进行比较。

3. 逻辑运算模块

主要包括逻辑与AND、逻辑或OR、逻辑取反NOT、逻辑左移/右移SHL/SHR、循环左移/右移ROL/ROR、逻辑异或XOR等。其中，AND、OR、NOT、XOR模块皆可对BOOL、BYTE、WORD和DWORD数据进行逻辑操作，而SHL/SHR、ROL/ROR仅可对WORD和DWORD数据进行逻辑操作。

4. 定时器模块

定时器模块主要包括TOFF、TON和TP三种。其中，TON定时器模块的功能是延时接通，当使能端EN有效时，输入端IN从OFF到ON上升沿跳变时，延时PT端的时长后，输出Q端持续接通，在任何时候，如果IN为OFF，则输出Q断开；TOFF定时器模块与TON不同，其功能是延时断开，当使能端

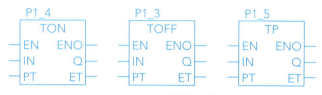

图4-45　定时器模块符号

EN有效时，输入端IN从ON到OFF下降沿跳变时，延时PT端的时长后，输出Q端持续断开，在任何时候，如果IN为ON，则输出Q接通；TP定时器模块是用于产生持续时间一定的脉冲，当使能端EN有效时，输入端IN变为ON时，输出Q变为ON，其保持ON的时间为延时PT端的时长。三种常用定时器模块符号如图4-45所示。

5. 转换函数模块

IEC转换函数模块包括了BYTE、WORD、DWORD、INT、LONG、UINT等几种数据类型的转换模块。本任务重点介绍SFLOAT、FLOAT两种数据类型转换模块，符号如图4-46所示。

图4-46　浮点数与半浮点数转换模块符号

模块功能分别是将SFLOAT型的输入值转化为FLOAT型数据类型、将FLOAT型的输入值转化为SFLOAT型数据类型。常用于AI信号参与运算过程的数据类型转换。

举例4-5：有一温度信号TI101（量程0~600℃），当温度高于480℃时，打开开关KO302；温度不高于480℃时，打开开关KO301。

本例不涉及算术运算，有两种图形组态方法。

一是温度信号都以表示值参与计算，温度信号TI101实际值为480℃时，其表示值＝实际值/量程＝480/600＝0.8。当TI101的表示值（数据类型SFLOAT）大于0.8时，KO302打开，而小于等于0.8时，KO301打开。选择IEC逻辑运算的GT_SFLOAT、LE_SFLOAT模块，功能块程序设计如图4-47所示。

▶资源4.15◀
举例4-5
组态1

图4-47　举例4-5功能块程序1

二是温度信号按实际值参与计算，TI101的真实值＝表示值*600，再与480进行比较，但参与计算的表示值数据类型为SFLOAT，600的数据类型为FLOAT，要先对TI101的表示值进行数据类型转换，才能计算TI101的真实值，再进行逻辑比较。选择IEC逻辑运算的GT_FLOAT、LE_FLOAT模块，转换函数模块SFLOAT_TO_FLOAT，算术运算模块MUL_FLOAT等，功能块程序设计如图4-48所示。

从以上两种算法可以看出，第一种方法更加简单。

▶资源4.16◀
举例4-5
组态2

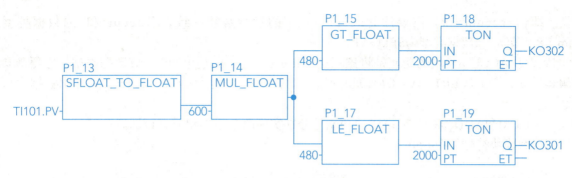

图4-48 举例4-5功能块程序2

> 想一想 | TON定时器模块在这里的主要功能是什么?

举例4-6：按照以下计算公式进行计算，将结果存放到自定义变量TI103（量程0~1000℃），其中温度TI101和TI102（量程0~500℃）。

TI103 =（10.08 + 150）*{[（TI101 + TI102）/2 + 100]*（TI101 + 150）}/{[（TI101 + TI102）/2-100]*（TI102 + 150）}

> 一句话问答 | 本例需要自定义变量TI103，其数据类型是什么?

本例中，TI101和TI102的表示值为SFLOAT数据类型，量程为0~500℃（FLOAT类型），而参与运算的TI101和TI102数据类型均为实际值（FLOAT），因此首先需将TI101和TI102表示值的数据类型SFLOAT转换为FLOAT（SFLOAT_TO_FLOAT转换模块），再将该表示值（FLOAT）乘以其量程（500，FLOAT）计算为真实值（FLOAT），选用MUL_FLOAT乘法模块，TI101和TI102以真实值的数据（FLOAT）参与公示计算。

本例中，计算公式中的相关常数有10.08、150和100，均属于FLOAT数据类型，且TI101和TI102真实值的数据类型为FLOAT，其加减乘除运算的结果TI103的数据类型定义为FLOAT。同时，分析该计算公式，（TI101 + TI102）/2可通过AVE_FLOAT模块计算，另需引入ADD_FLOAT，MUL_FLOAT，DIV_FLOAT，SUB_FLOAT等运算模块。功能块程序设计如图4-49所示。

▶资源4.17◀
举例4-6 组态

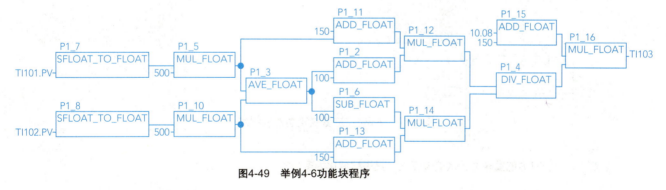

图4-49 举例4-6功能块程序

二、辅助模块库的几类模块

1. 累积函数模块

累积函数模块包括的种类较多，本书重点学习流量累积、累积量进行运算、大小比较等，这里介绍累积模块TOTAL_ACCUM、累积量转化为浮点数的CONVERT_ACCUM模块、累积量计算模块SUB_ACCUM和ADD_ACCUM。

① TOTAL_ACCUM模块的功能是对来自accum输入端的变量，按照x端每秒的速度进行递增，累积量

输出至y端，即y = accum + x。需要注意accum和x端的量纲必须一致，且accum和y的数据类型为structAccum（8字节），x数据类型为SFLOAT。

② CONVERT_ACCUM模块的功能是将累积量（structAccum）转换为FLOAT数据类型，方便其参与计算、逻辑运算等。CONVERT_ACCUM模块的输入端x的数据类型是structAccum，其输出数据类型为FLOAT。

③ SUB_ACCUM和ADD_ACCUM模块的功能是分别实现两个累积相减、相加。

四个累积函数模块符号如图4-50所示。

图4-50 累积模块和转换模块符号

举例4-7：流量信号FI101，量程0～1000，单位m³/h，要求在开关KO101为ON时，实现流量累积，累积量保存在自定义变量FIQ101；开关KO101为OFF时，或流量累积超过10000时，停止累积，并将累积值清零。

首先，定义一个8字节的累积量FIQ101，其量程为1，单位为m³（立方米），系数为1。

其次，选用累积模块TOTAL_ACCUM对流量信号FI101进行累积，在KO101 = ON时，使能有效；当KO101 = OFF时，FIQ101 = FIQ101 − FIQ101 = 0（清零自相减，使用SUB_ACCUM模块）；当FIQ101≥10000时，FIQ101 = 0，由于比较运算模块的数据类型没有累积量数据类型，10000为FLOAT类型，需将FIQ101累积量转换为FLOAT类型（CONVERT_ACCUM），再与10000进行逻辑比较，满足条件时，将FIQ101清零。功能块程序设计如图4-51所示。

▶资源4.18◀
举例4-7 组态

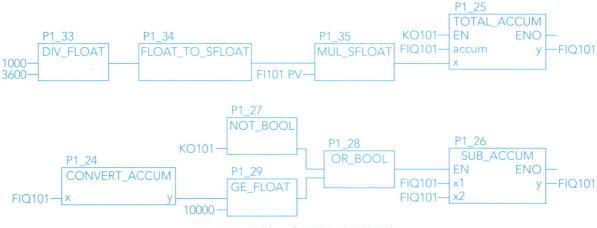

图4-51 举例4-7流量累积功能块程序

想一想 FI101的量程为什么要做变化，其量程变化为多少？

2. 控制模块

辅助模块库包括的控制模块主要有单回路模块BSC/BSCX、串级控制模块CSC/CSCX等，其中这两种模块也是工业生产过程控制中常用的控制方法。

单回路模块BSC/BSCX，功能是对在自定义回路中声明的单回路进行定义，确定它的输入输出，组成一个控制回路。通过序号N与自定义回路中的声明相对应，即将在自定义回路中所对应序号no所对应的位号组入监控画面中，可在监控画面中对其进行参数设置。BSCX模块比BSC模块有更多的参数，其模块符号如图4-52所示。

模块的几个重要参数：PV（SFLOAT）是测量值，N（UNIT）是BSC序号，范围0~31，MV（SFLOAT）是输出阀位，SV（SFLOAT）是内给定值。

举例4-8：某单回路控制，回路输入信号为温度TI101（0~600℃），回路输出为调节阀FV101，采用自定义算法控制。

回路控制的自定义算法编程，首先在系统组态界面的"变量"中定义自定义回路TIC101，如图4-53所示。

在段落程序编写中，调用辅助模块库—控制模块的BSC单回路PID控制模块。该模块在使用时与被控对象组成回路，以其输出MV作为被控对象的输入，而被控对象的输出作为其PV端输入，通过正确设置模块的内部参数，可使测量值PV稳定地控制在给定值允许的范围内。使用BSC的自定义算法如图4-54所示。

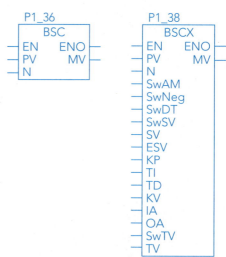

图4-52 单回路模块符号

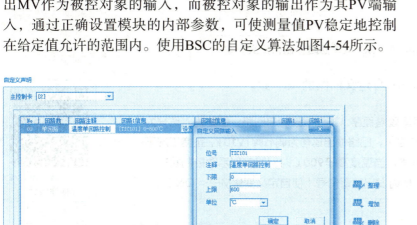

图4-53 举例4-8自定义回路组态

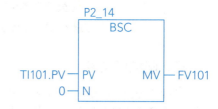

图4-54 BSC单回路控制自定义算法

N为BSC的序号（0~31），与图4-52所示的TIC101自定义回路的No一致。

举例4-9：某联锁控制，当压力PT101（0~8KPa）超过5kPa时将回路PTC101强制切换为手动控制。回路PTC101的输入信号为PT101，输出位号为PV101。

与举例4-8相同，首先需要在系统组态界面的"变量"中定义自定义回路PTC101，如图4-55所示。

其次，选用BSC模块的扩展模块BSCX，是在BSC模块的基础上增加了该模块的成员，这里主要引入的是BSCX模块的SwAM分量，该分量是手/自动开关，当SwAM = ON时，BSCX模块实现单回路PID自动控制，否则手动控制。

本例要实现的功能是"当压力PT101（0~8kPa）超过5kPa时将回路PTC101强制切换为手动控制"，压力PT101的数据类型是SFLOAT半浮点数，且为测量值的表示值，而比较值5kPa是真实值，要将其转换成SFLOAT半浮点数，计算比较值的表示值 = 真实值/量程 = 5/8 = 0.625，当PT101的测量值大于0.625时（使用IEC模块库-比较运算的GL_SFLOAT浮点数大于比较模块），即GL_SFLOAT输出为ON时，给BSCX的SwAM分量输入OFF，通过将SwAM分量的端子取反实现。使用BSCX自定义算法如图4-56所示。

图4-55 举例4-9自定义回路组态

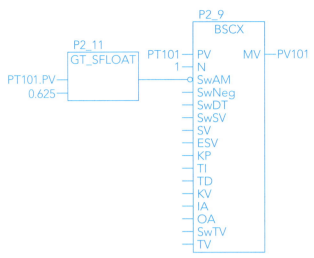

图4-56 BSCX单回路控制自定义算法

这里BSCX的N与图4-55所示的PTC101自定义回路的No一致。

 使用FBD编辑器，编写段落程序。某温度控制单回路，回路输入信号为温度TI101（0~1000℃），回路输出信号为调节阀TV101。正常工况下回路处于自动控制状态；当温度高于900℃时回路转到手动控制状态，由操作员手动控制，同时发出报警信号（使自定义变量MFT=ON）。

▶ 资源4.19 ◀
程序设计

三、附加模块库

附加模块库主要包括特殊模块、锅炉模块、造气模块、DEH模块、智能通讯卡模块、GCS专用模块库等，主要介绍特殊模块库的脉冲启停的二位式电机控制。

脉冲启停的二位式电机控制MOTRO_PULSE模块，当输入启动指令时产生一个指定脉宽的启动输出脉冲，当输入停止指令时产生一个指定脉宽的停止指令脉冲。同时根据输入的状态信号判断停车报警。其符号如图4-57所示，参数描述如表4-9所示。

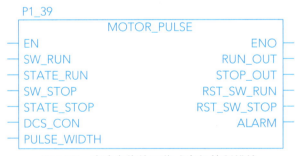

图4-57 脉冲启停的二位式电机控制模块

表4-9 参数描述

参数	数据类型	含义
SW_RUN	BOOL	启动指令
STATE_RUN	BOOL	运行指令
SW_STOP	BOOL	停止指令
STATE_STOP	BOOL	停止信号

续表

参数	数据类型	含义
DCS_CON	BOOL	DCS 控制
PULSE_WIDTH	ULONG	脉宽（以1ms 位单位）
RUN_OUT	BOOL	启动输出
STOP_OUT	BOOL	停止输出
RST_SW_RUN	BOOL	启指令复位
RST_SW_STOP	BOOL	停指令复位
ALARM	BOOL	跳车报警

在模块应用中，启动指令SW_RUN和启指令复位信号RST_SW_RUN连接同一个位号，停止指令SW_STOP和停止指令复位信号RST_SW_STOP连接同一个位号。它相当于一个常开按钮，当按钮按下（ON）后过一段时间（PULSE_WIDTH）按钮自动弹起（OFF）。

在DCS_CON = ON以及没有运行信号（STATE_RUN = OFF）并且没有停止输出（STOP_OUT = OFF）的情况下，当启动指令SW_RUN = ON时，启动输出RUN_OUT 和启指令复位信号 RST_SW_RUN均为一个脉宽为 PULSE_WIDTH 毫秒的ON脉冲（当 SW_RUN从OFF 跳变到ON的瞬间，RUN_OUT和RST_SW_RUN均变为ON，一直持续到PULSE_WIDTH毫秒以后，RUN_OUT和RST_SW_RUN跳变为OFF）。

在DCS_CON = ON，以及没有停止信号（STATE_STOP = OFF）并且没有启动输出（RUN_OUT = OFF）的情况下，当停止指令SW_STOP = ON时，停止输出STOP_OUT和停止指令复位信号RST_SW_STOP均为一个脉宽为PULSE_WIDTH毫秒的ON脉冲（当SW_STOP从OFF跳变到ON的瞬间，STOP_OUT和RST_SW_STOP均变为ON，一直持续到PULSE_WIDTH毫秒以后，STOP_OUT和RST_SW_STOP跳变为OFF）。

在无停止指令（SW_STOP = OFF）的情况下，如果运行信号STATE_RUN从ON跳到OFF时，输出跳车报警（ALARM = ON）。当运行信号STATE_RUN从OFF跳到ON时，或者有停止指令（SW_STOP = ON）时，复位跳车报警（ALARM = OFF）。

任务2 实施

本任务采用图形编程-FBD功能块编辑器完成碱洗塔DCS项目的控制方案。识读表4-1任务单（7）的控制方案要求，共有四个控制要求，需要进行自定义算法组态。

环节1 补偿公式组态

步骤一：补偿公式分析

分析补偿公式组态要求，自定义算法段落文件名为Gongshi，程序类型FBD，段类型为程序，且需要自定义变量FI_51501，变量名"流量补偿"，量程0～1000000000，单位kg/h，但数据类型未知。

进一步分析计算公式，FT_51501、PT_51501和TE_51501的数据类型为SFLOAT，其参与计算的真实值，需要乘以各自量程18000、0.9、300，均属于FLOAT数据类型，因此需要先将FT_51501、PT_51501和TE_51501的表示值由SFLOAT转换为FLOAT，乘以各自量程计算获得其真实值，再参与补偿公式计算。

该补偿公式包括了浮点数加、浮点数乘、浮点数除三种算数运算，选取ADD_FLOAT模块、MUL_FLOAT模块和DIV_FLOAT模块。

再考虑自定义变量FI_51501流量补偿的数据类型，其是浮点数的加、减、乘和除运算的结果，数据类型选择FLOAT。

资源4.20
公式程序设计

FI_51501上传至画面显示，将在任务3流程图组态环节学习完成。

步骤二：补偿公式自定义控制算法组态

1. 创建FBD程序段

首先创建自定义控制算法的图形编程文件"碱洗塔算法"，保存在碱洗塔DCS项目/Control，如图4-58所示，创建碱洗塔算法.prj工程。

其次新建段落，点击碱洗塔算法.prj组态界面工具栏的"新建程序段"图标—"新建段落"或点击左侧树目录"碱洗塔算法"，右键打开菜单—"新建段落"，打开新建程序段对话框。程序类型选择FBD，段类型选择程序，段名"Gongshi"，描述"补偿公式"，点击确定，完成一个功能块图的创建，如图4-59所示。

图4-58　创建自定义控制算法工程文件

图4-59　新建流量补偿程序段

2. FI_51501自定义变量组态

在碱洗塔DCS项目系统组态界面，点击工具栏"变量"，打开自定义声明组态窗口，选择"4字节变量"，对FI_51501进行组态，如图4-60所示。

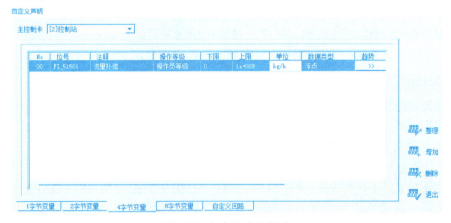

图4-60　自定义变量组态

3. 图形编程

① 选取IEC模块库的相关模块。主要包括SFLOAT_TO_FLOAT模块、ADD_FLOAT模块、MUL_FLOAT模块和DIV_FLOAT模块。

② 转换模拟量输入信号的表示值为真实值。将FT_51501、PT_51501和TE_51501转换为FLOAT数据类型，再乘以各自量程，功能块图形编程如图4-61所示。

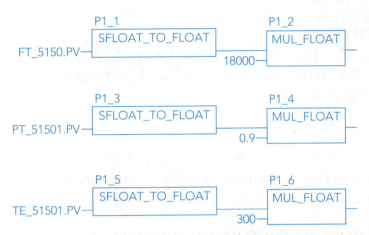

图4-61 模拟量输入信号的数据转换

③ 补偿公式计算。按照先加减、后乘除等运算规则,首先计算250+273、PT_51501+101、1.08+101、TE_51501+273四个浮点数加法(ADD_FLOAT),再将(250+273)的和与(PT_51501+101)的和相乘(MUL_FLOAT),将(1.08+101)的和与(TE_51501+273)的和相乘(MUL_FLOAT),其次将(250+273)*(PT_51501+101)的积除以(1.08+101)*(TE_51501+273)的积(DIV_FLOAT),最后将FT_51501乘以[(250+273)*(PT_51501+101)]/[(1.08+101)*(TE_51501+273)]的商(MUL_FLOAT),并将结果传递给FI_51501。功能块图形编程如4-62所示。

图4-62 补偿公式图形编程(FBD)

想一想 | 250+273、1.08+101为什么选择的是浮点数加法?

完成图形编程后,点击碱洗塔算法.prj工程界面工具栏的"生成目标代码",在编译显示区显示"编译成功总共可用内存******",如图4-63所示。

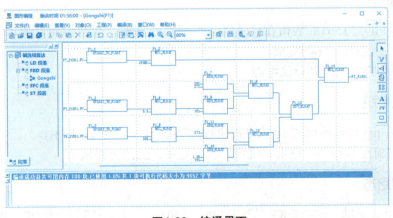

图4-63 编译界面

环节2 | 流量累积组态

步骤一：流量累积计算分析

分析流量累积组态要求，自定义算法段落文件名为Accumc，程序类型FBD，段类型为程序，且需要自定义累积值变量FIQ_51501，变量名"碱洗塔塔顶流量累积"，量程1，系数1，单位T，数据类型8字节。

资源4.21
流量累积计算

1. 累积量纲统一

碱洗塔塔顶流量FT_51501的单位由kg/h，要转换为t/s，才能按s进行累积。系数是1/（3600*1000），即量程需要由0~18000kg/h，转换为0~18000/3600000（t/s），在此量程下，将FT_51501的表示值转换为真实值，且数据类型为FLOAT，才能对其按秒进行流量累积。

> 一句话问答　碱洗塔塔顶流量FT_51501的单位为什么要转换为T/s？

2. 流量累积值自动清零

当流量累积达到10000T后自动复位，即流量累积值清零。这里流量累积值FIQ_51501是8字节的structAccum数据类型，而10000是FLOAT数据类型，要进行比较，需将流量累计值的数据类型转换为FLOAT，这里选用CONVERT_ACCUM模块，再选用GE_FLOAT模块进行比较，即流量累积值大于等于10000T时，选用SUB_ACCUM使得FIQ_51501 = FIQ51501-FIQ51501 = 0。

3. 流量累积值手动清零

任何时候按下清零按钮，流量累积值FIQ_51501复位，选用SUB_ACCUM使FIQ_51501 = FIQ51501-FIQ51501 = 0。本项目需在流程图中添加一个清零按钮（任务3学习），该按钮需连接一个开关量变量，即定义一个1字节变量，BOOL数据类型、位号为QL、注释为清零按钮。QL = 1时，按钮颜色为绿色，松开QL = 0，按钮颜色为红色。当清零按钮按下，即QL = 1，按钮颜色为绿色，FIQ_51501清零。

4. 清零模块的使能

无论流量累积值的自动清零还是手动清零，都需要一个启动清零模块的信号，这里是FIQ_51501≥10000T或QL = 1时，SUB_ACCUM执行FIQ_51501 = FIQ51501-FIQ51501，即FIQ_51501≥10000T OR QL = 1（OR_BOOL模块）的逻辑输出，作为清零模块SUB_ACCUM的使能信号。

> 一句话问答　清零模块SUB_ACCUM的使能端子是？

5. 上传流程图画面

流量累积值变量FIQ_51501的数值在碱洗塔流程图画面显示、清零按钮在流程图画面进行组态等要求，将在任务3流程图组态环节学习完成。

步骤二：流量累积自定义控制算法组态

1. 创建FBD程序段

点击碱洗塔算法.prj组态界面工具栏的新建程序段，程序类型选择FBD，段类型选择程序，段名"Accumc"，描述"流量累积"，单击"确定"，打开一个新的程序段。

2. 自定义变量组态

环节2有两个自定义变量，一个是8字节变量FIQ_51501，一个是1字节变量QL，如图4-64所示。

图4-64 流量累积的自定义变量组态

3. 图形编程

① 选取适宜模块。IEC模块库的DIV_FLOAT模块、MUL_SFLOAT模块、FLOAT_TO_SFLOAT模块、GE_FLOAT模块、OR_BOOL模块，辅助模块库的TOTAL_ACCUM模块和SUB_ACCUM模块。

② 流量累积程序设计。首先根据流量累积系数1/（3600*1000）计算新的量程（与FIQ_51501量纲相同，DIV_FLOAT模块），数据类型为FLOAT。其次计算FT_51501的真实值，要将新量程的数据类型FLOAT转换为SFLOAT数据类型（FLOAT_TO_SFLOAT），再与FT_51501的表示值相乘（MUL_SFLOAT），获得FT_51501的真实值（SFLOAT），送入累积模块TOTAL_ACCUM的x端进行流量累积，图形编程如图4-65所示。

图4-65 流量累积程序

③ 流量累积值清零程序设计。首先选用COVERT_ACCUM模块将FIQ_51501的数据类型转换为FLOAT，再选用GE_FLOAT模块将FIQ_51501累积值与10000进行比较，同时考虑清零按钮（自定义1字节变量）QL的手动作用，两者选用OR_BOOL模块的逻辑输出，控制流量累积值FIQ_51501是否自动/复位（SUB_ACCUM），图形编程如图4-66所示。

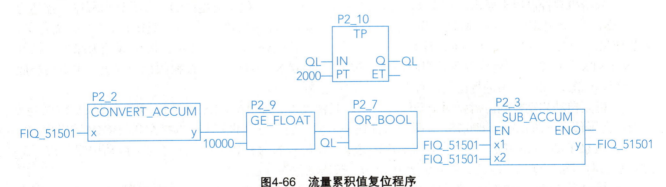

图4-66 流量累积值复位程序

> **想一想** 图4-66中使用TP脉冲定时器的作用是什么？

"Accumc"算法完成后，点击"保存""生成目标代码"，对段落编译，生成目标文件。

环节3 | PID自动调节组态

步骤一：碱洗塔塔底液位PID自动调节分析

1. 分析PID自动调节组态要求

自定义算法段落文件名为PIDc，程序类型FBD，段类型为程序，描述为PID自动调节。需要自定义回路、单回路、回路注释为塔底液位PID控制，回路位号LIC_51501，注释为塔底液位PID控制，量程为0~100，单位为%。

2. 分析PID自动调节的单回路信息

选用辅助模块库的BSC模块，测量端为LT_51501，输出端为LV_51503。

步骤二：自定义回路组态

在碱洗塔DCS系统组态界面，单击"变量"—"回路"，增加一个自定义回路，按任务单提供的信息完成自定义回路组态，如图4-67所示。注意该自定义回路的No序号为"00"。

步骤三：图形编程

1. 创建FBD程序段

单击碱洗塔算法.prj组态界面工具栏的新建程序段，程序类型选择FBD，段类型选择程序，段名"PIDc"，描述"PID自动调节"，单击"确定"，打开一个新的程序段。

图4-67 碱洗塔自定义回路组态

2. 回路控制程序设计

选取辅助模块库的BSC模块，其PV输入端为LT_51501，MV输出端为FV_51503，BSC序号N与图4-67自定义回路的No相一致，为0或00，图形编程如图4-68所示。

"PIDc"段落算法完成后，点击"保存""生成目标代码"，对段落编译，生成目标文件。

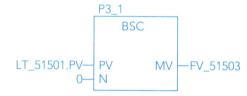

图4-68 碱洗塔回路控制程序

环节4 | 机泵控制组态

步骤一：碱洗塔出料泵的机泵控制分析

① **分析机泵控制组态要求**。自定义算法段落文件名为Logic，程序类型FBD，段类型为程序，描述为机泵控制。控制要求中用到了联锁，作为机泵自启、机泵自停控制的使能信号，是BOOL变量，需定义1字节变量，位号名为MAN_LSTR，注释为联锁按钮，按下MAN_LSTR=1时，按钮颜色为绿色，松开MAN_LSTR=0，按钮颜色为红色。当联锁按钮按下，即MAN_LSTR=1，按钮颜色为绿色，可以使塔底液位和设定值A、设定值B进行比较，对机泵进行启停控制。

② **机泵自动启动控制**。需要两个条件，一个是联锁投入，即MAN_LSTR=1，另一个是LT_51501≥A（液位上限值100%的75%，即0.75），两个条件缺一不可，是"与"的关系，选择AND_BOOL逻辑模块。

③ **机泵手动启动控制**。需要自定义1字节变量，如位号名为S_P5101，注释为泵启动按钮，按下S_P5101=1时，按钮颜色为绿色，松开S_P5101=0，按钮颜色为红色。

④ **机泵手/自动启动控制**。两种方式均可实现对机泵的启动控制，两种方式是"或"的关系，这里选择OR_BOOL逻辑模块。当满足自动启动控制条件时，5s后才能启动机泵，选用延时接通定时器，即TON模块。

⑤ **机泵自动停机控制、手动停机控制**。与启动相类似，MAN_LSTR=1与LT51501≤B是与的条件关系，两个条件均满足机泵自动停机；也需自定义1字节变量，如位号名R_P5101，注释为泵停止按钮，按下R_P5101=1时，按钮颜色为绿色，松开R_P5101=0，按钮颜色为红色；无论是自动停机还是手动停机，两者控制方式之间是"或"的关系。当满足自动停机控制条件时，5s后才能停止机泵，这里选用延时接通定时器，即TON模块。

⑥ **机泵启停模块的选用与连接**。选用附加库的脉冲启停的二位式电机控制（MOTOR_PULSE）模块，其要求启动指令SW_RUN和启指令复位信号RST_SW_RUN连接同一个位号，停止指令SW_STOP和停止指令复位信号RST_SW_STOP连接同一个位号，而SW_RUN与RST_SW_RUN，以及SW_STOP与RST_SW_STOP不能用连接线直接相连，可以考虑使用自定义变量相连。机泵启动（手动/自动）的OR输

出连接一个1字节的自定义变量ON_P5101，其也是SW_RUN与RST_SW_RUN的连接信号；而机泵停机（手动/自动）的OR输出连接一个1字节的自定义变量OFF_P5101，其也是SW_STOP与RST_SW_STOP的连接信号。

 将启动指令SW_RUN和启指令复位信号RST_SW_RUN连接同一个位号。

⑦ **上传至流程图画面**。联锁变量MAN_LSTR的状态需上传至碱洗塔流程图画面，将在任务3的流程图环节学习完成。

步骤二：自定义变量组态

机泵控制组态共需自定义五个1字节变量，分别是联锁按钮MAN_LSTR，泵启动按钮S_P5101，泵停止按钮R_P5101，泵启动信号变量ON_P5101，泵停止信号变量OFF_P5101。

在碱洗塔DCS项目系统组态界面，单击工具栏-变量-1字节变量，添加以上五个1字节变量，如图4-69所示。

图4-69 机泵控制1字节变量组态

步骤三：图形编程

1. 创建FBD程序段

单击碱洗塔算法.prj组态界面工具栏的新建程序段，程序类型选择FBD，段类型选择程序，段名"Logic"，描述"机泵控制"，单击"确定"，打开一个新的程序段。

2. 机泵启动程序设计

LT_51501数据类型为SFLOAT，量程为0~100%，设定值A为其量程的75%，即A=0.75（SFLOAT），要判断LT_51501≥A，选用GE_SFLOAT比较模块，但机泵启动的前提调节是联锁投入，两个条件必须同时满足，选用AND_BOOL逻辑模块。当调节满足，延时5s机泵启动，选用TON延时接通定时器，机泵启动程序设计如图4-70所示。

▶ 资源4.22 ◀
机泵控制

图4-70 机泵启动程序

 用TOFF定时器代替TON定时器，可以吗？

3. 机泵停止程序设计

与启动程序设计类似，这里需要判断的是LT_51501≤B，设定值B为LT_51501量程的15%，即B=0.15（SFLOAT），选用LE_SFLOAT比较模块。机泵停止程序设计如图4-71所示。

图4-71 机泵停止程序

图4-69和图4-70中使用TP定时器的作用是什么？

4. 脉冲启停二位式电机控制程序

机泵启动和停止的信号都组态好之后，选用附加库的MOTOR_PULSE模块，其输入输出信号依次连接：SW_RUN、RST_SW_RUN与泵启动信息变量ON_P5101相连，SW_STOP、RST_SW_STOP与泵停止信息变量OFF_P5101相连；运行信号端STATE_RUN与DI信号EL_P5101泵运行状态相连，而停止信号端STATE_STOP是STATE_RUN的非信号；DCS控制端DCS_CON与DI信号EY_P5101远程/就地信号相连；电机将按PULSE_WIDTH脉宽（这里设置为3000ms）完成机泵的启动/停止；启动输出端RUN_OUT与DO信号EST_P5101连接，控制电机启动；停止输出端STOP_OUT与DO信号ESP_5101连接，控制电机停止；跳车报警信号未接入。机泵控制程序如图4-72所示。

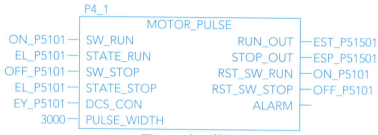

图4-72 机泵控制程序

"Logic"算法完成后，点击"保存""生成目标代码"，对段落编译，生成目标文件。

环节5 | 查漏补缺

1. 操作站的趋势画面组态

任务1的趋势画面组态时，在图4-42中，点击普通趋势位号"？"弹开的控制位号中，未见LIC_51501.SV、LIC_51501.PV和LIC_51501.MV三个位号。在本任务环节3的PID自动调节组态中，如图4-67自定义回路LIC_51501完成后，继续对任务1的趋势画面进行组态。

在碱洗塔DCS项目系统组态界面上单击"趋势画面"打开趋势组态设置，单击第1页画面，选择趋势布局方式为1*1，点击普通趋势位号后的"？"，打开控制位号，找到位号"LIC_51501"，选中加入，此时在如图趋势组态设置界面的普通趋势位号的编辑框自动添加了LIC_51501.PV位号，修改分量PV分别为SV和MV，如图4-73所示。

图4-73 碱洗塔趋势画面布局

2. 操作站的自定义键组态

在任务1的自定义键组态时，自定义键"1"号键和"2"号键，由于回路LIC_51501未定义，暂不能完成自定义键组态。在本任务环节3的PID自动调节组态中，如图4-66自定义回路LIC_51501完成后，继续对任务1的自定义键进行组态。其中：

键号"1"定义为"将回路仪表（位号为LIC_51501）改手动"，键号"2"定义为"将回路控制输出阀位调整到50%"，均使用赋值语句，组图如图4-74所示。

图4-74 碱洗塔自定义键组态

任务2 拓展

在表4-1任务单（7）的控制方案中，拓展1个控制要求：

进料阀控制。进料阀XV51501控制组态。当塔底液位高I值和高II值无效，打开进料阀，持续2s保证进料阀开到位有效；当塔底液位高I值有效，但高II值无效，且进料阀开到位有效，持续5s后关闭进料阀，持续2s保证进料阀关到位；当塔底液位高I值有效、高II有效，立即关闭进料阀，持续2s保证进料阀关到位。

将以上拓展要求增加至碱洗塔DCS项目的控制方案组态中。

素质拓展阅读

反馈是执行力的保障

某大学同寝室两位同学小王和小张，大一入校初期应班主任建议撰写了学习生涯规划，两人经过一番思考都写出了详细的大学学习生涯规划目标。小王同学严格按照规划目标指引的方向脚踏实地努力，每月一小总结，每学期一大总结，紧盯目标差距，及时查漏纠偏，在校期间每年都获得特等奖学金，通过了英语和计算机等级考试，取得了专业需要的技能等级证书，开开心心顺利毕业。而小张同学入学初期是严格按照规划实施，但是随着时间推移，越来越懈怠，每天浑浑噩噩地过着，出现了多门考试不及格，最终因学分不够没能拿到毕业证书。

学习的闭环控制系统具有自动修正被控变量出现偏离的能力，而偏差由系统输入的设定值减去检测变送单元的反馈回来的系统输出值，因此精准的反馈是闭环控制系统中执行器输出的重要保障。

碱洗塔项目组态过程中，每一环节完成后都建议学习者进行编译，报错问题时有发生，每一次系统的编译错误都是对思路偏差的调整和修正，都是对学习过程中存在问题的及时反馈，督促我们查找问题、分析问题和解决问题的过程。

这则阅读启示我们，在学习、工作与生活中要注重及时回头看和及时总结，紧紧围绕目标，避免出现较大偏差，做到及时纠偏。

● 任务3　碱洗塔DCS报表、流程图组态与仿真测试 ●

任务3 说明

报表是一种非常重要的数据记录工具，流程图是一种非常重要的监控操作界面，是操作站组态的重要内容。本任务在项目三学习案例单容水箱液位DCS完成的基础上，报表在计算统计、事件定义，流程图在动态链接、弹出式流程图等有了更复杂的组态要求及任务难度，更贴近实际生产过程。

任务3 要求

① 准确识读任务单；

② 正确完成报表组态举例；
③ 正确完成流程图组态；
④ 流程图与报表界面简洁、美观；
⑤ 系统编译与仿真正确。

任务3 学习

一、纯事件定义

纯事件在项目三已进行了简单介绍，主要在事件定义中进行组态，用于设置数据记录（记录事件）、报表产生（报表输出）的条件，即系统一旦发现事件信息被满足，即记录数据或触发产生报表。

在DCS项目的报表组态中，重点是根据报表输出定义的报表记录设置和报表输出设置是否满足任务单中对报表的时间要求。

如记录时间要求是每（1）日、每（1～24）小时、每（1～1440）分和每（1～86400）秒时，则记录时间不需要定义纯事件；如记录时间要求每天的几点几分几秒等具体时间，在图3-68所示的报表输出定义的记录周期是不方便设置的，需要进行纯事件定义。

举例4-10：某DCS项目的报表文件，对TE101和PT101数据进行记录，每天12点，0点各记录一组数据，每周产生一张报表。

本例在每天的12：00：00和0：0：0记录TE101和PT101的数据，即每天两个时间点发生时，都记录TE101和PT101的数据，即两个时间点是"或"的关系，且是固定的具体时间，记录周期中不能进行设置，需要定义纯事件。每周产生一张报表，这是报表输出周期，到底什么时候产生/输出一张报表，系统是从打开实时监控系统开始计时。

本例需要定义一个纯事件，即用于设置数据记录的时间，指的是记录事件。采用时间函数为getcurtime()，事件名为Event[1]，表达式为"getcurtime() = 12:0:0 or getcurtime() = 0：0：0"，事件说明为记录时间。纯时间定义如图4-75所示。

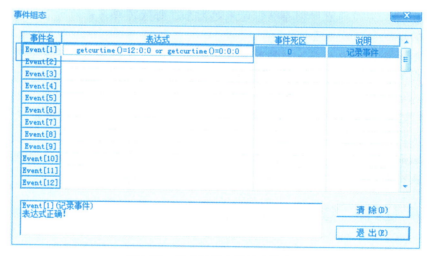

图4-75 固定时间点的纯事件定义

Event[1]事件定义后，要进一步对与该事件相关的时间、位号进行引用组态。相关时间指的是需要在报表中进行显示的记录时间，需要在报表中进行记录的位号。在本例中，需要记录的位号是TE101和PT101的数据，要进行位号引用组态，如图4-76所示。

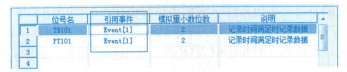

图4-76 位号引用组态举例

如报表的样表中需要显示记录时间，选取时间变量Timer1，要进行时间引用组态，如图4-77所示。

图4-77 时间引用组态举例

最后需要在报表输出定义中对"记录设置"进行组态，这里周期值和时间单位可设置12小时，且选择纯事件记录；而报表输出周期值及时间单位为1周，且为非纯事件报表输出条件（No Event），如图4-78所示。

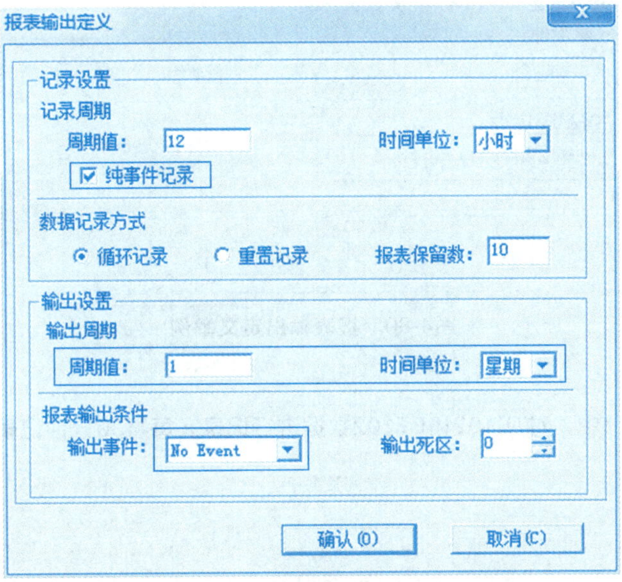

图4-78 记录周期组态举例

这里报表的输出周期为1，记录周期为12小时，则全部记录点为7*24小时/12小时 = 14点，即两个位号的数据对象有效点均为14个。当Event[1]累积发生14次时，报表的一个输出周期完成。

一句话问答 getcurtime()事件定义函数的功能是什么？

举例4-11：某DCS项目的报表文件，对TE102和PT102数据进行记录，每小时记录一组数据，每整8小时产生一张报表。

本例每小时记录TE102和PT102的数据，在"报表输出"组态的记录周期中直接进行设置，即周期值和时间单位为1小时，不需要定义纯事件。每整8小时产生一张报表，这是报表输出周期，如实时监控系统开始运行时间为12:15:05，则第1张报表产生的时间是16:00:00，第2张报表产生的时间是0:0:0，第3张报表产生的时间是8:00:00，依次类推。该报表输出要求是整8小时，即满足的时间条件是8的整数倍，通过当前小时除以8的余数为0，且当前分钟和秒数也为0，三个要素相"与"共同实现。这里需要进行输出时间的事件定义，这里使用Event[1]事件，如图4-79所示。

由于Event[1]事件对应的是报表输出条件，该报表位号引用、时间引用的事件均为No Event。

最后需要在报表输出定义中对"输出设置"进行组态，周期值和时间单位可设置为8小时，报表输出条件选择Event[1]；报表记录周期值及时间单位为1小时，非纯事件报表，如图4-80所示。

图4-79　输出事件定义举例

图4-80　报表输出定义举例

 举例4-11中，对TE102和PT102数据进行记录，每整30分钟记录一组数据，每周三产生一张报表。

二、报表数据计算

SCFormEx报表含位号运算、表格运算及统计函数功能：一个单元格中可以显示任意位号在任意记录时刻值的运算结果；可以对其他单元格的值进行调用计算；可以对一个选定区域中所有单元格的值进行求和或求平均值的运算。报表打印时该单元格能正确显示运算后的值。对单元格的调用计算主要有以下十几种操作符和函数，见表3-26。

报表软件有2个统计函数：SUM和AVE，可以对选定区域进行求和或者求平均值的运算，其函数说明见表3-27所示。

根据报表制作要求，计算表4-10所示锅炉内胆压力每半小时的总计值，每10分钟采集记录一次数据，每半小时记录3次数据，分别计算PT101在3个记录时间点的和，即{0}~{2}、{3}~{5}、{6}~{8}…的数据做求和计算。

如第7行第3列的单元格R7C3中，需要对PT101的3个记录数据{0}~{2}求和，在此输入"：={PT101}[0]+{PT101}[1]+{PT101}[2]"；第7行第4列的单元格R7C4中，需要对PT101的3个记录数据{3}~{5}求和，在此输入"：={PT101}[3]+{PT101}[4]+{PT101}[5]"，依次类推。

表4-10 温度与压力班报表样表

班报表							
_____班_____组 组长_____ 记录员_____ _____年_____月_____日							
时间		=Timer1[0]	=Timer1[3]	=Timer1[6]	=Timer1[9]	=Timer1[12]	=Timer1[15]
内容	描述	数据					
TE101	锅炉内胆温度	={TE101}[0]	={TE101}[3]	={TE101}[6]	={TE101}[9]	={TE101}[12]	={TE101}[15]
PT101	锅炉内胆压力	={PT101}[0]	={PT101}[3]	={PT101}[6]	={PT101}[9]	={PT101}[12]	={PT101}[15]
锅炉内胆压力总计值							
锅炉内胆压力平均值							

根据报表制作要求，要计算锅炉内胆压力每小时的平均值，每10分钟采集记录一次数据，每小时则记录6次数据，分别计算PT101在 {0}~{5}、{6}~{11}、{12}~{17}等平均值，要用到平均值函数AVE(R行号1C列号1,R行号2C列号2)，其对连续的单元格数值求平均值。

如第8行第3列的单元格R8C3中，需要对PT101的6个记录数据{0}~{5}求和，在此输入"：=AVE(R7C3,R7C4)"，依次类推。

 想一想 │ 举例4-11 在时间Timer[1]、Timer[2]、Timer[4]等的数据是否记录？

三、弹出式流程图

弹出式流程图（流程图P）与普通流程图（流程图F）相比较，画面组态界面是一样的，其是局部画面、浮动式显示，通常在普通流程F中通过命令按钮—普通命令按钮打开或关闭，在监控界面内最多同时显示9幅弹出式流程图画面。

举例4-12：创建一张流程图F，页标题和文件名称为项目四演示流程图F，在该流程图画面的X=900，Y=500处，通过命令按钮左键弹起打开一张流程图P，页标题和文件名称为项目四演示流程图F。

1. 弹出式流程图的创建

单击系统组态界面—工具栏—流程图P，打开创建界面，其创建方法与流程图P相同，需要选择操作小组，增加弹出式流程图页等，其保存在系统工程文件的FlowPopup子文件夹。弹出式流程图创建如图4-81所示。

同步创建流程图F画面，页标题和文件名称为项目四演示流程图F。

2. 弹出式流程图的打开与关闭

本例的组态要求，在项目四演示流程图F中调用项目四演示流程图P。通常采用命令按钮实现。

（1）普通命令按钮

在项目四演示流程图F画面的"对象工具条"，单击"命令按钮"—选择"普通命令按钮"，打开如图4-82所示的命令按钮设置窗口。

外观的标签可以组态按钮的名字、按钮的外形（矩形、菱形、椭圆形等）和按钮标签文字的对齐方式。

图4-81 弹出式流程图创建界面

用鼠标左键按下该按钮时，有按下和弹起两种命令方式，当左键按下时：用于设置左键点击时所执行的动作；当左键弹起时，用于设置左键弹起时所执行的动作。

确认提示内容用于设置确认提示框中所显示的内容，而命令按钮点击时需要确认提示的组态，打钩表示命令按钮点击时会弹出"确认提示内容"中的信息，提示是否要执行该步操作，有效防止误操作。透明按钮的勾选表明该按钮在实施监控时是以透明方式显示。

弹出式流程图的定位主要用于定位弹出式流程图弹出时的位置。首先在命令按钮的编辑框（"左键按下时"和"左键弹起时"两个编辑框均可）中点击鼠标，然后用鼠标左键点击该图标，拖动鼠标到弹出式流程图需要弹出的位置，放开鼠标左键，弹出"将鼠标左边写入'左键按下命令'中"对话框，或弹出"将鼠标左边写入'左键弹起命令'中"对话框，点击"确定"按钮，完成弹出式流程图的定位，或在具体组态中直接输入弹出式流程图的纵横坐标，如若未设置命令按钮的弹出式流程图位置，则弹出式流程图将在按钮旁弹出。

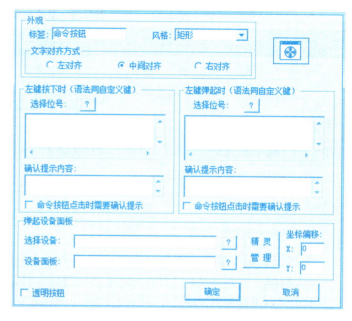

图4-82 命令按钮设置窗口

> 一句话问答 弹出式流程图在普通流程图弹出的位置方法有几种？

（2）弹出式流程图的打开

如在指定的位置打开弹出式流程图，"左键按下时"或"左键弹起时"代码中的语法采用：OPENSCG 横坐标 纵坐标 弹出式流程图名称（不带后缀）；如在按钮当前位置打开弹出式流程图，代码中的语法采用：OPENSCG 弹出式流程图名称（不带后缀）。

如要关闭弹出式流程图，"左键按下时"或"左键弹起时"代码中的语法采用：CLOSESCG 弹出式流程图名称（不带后缀）。

▶ 资源4.23 ◀
命令按钮设置

本例组态要求在项目四演示流程图F画面的X = 900，Y = 500处，通过命令按钮左键弹起打开项目四演示流程图F画面，命令按钮设置如图4-83所示。

图4-83 打开弹出式流程图举例

四、复杂流程图图形对象的动画属性设置

流程图画面组态中，对象工具条中的图形、线条、文字、按钮等常需要进行动态特性组态，本任务重点学习前/背景色、显示/隐藏设置方法。

举例4-13：对如图4-84（a）的矩形图形设置前/背景色，使用位号KI01，当KI01 = 1时，前景色是绿色，背景色是黑色；当KI0 = 0时，前景色是红色，背景色是黑色。对如图4-84（b）的圆形图形设置显示/隐藏，使用位号KI02，当KI02 = 1时，图形隐藏，当KI02 = 0时，图形显示。

图4-84　示例图形对象

1. 前/背景色

前/背景色用于设置图形在位号不同数值范围内的前/背景颜色。重点是对链接的位号数值范围进行设置，即设置阈值的上下限和颜色方案（注意：阈值上下限不可交叉），可实现多段设置。

本例对图4-84（a）的矩形图形，当KI01 = 1时，其下限和上限可分别设置为0.8和1.1，前景色是绿色，背景色是黑色；当KI01 = 0时，其上限和上限可分别设置为 − 0.5和0.5，前景色是红色，背景色是黑色，两个阈值上下限之间没有交叉，且KI01的取值要么在0.8～1.1之间，要么在 − 0.5～0.5之间。前/背景色设置如图4-85所示。

▶ 资源4.24 ◀
前/背景色设置

图4-85　前/背景色设置

当全部参数设置完成后，必须在动画有效前的复选框打上钩，参数的设置才能生效。

 想一想　举例4-14的前/背景色，− 0.5～0.5之间的整数是多少？0.8～1.1之间的整数是多少？

2. 显示/隐藏

显示/隐藏用于设置图形在位号不同数值范围内的可视和不可视状态，即可设置在某一数值范围内该图形对象是可见的，在另一数值范围内是不可见的。

其设置方法与前/背景色类似，重点是对链接的位号数值范围进行设置，即设置阈值的上下限和是否可视（注意：阈值上下限不可交叉），也可实现多段设置。

本例对图4-84（b）的圆形图形，当KI02 = 1时，其下限和上限可分别设置为0.8和1.1，前景图形是隐藏的；当KI02 = 0时，其上限和上限可分别设置为 − 0.5和0.5，图形是可见的，两个阈值上下限之间没有交叉，且KI02的取值要么在0.8～1.1之间，要么在 − 0.5～0.5之间。显示/隐藏设置如图4-86所示。

▶ 资源4.25 ◀
显示/隐藏设置

全部参数设置完成后,必须在"动画有效"前的复选框打上钩,参数的设置才能生效。

> 想一想 举例 4-13 的显示/隐藏,两个区间段的上下限值可以设置为其他值?

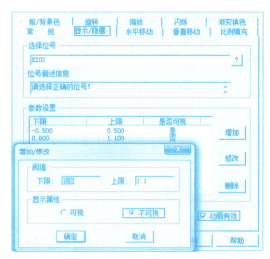

图4-86 显示/隐藏设置

任务3 实施

环节1 报表画面组态

根据表4-1项目学习案例的组态任务单(8)报表画面组态要求,报表是碱洗塔工程师操作小组监控时的操作画面。

步骤一:创建报表文件及报表编辑

报表名称及页标题均为"碱洗塔班报表",在碱洗塔DCS项目系统组态界面中,点击菜单栏的"报表"图标,打开"操作站设置-报表",选择操作小组为"碱洗塔工程师操作小组"增加一张碱洗塔班报表。样表共9行8列,对照样表对相关单元格进行合并,文本、图形编辑,完成的碱洗塔班报表如图4-87所示。

图4-87 报表编辑

步骤二:报表数据组态

学习案例要求每20分钟记录一次数据,即报表的数据记录时间为20分钟;要求每天的10点输出一张报表,即报表的输出时间是10:00:00,即报表的记录时间不需要进行事件定义,而报表的输出时间需要定义事件,使用Event[1]。

资源4.26
报表数据组态

1. 输出事件定义

在碱洗塔班报表组态界面,单击"数据"—"事件定义",定义事件Event[1],表达式为getcurtime() = 10:00:00,在此不定义死区,如图4-88所示。

图4-88 碱洗塔班报表事件定义

> 一句话问答 报表的输出时间为什么需要定义事件?

2. 报表输出定义

在碱洗塔班报表组态界面，单击"数据"—"报表输出"。首先是记录设置，记录周期值和时间单位为20分钟，非纯事件记录。报表输出条件的输出事件为Event[1]，虽报表输出以事件为触发条件，与输出周期无关，但是输出周期仍要设置，它决定了记录的点数，这里输出周期设值和时间单位设置为1日。数据记录方式为循环记录，报表保留50份，该报表记录的最大点数计算为输出周期/记录周期 = 24*60/20 = 72点。报表输出组态如图4-89所示。

图4-89 碱洗塔班报表输出组态

 图4-89的输出组态，记录设置的纯事件记录为什么不勾选？

3. 时间量组态

对时间量的组态，使之与一定的事件相关联，实现条件记录。本项目的报表样表仅涉及一个时间量，时间格式为××：××（时：分），这里使用时间量Timer1，数据记录时间，报表中无相关联的事件，因此其引用事件为No Event。在碱洗塔班报表组态界面，单击"数据"—"时间引用"，时间量组态如图4-90所示。

时间量	引用事件	时间格式	说明
Timer1	No Event	xx:xx(时:分)	记录时间
Timer2			
Timer3			

图4-90 碱洗塔班报表时间量组态

4. 位号量组态

报表要求记录LT_51501、FT_51501、PT_51501和TE_51501数据，数据记录到其真实值后面两位小数，且数据记录时间未定义事件，因此其引用事件为No Event。在碱洗塔班报表组态界面，单击"数据"-"位号引用"，位号量组态如图4-91所示。

	位号名	引用事件	模拟量小数位数	说明
1	LT_51501	No Event	2	
2	FT_51501	No Event	2	
3	PT_51501	No Event	2	
4	TE_51501	No Event	2	

图4-91 碱洗塔报表位号量组态

步骤三：报表填充

根据碱洗塔DCS项目的报表样表要求，需要对时间对象和位号进行填充。时间对象是指时间量Timer1，而位号是指LT_51501、FT_51501、PT_51501和TE_51501。

在图4-87所示报表编辑的基础上，对R3C3～R3C8单元格进行时间量填充，时间对象为Timer1，步长为3，填充的起始值从Timer1[0]开始。对R5C3～R8C8单元格进行位号填充，步长为3，填充的起始值从{位号}[0]开始。报表填充如图4-92所示。

▶ 资源4.27 ◀
报表填充组态

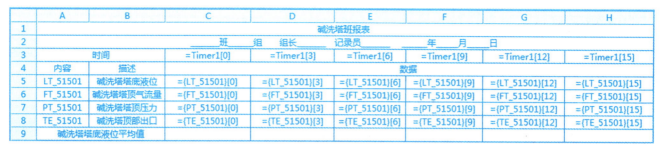

图4-92 碱洗塔报表填充

步骤四：报表数据计算

本项目学习案例的报表要求对碱洗塔塔底液位计算每小时的平均值，该报表每20分钟记录一组数据，即每个位号每小时记录3点数据，{0}～{2}、{3}～{5}、{6}～{8}等，这里需要对每小时的3点数据进行求和，再求平均值。

如，碱洗塔塔底液位平均值R9C3的单元格，其数值计算为: =({LT_51501}[0] + {LT_51501}[1] + {LT_51501}[2])/3，依次类推。报表数据计算如图4-93所示。

资源4.28
报表计算组态

图4-93 碱洗塔报表数据计算

 想一想　碱洗塔报表数据计算能否应用平均值函数计算？

至此，完成了碱洗塔报表组态，保存报表，回到碱洗塔DCS系统组态界面，对工程文件进行保存，编译。

环节2 碱洗塔流程图组态与仿真测试

根据表4-1项目学习案例的组态任务单（9）流程图画面组态要求，碱洗塔工程师操作小组具有流程图监控操作的权限。

步骤一：创建流程图文件及静态图形绘制

1. 创建流程图F及静态图形绘制

流程图F的名称及页标题均为"碱洗塔流程图"，在碱洗塔DCS项目系统组态界面中，点击菜单栏的"流程图F"图标，打开"操作站设置—流程图"，选择操作小组为"碱洗塔工程师操作小组"，增加一张碱洗塔流程图，保存至FLOW文件夹。

对照样图选取适宜的图形对象、模块等进行静态图形组态，完成的碱洗塔班流程图如图4-94所示。

资源4.29
动态属性分析

一句话问答　塔底液位高I值和高II值的状态指示灯选用的图形对象是什么？

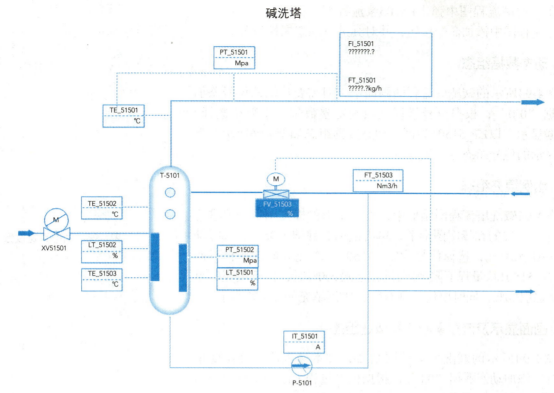

图4-94 碱洗塔流程图静态图形组态

2. 创建流程图P及静态图形绘制

流程图P的名称及页标题均为"P5101泵流程图",在碱洗塔DCS项目系统组态界面中,点击菜单栏的"流程图P"图标,打开"操作站设置-流程图",选择操作小组为"碱洗塔工程师操作小组",增加一张P5101泵流程图,保存至FLOWPopup子文件夹。

对照样图选取适宜的图形对象、模块等进行编辑,设置画面属性—窗口尺寸为宽220像素,高150像素。完成的P5101泵流程图如图4-95所示。

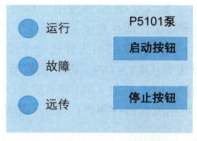

图4-95 P5101泵流程图

▶资源4.30◀
流程图P
组态

 P5101泵的手动启动和停止按钮选用的对象是什么?

步骤二:流程图F动态属性设置

按照碱洗塔DCS项目的流程图组态要求,在图4-94所示的碱洗塔流程图中,要以棒图形式显示塔底和塔顶液位,需要设置两个棒图的动态属性为比例填充;要显示碱洗塔塔底液位、塔顶液位LT_502、温度TE_503、TE_501、压力PT_501、流量FT_503、FT_501、调节阀FV_503的测量值及工程单位,对需要显示的相关位号进行动态数据组态。

按照碱洗塔DCS项目的控制方案1)和2)的要求,将流量补偿FI_51501、流量累积值变量FIQ_51501的值上传至流程图画面进行显示,需要在图4-94所示的碱洗塔流程图中添加FI_51501、FIQ_51501的位号、动态数据及单位;要求在流程图画面手动对流量累积值进行复位,这里需要添加清零按钮,并对其进行动态图形组态。

按照碱洗塔DCS项目的控制方案4)的要求,将联锁按钮自定义变量MAN_LSTR上传至碱洗塔流程图画面,在联锁按钮上体现联锁的状态,如联锁解除或联锁投入等,需要在图4-94所示的碱洗塔流程图中添加联锁按钮,并对联锁按钮进行动态属性设置。

要在碱洗塔流程图中弹出P5105泵流程图，需要在图4-94所示的碱洗塔流程图中添加命令按钮，并对其进行动态属性设置。

1. 动态数据组态

在图4-94所示的碱洗塔流程图画面中，对需要显示的位号添加动态数据"0.0"，根据位号量程上限确定整数位，小数位选择2位，数据显示。以LT_51501为例，动态数据组态如图4-96所示，其他需要显示的位号组态方法类似。

2. 比例填充组态

在图4-94碱洗塔流程图画面中，直角矩形的棒图图形需要进行比例填充，右边的在棒图图形上，单击鼠标右键调出菜单，选择动态特性—比例填充，选择位号为LT_51501，填充方向选择自下而上，当LT_51501从量程下限0%到量程上限100%时，比例填充的百分比从0%到100%，同时要使动画有效，比例填充如图4-97所示。

图4-96 动态数据设置

3. 画面显示及流量累积清零按钮组态

在图4-94所示的碱洗塔流程图画面，文本输入流量补偿变量FI_51501，添加动态数据"0.0"，根据位号量程上限确定整数位为7，小数位选择2，数据显示。

文本输入FIQ_51501和单位T，添加动态数据"0.0"，根据位号量程上限确定整数位为5，小数位选择2，数据显示。

控制方案2）中，定义了QL清零按钮，在图4-94所示的碱洗塔流程图画面添加清零按钮，即在对象工具条上，单击命令按钮，在流量累积值旁放置，选择按钮类型为普通命令按钮，标签设置为"清零按钮"，当左键弹起时，代码语法为{QL} = ON，即在实时监控系统的碱洗塔流程图画面，当单击"清零按钮"左键弹起时，自定义的1字节变量QL = 1，此时控制方案2）FIQ_51501实现手动清零，且上传至流程图画面进行显示。清零按钮设置如图4-98所示。

图4-97 比例填充动画属性设置

资源4.32
联锁组态

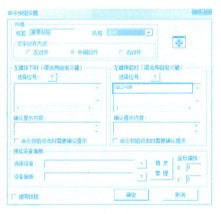

图4-98 清零按钮设置

一句话问答 清零按钮按下时，主要功能是什么？

4. 联锁开关组态及显示/隐藏动态特性设置

在控制方案4）中，定义了MAN_LSTR联锁按钮，需要在图4-96所示的碱洗塔流程图中添加联锁开关，这里使用对象工具条上的"开关量"，其链接的位号为MAN_LSTR，当MAN_LSTR = OFF时（联锁解除），前景色灰色，当MAN_LSTR = ON（联锁投入），前景色绿色，形状选择方形，如图4-99所示。

当联锁投入时（MAN_LSTR = ON），在联锁开关上显示"联锁投入"，当联锁解除时（MAN_LSTR = OFF），在联锁开关上显示"联锁解除"。使用"文字A"添加两个文本，分别是联锁解除和联锁投入。设置当MAN_LSTR = ON时，"联锁投入"显示，"联锁解除"隐藏，当MAN_LSTR = OFF时，"联锁解除"显示，"联锁投入"隐藏。

资源4.31
清零按钮组态

右键单击"联锁投入"文本，在打开的菜单中单击"动态特性"，选择"显示/隐藏"标签，链接位号MAN_LSTR，设置第一段数值范围为 -0.5~0.5时，MAN_LSTR = OFF，即MAN_LSTR = 0时，联锁投入不可视（隐藏）；设置第二段数值范围为0.7~1.1时，MAN_LSTR = ON，即MAN_LSTR = 1时，联锁投入可视（显示），动画有效。

与联锁投入相反，联锁解除文本的显示/隐藏动态特性设置，链接位号MAN_LSTR，设置第一段数值范围为 -0.5~0.5时，MAN_LSTR = OFF，即MAN_LSTR = 0时，联锁解除可视（显示）；设置第二段数值范围为0.7~1.1时，MAN_LSTR = ON，即MAN_LSTR = 1时，联锁投入不可视（隐藏），动画有效。

这样，无论MAN_LSTR是ON还是OFF，两个文本是显示一个，隐藏一个。

联锁投入与联锁解除动态特性设置如图4-100所示。

（a）联锁投入

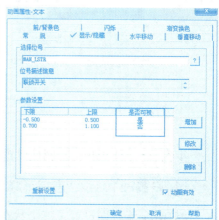
（b）联锁解除

图4-99 联锁开关设置

图4-100 联锁状态显示组态

 想一想 ｜ 联锁投入与联锁解除，显示/隐藏的两个参数段是否可视为什么相反？

5. 打开弹出式流程图

在图4-94所示的碱洗塔流程图中，需要在P5101泵处添加普通命令按钮，当左键弹起时，在适宜位置弹出P5101泵流程图，这里弹出位置选择X = 800，Y = 400，选择透明按钮，普通命令按钮组态如图4-101所示。

图4-101 打开弹出式流程图设置

6. 设置塔底液位高限值状态指示灯

在图4-94所示的碱洗塔流程图画面，碱洗塔添加有两个椭圆图形对象，其是LSHI_51501和LSHII_51501塔底液位高I值和高II值状态指示灯。当塔底液位超过高I值或高II值时，LSHI_51501 = ON或LSHII_51501 = ON，指示灯显示绿色，否则显示红色，即对椭圆图形的前/背景色进行设置。

右键单击最上方的椭圆形图形，打开菜单选择—动态特性—前/背景色窗口，链接位号LSHII_51501，当LSHII_51501 = 0时，其上限和上限可分别设置为 – 0.5和0.5，前景色是黑色，背景色是红色；当LSHII_51501 = 1时，其上限和上限可分别设置为0.7和1.1，前景色是黑色，背景色是绿色，两个阈值上下限之间没有交叉，动画有效。第二个椭圆形图形设置类似，塔底液位高限值状态指示组态如图4-102所示。

资源4.33
限值指示灯组态

图4-102　塔底液位高限值状态指示设置

步骤三：流程图P动态属性设置

1. 设置P5101泵状态指示灯

P5101泵流程图设置了三个状态指示灯，由三个椭圆形图形对象实现，分别链接EL_P5101（P5101运行状态）、EA_P5101（P5101电机故障）、EY_P5101（P5101远程/就地），状态显示与塔底液位高限值状态指示类似，也是设置其前/背景色，参数设置也是分两段。运行状态指示灯如图4-103所示。

图4-103　P5101泵运行状态动画属性设置

2. P5101泵手动控制按钮组态

控制方案（4）要求P5101泵能手动实现启停控制，在图4-95所示的P5101流程图画面中，组态有两个普通命令按钮，即启动按钮和停止按钮，其分别链接在控制方案（4）组态时自定义的1字节变量 S_P5101泵启动按钮和R_P5101泵停止按钮，当左键弹起时触发泵启动或泵停止，P5101泵手动控制按钮设置如图4-104所示。

▶ 资源4.34 ◀
泵启停按钮组态

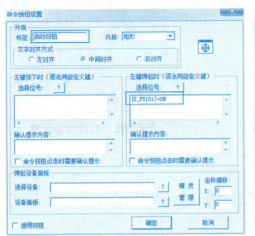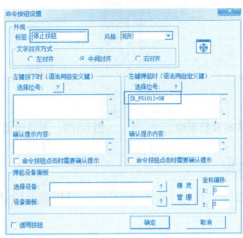

图4-104 P5101泵手动控制按钮设置

 在图4-104中，将P5101泵的启动和停止按钮设置为左键按下时，试试运行效果。

环节3 查漏补缺

在任务1的操作小组配置时，碱洗塔工程师操作小组的监控启动画面要求为"碱洗塔流程图"，因此在组态最后需要对未完成的任务进行完善。

在碱洗塔DCS系统组态界面上，单击工具栏的操作小组，为碱洗塔工程师操作小组组态监控启动画面，这里选择的是流程图画面的"碱洗塔流程图"，如图4-105所示。

图4-105 操作小组监控启动画面

环节4 仿真测试

对编译正确的碱洗塔DSC项目工程文件进行仿真调试。

1. 进入实时监控系统

单击碱洗塔DCS系统组态界面工具栏的"组态调试"，启动方式选择"启动监控"打开实时监控主界面，首先进行用户登录，如图4-106所示。

其次，要在实时监控系统的“开始”菜单中，单击—系统设置，打开系统窗口，需要对系统服务进行设置，如图4-107所示。

单击“打开系统服务”—设置，启动选项设置为仿真运行，确定，并关闭系统设置。如图4-108所示。

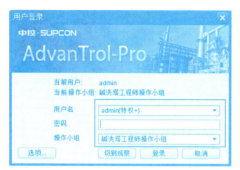

图4-106　登录实时监控系统

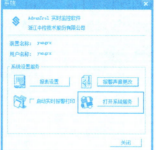

图4-107　系统设置

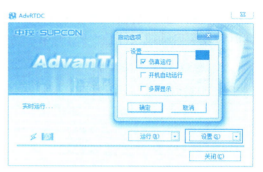

图4-108　启动选项设置

2. 趋势画面监控

单击实时监控系统工具栏“趋势画面”，对趋势画面进行监控，碱洗塔塔底液位控制曲线如图4-109所示。

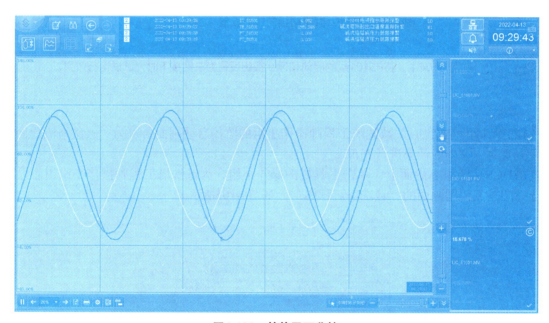

图4-109　趋势画面监控

3. 报表画面监控

在实时监控系统主界面，单击“开始”菜单，打开“报表”，当系统时间到达10:00:00时，系统自动输出一张报表，如图4-110所示。

	A	B	C	D	E	F	G	H
1	碱洗塔班报表							
2	____班____组　组长______　记录员______　____年____月____日							
3	时间		5:31	6:31	9:03	10:00		
4	内容	描述	数据					
5	LT_51501	碱洗塔塔底液位	67.93	99.95	59.56	99.92		
6	FT_51501	碱洗塔塔顶气流量	15287.91	5006.59	246.15	4953.84		
7	PT_51501	碱洗塔塔顶压力	0.88	0.46	0.01	0.46		
8	TE_51501	碱洗塔顶部出口	23.00	32.60	214.94	33.11		
9	碱洗塔塔底液位平均值		47.28	60.26	57.50	33.30	0.00	0.00

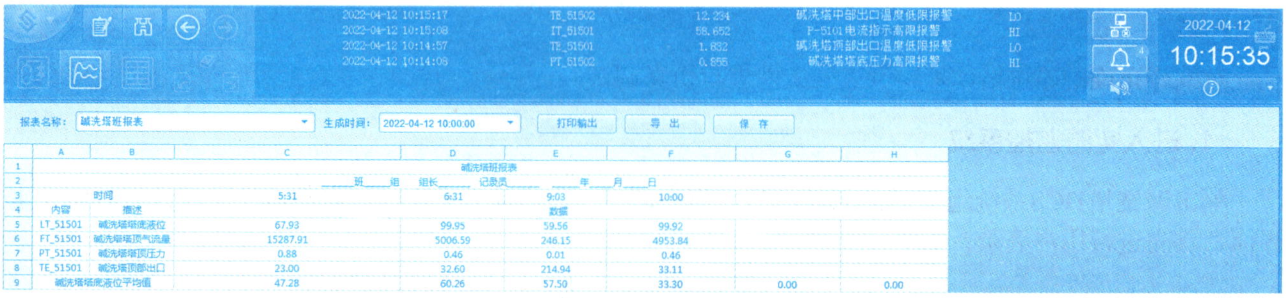

图4-110　报表仿真测试

4. 流程图监控

单击实时监控系统工具栏"流程图画面",对流程图画面进行监控,即碱洗塔流程图,如图4-111所示。

在实时监控中,碱洗塔塔底液位LT_51501和碱洗塔集液器液位LT_51502测量值实时显示,并通过液位标尺按比例填充;联锁按钮信号显示正确;P5101泵流程图弹出正常;流量补偿、累积等正确;塔底液位高限值指示灯、P5101泵状态指示灯测试正确等。

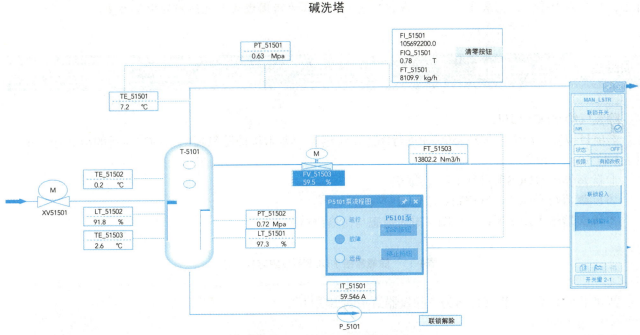

图4-111 流程图画面监控测试

至此,碱洗塔DCS项目的系统组态及仿真测试就全部完成了。

任务3 拓展

在表4-1任务单(9)的流程图画面组态中,拓展1个组态要求:
◇ 显示进料阀XV51501的开到位和关到位指示。

在表4-1任务单(8)的报表画面组态中,拓展2个组态要求:
◇ 将记录时间和需要记录的位号数据在报表中的显示步长调整为6;
◇ 将计算1小时碱洗塔塔底液位平均值调整为计算2小时碱洗塔塔顶液位平均值;

将以上拓展要求增加至碱洗塔DCS项目的控制方案组态中。

素质拓展阅读

精益求精的工匠精神

"执着专注、精益求精、一丝不苟、追求卓越。"高度概括了工匠精神的深刻内涵。劳动者的素质对一个国家、一个民族发展至关重要。不论是传统制造业还是新兴产业、工业经济还是数字经济,工匠始终是产业发展的重要力量,工匠精神始终是创新创业的重要精神源泉。时代发展,需要大国工匠;迈向新征程,需要大力弘扬工匠精神。

在激烈的市场竞争和转型升级压力下,"工匠精神"是以技术为生命、以质量为追求的时代工人内涵。伴随着"天问一号"探测器着陆,特种绳索制造方——青岛海丽雅集团技术团队走进大众视野。

深空探索充满难以预料的危险。探测器从高空进入火星大气,超高速摩擦和巨大冲击力对着陆伞绳与着陆器之间连接处的耐高温性能要求极高。为了解决这一重要课题,该技术团队一年多来日夜攻关,仅选择材料就返工40余次。"整个过程很煎熬,但最终我们的技术经受住了考验。"技术团队中心副主任徐连龙回忆。一根绳索,让这个团队站上了中国特种绳缆的高峰。

碱洗塔DCS项目,需要学习者对工艺要求、控制要求、组态要求等仔细分析,有针对性地进行任务单和控制方案设计,对控制参数的调试需要反复修正,对控制系统性能目标达成要精益求精,在反复尝试和改进中不断提升系统控制性能。

"择一事终一生"的执着专注,"干一行专一行"的精益求精,"偏毫厘不敢安"的一丝不苟,"千万锤成一器"的追求卓越都是工匠精神的真实体现,作为专业技能人才,始终应该用匠人精神要求自己,只有实干苦干,锐意进取,才能成就梦想,才能成为我国成为制造强国的中坚力量。

项目四 自测评估

除氧气给水DCS项目

本项目拟基于浙大中控JX-300XP进行DCS系统组态,要求按照除氧器给水DCS项目的组态任务单,见表4-11所示,完成:

① 除氧器给水DCS项目基本信息组态;
② 除氧器给水DCS项目控制算法组态;
③ 除氧器给水DCS项目流程图、报表组态与仿真测试。

表4-11 除氧器给水DCS项目组态任务单

新建组态工程,工程文件名为"除氧器给水DCS项目"
(1)主机配置

类型	数量	IP地址	备注
控制站 (过程控制站)	1	2	主控卡和数据转发卡均冗余配置 主控卡注释:控制站 数据站发卡注释:数据转发卡
工程师站	1	130	注释:工程师站兼做操作员站130

注:其他未作说明的均采用默认设置。

(2)用户授权

角色	用户名	用户密码	操作小组权限
特权	系统维护	SUPCONDCS	所有操作小组
工程师	设计工程师	1111	除氧器给水工程师组
操作员	监控操作员	2222	除氧器给水操作员组

注:其他未作说明的均采用默认设置。

(3)测点清单

序号	点名	汉字说明	量程下限	量程上限	数据单位	信号类型	趋势(记录统计数据)
AI(模拟量输入点)							
1	BFI_JWS2	二级减温水流量	0	10	t/h	4~20mA	

续表

序号	点名	汉字说明	量程下限	量程上限	数据单位	信号类型	趋势（记录统计数据）
2	BCI_GSB1	甲给水泵电流	0	100	A	4~20mA	
3	BCI_GSB2	乙给水泵电流	0	100	A	4~20mA	
4	BZT_CYQL	除氧器水位调节阀位反馈	0	100	%	4~20mA	
5	BZT_CYQP	除氧器压力调节阀位反馈	0	100	%	4~20mA	
6	BZT_JW2	二级减温调节阀位反馈	0	100	%	4~20mA	
7	BLI_CYQ	除氧器水位	0	3300	mm	4~20mA	
8	BPI_CYQ	除氧器压力	0	1	MPa	4~20mA	
9	BTI_CYQ	除氧器温度	0	300	℃	4~20mA	
10	BTI_JW2IN	二级减温器入口蒸汽温度	0	600	℃	4~20mA	
11	BTI_JW2OUT	二级减温器出口蒸汽温度	0	600	℃	4~20mA	
12	BTI_ZQ	主蒸汽温度	0	600	℃	4~20mA	
AO（模拟量输出点）							
1	BVC_CYQL	除氧器水位调节阀控制信号	0	100	%	4~20mA	
2	BVC_CYQP	除氧器压力调节阀控制信号	0	100	%	4~20mA	
3	BVC_JW2	二级减温调节阀控制信号	0	100	%	4~20mA	
DI（开关量输入点）							
1	BRI_GSB1	甲给水泵运行状态				DI	
2	BSI_GSB1	甲给水泵停止状态				DI	
3	BGZ_GSB1	甲给水泵电机故障				DI	
4	BOI_GSB1CKM	甲给泵出口电动门已开				DI	
5	BCI_GSB1CKM	甲给泵出口电动门已关				DI	
6	BHX_GSB1CKM	甲给泵出口电动门远方/就地				DI	
7	BRI_GSB2	乙给水泵运行状态				DI	
8	BSI_GSB2	乙给水泵停止状态				DI	

续表

序号	点名	汉字说明	量程下限	量程上限	数据单位	信号类型	趋势（记录统计数据）
9	BGZ_GSB2	乙给水泵电机故障				DI	
10	BOI_GSB2CKM	乙给泵出口电动门已开				DI	
11	BCI_GSB2CKM	乙给泵出口电动门已关				DI	
12	BHX_GSB2CKM	乙给泵出口电动门远方/就地				DI	
13	BPIA_GSMGL	给水母管压力低				DI	
14	BLIA_CYQH	除氧器水位高I值				DI	
15	BLIA_CYQHH	除氧器水位高II值				DI	
DO（开关量输出点）							
1	BRC_GSB1	启动甲给水泵				DO	
2	BSC_GSB1	停止甲给水泵				DO	
3	BOC_GSB1CKM	开甲给泵出口电动门				DO	
4	BCC_GSB1CKM	关甲给泵出口电动门				DO	
5	BRC_GSB2	启动乙给水泵				DO	
6	BSC_GSB2	停止乙给水泵				DO	
7	BOC_GSB2CKM	开乙给泵出口电动门				DO	
8	BCC_GSB2CKM	关乙给泵出口电动门				DO	

说明：组态时卡件注释应写成所选卡件的名称，例：XP313（I）；

组态时报警描述应写成位号名称加报警类型，例：进炉区燃料油压力指示高限报警；

备用通道位号：N+I/O类型（AI/AO/DI/DO）+主控卡地址+数据转发卡地址+卡件地址+通道地址，注释为"备用"。例：NAI02000305，备用，其中AI表示I/O类型、02表示主控卡地址、00表示数据转发卡地址、03表示卡件地址、05表示通道地址；备用通道的趋势、报警、区域组态必须取消。

模拟量信号输入高报值为量程的90%，低报值为量程的10%，定义高报报警级别为1级，报警颜色红色，定义低报报警级别为2级，报警颜色为黄色。

(4)操作站设置——操作小组配置

操作小组名称	监控启动画面
除氧给水工程师组	除氧器给水系统流程图
除氧给水操作员组	/

注：其他未作说明的均采用默认设置。

续表

（5）趋势画面组态（当除氧给水工程师组进行监控时）

页码	页标题	内容
1	除氧器压力单回路自动调节	PIC_BYQ.SV PIC_BYQ.PV PIC_BYQ.MV

注：其他未作说明的均采用默认设置。

（6）自定义键组态（当除氧给水工程师组进行监控时）

序号	键定义
1	回路仪表（PIC_BYQ）自动控制
2	回路设定值调整到0.8MPa
3	启动乙给水泵

注：其他未作说明的均采用默认设置。

（7）控制方案（使用图形编程-FBD功能块编辑器）

1）**公式计算**：自定义算法段落文件名为Gongshi，根据以下给出的计算公式，完成逻辑搭建（其中FS、K、P1、DP、T为变量名称）：

$$FS = K*SQRT[(182.5*P1*DP)/(T + 166.7-0.56*P1)]$$

2）**流量累积组态**：二级减温水流量BFI_JWS2累积计算组态，自定义算法段落文件名为Accumc，使用累积功能块进行搭建，并且可以手动复位，同时当流量累计达到10000T/h后自动复位，累积值变量定义为"BFI_JWS2_LJ"，命名为"二级减温水流量累积值"，单位为T/h，二级减温水流量、二级减温水流量累积值BFI_JWS2_LJ及手动复位按钮上传至画面显示，具体位置参考除氧器给水系统流程图画面。

3）**PID自动调节组态**：自定义算法段落文件名为PIDc，完成除氧器压力单回路自动调节，BPI_CYQ为测量端，BVC_CYQP为控制端，回路位号为PIC_CYQ，控制量程为0-1，单位为MPa。

4）**给水泵控制组态**：参考图4-112所示的乙给水泵控制方案图，编写出乙给水泵的电动机顺

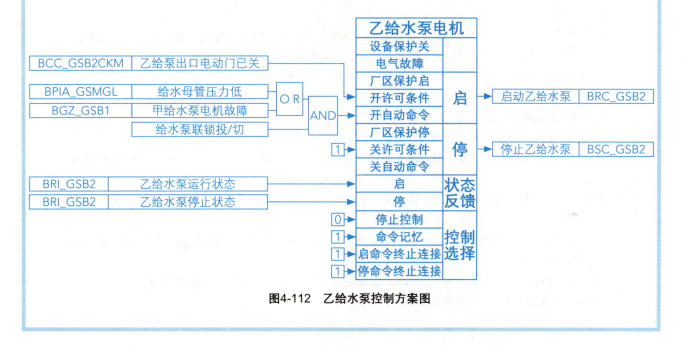

图4-112 乙给水泵控制方案图

控算法。自定义算法段落文件名为Logic，联锁按钮自定义变量为：LS，变量上传至除氧器给水系统流程图画面。

(8) 报表画面组态（当除氧给水工程师组进行监控时）

要求：记录BLI_CYQ、BPI_CYQ和BTI_CYQ的数据，每整15分钟采集记录一次数据，计算半小时的除氧器温度平均值，报表中的数据记录到其真实值后面两位小数，时间格式为××：××：××（时：分：秒），每天12:00:00输出报表。见样表：

除氧器给水系统班报表						
_____班_____组　组长_____记录员_____年_____月_____日						
时间	Timer1[0]	Timer1[2]	Timer1[4]	Timer1[6]	Timer1[8]	Timer1[10]
内容	描述	数据				
BLI_CYQ	除氧器水位					
BPI_CYQ	除氧器压力					
BTI_CYQ	除氧器温度					
除氧器温度平均值						

注：报表名称及页标题均为"除氧器给水系统班报表"，定义事件时不允许使用死区。

(9) 流程图画面组态（当除氧给水工程师组进行监控时）

1) 普通流程图

页码	页标题及文件名称	内容
1	除氧器给水系统流程图	绘制如图4-113所示的流程图画面

注：其他未作说明的均采用默认设置

组态要求：

◇ 在流程图上显示如下数据及按钮BFI_JWS2、BCI_GSB1、BCI_GSB2、BZT_CYQL、BZT_CYQP、BZT_JW2、BLI_CYQ、BPI_CYQ、BTI_CYQ、BTI_JW2IN、BTI_JW2OUT、BTI_ZQ、BPIA_GSMGL、BLIA_CYQH、BLIA_CYQHH测量值及工程单位，以及所有调节阀和泵、开关阀等控制设备。详细位置见图4-113流程图画面

◇ 以棒图形式显示除氧器水位

◇ 显示给水母管压力低、除氧器水位高I值、除氧器水位高II值的状态

◇ 在FS计算值显示区域，显示K、PI、DP、T的值，显示公式计算FS值，具体位置见图4-111

◇ 在二级减温水流量累积值区域，显示二级减温水流量、二级减温水流量累积值，设置清零按钮，具体位置见图4-113

◇ 在乙给水泵的位置，设置开关对象，弹出图4-114所示的乙给水泵流程图，弹出位置X = 800，Y = 500

◇ 在乙给水泵左侧，设置联锁按钮，根据联锁状态显示联锁投入或联锁解除。

除氧器给水流程图的样图如图4-113所示。

续表

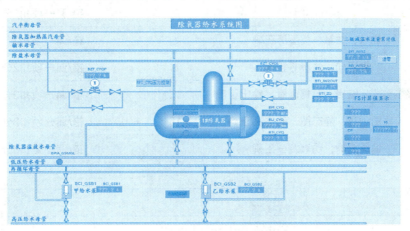

图4-113　除氧器给水流程图

2）弹出式流程图

页码	页标题及文件名称	内容
1	乙给水泵流程图	绘制如图4-114所示的流程图画面

注：其他未作说明的均采用默认设置

组态要求：

◇ 画面大小宽220像素，高150像素
◇ 显示乙给水泵的运行、停止和故障状态
◇ 设置启动按钮和停止按钮，实现乙给水泵的手动启停控制

乙给水泵流程图的样图如图4-114所示。

图4-114　乙给水泵流程图

项目四　评估标准

项目四学习评估标准

评估点	精度要求	配分	评分标准	评分
系统配置	数量、地址、注释、冗余正确	5	错/漏一处扣1分	
用户授权	用户、角色、权限等正确	6	错/漏一处扣1分	
IO组态	数据转发卡、I/O卡、I/O点正确	15	错/漏一处扣1分	
控制方案	位号、方案、分量、程序等正确	15	错/漏一项扣1分	

续表

评估点	精度要求	配分	评分标准	评分
操作小组	操作小组	2	错/漏一项扣1分	
基本画面	位号、数量、类型等正确	6	错/漏一项扣2分	
自定义键	键语句、注释等正确	6	错/漏一项扣2分	
报表	报表创建、编辑、数据配置、输出正确	15	错/漏一项扣2分	
流程图	流程图创建、静态图、动态图正确	15	错/漏一项扣2分	
编译测试	编译正确，仿真测试正确	5	错/漏一处扣3分	
自主学习		5		
创新成果		5		

项目四　学习分析与总结

自我分析与总结

参考文献

[1] 张治国. 生产过程控制系统及仪表[M]. 北京：电子工业出版社，2021.

[2] 马东玲，解大琴. 过程控制系统[M]. 江苏：苏州大学出版社，2021.

[3] 黄海燕，余昭旭，等. 集散控制系统原理及应用（第四版）[M]. 北京：化学工业出版社，2021.

[4] 李忠明. 过程控制系统及工程[M]. 北京：化学工业出版社，2020.

[5] 王再英，刘淮霞，等. 过程控制系统与仪表（第2版）[M]. 北京：机械工业出版社，2020.

[6] 孙洪程，李大字. 过程控制工程设计[M]. 北京：化学工业出版社，2020.

[7] 戴连奎，张建明，等. 过程控制工程（第四版）[M]. 北京：化学工业出版社，2020.

[8] 慕延华，华臻，等. 过程控制系统[M]. 北京：清华大学出版社，2018.

[9] 任丽静. 集散控制系统组态调试与维护[M]. 北京：化学工业出版社，2018.

[10] 李国勇. 过程控制系统（第3版）[M]. 北京：电子工业出版社，2017.